理工系のための

微分積分

［改訂版］

長谷川研二・熊ノ郷直人・高木 悟
共著

培風館

改訂にあたって

初版を発行して 7 年が経過し，実際に授業で使用してきた経験をもとに改訂版を発行することになった．内容については若干の加筆・修正および削除を行ったが，以下に初版との主な変更点を示す．

- 重要な記述に下線を引き，数式のなかで注目すべき箇所には 網掛け ，または 〰〰 などを引いて強調した．
- マクローリン展開の意味を理解させるために，マクローリン展開を途中で打ち切った多項式のグラフともとの関数のグラフを比較する図を追加した．
- ε–δ 論法による微分積分を学ぶ動機づけを意識した脚注を追加し，付録で，ε–δ 論法と実数の公理の概要を説明し，本書の中で関係している箇所を指摘した．

2020 年以降，新型コロナ感染症の影響で大学を含む教育機関では対面授業が制限され，代わりにオンライン授業が行われたが，オンライン授業は受講の柔軟性や授業資料の入手の容易さなどさまざまな利点があり，今後対面授業との併用で教育効果の向上が期待されている．例えば，(重) 積分の定義に必要な極限の考え方は，アニメーションで変化させた図を見せることで理解しやすくなる．そのため，初版「はじめに」で述べたように，実際の対面授業においては教室のスクリーンでアニメーションを学生に見せたが，オンライン化によりPC などで閲覧できるようになる．これをきっかけに，本書が動的な教材へと発展 (数学概念の可視化) していくことを願っている．

改訂版の原稿を，同僚である齋藤正顕教授，菊田 伸准教授，森澤貴之准教授，豊田 哲准教授に読んでいただき，貴重なご意見を頂戴した．各氏に対して感謝の意を表したい．

2023 年 盛夏

長谷川 研二

はじめに (初版)

本書は，主に大学初年次の理工系の学生を対象とした微分積分の教科書として編集された．微分積分に関する出版物は膨大にあり内容は多様で，数学を道具として使えるようになることを目的にした計算重視の内容から，微分積分の厳密な理論展開で用いられる ε-δ 論法に基づく定理の証明にページを割いたものまである．本書は，数学専攻でない理工系の学生が専門科目を学ぶうえで必要とされる微分積分の素養を身につけることを目的としているので，微分や積分の計算を自由に使いこなせるように数多くの計算例を紹介している．応用に関しては極大・極小，極限値，面積，体積の他に，無理数の e や π の近似値を付録に載せたまでで，多くの微分積分の本に載っている曲線の長さ，回転体の体積・表面積，曲面積や微分方程式，ベクトル解析にふれなかったので分量は抑えられた．また，必要に応じて本書と同じ三人の著者による「理工系のための基礎数学」の参照箇所を明記したので，同書を併用することを勧める．

本書は，クウォータ制 (4 学期制) にも対応できる標準教科書を意図しているので，4 章と付録で構成されている．問題については，本文のところどころに挿入している問の他に，各章末に演習問題も追加し，筆者たちが演習科目で学生に解かせた問題だけでなく本書の編集の際に新たに作成したものもある．解答については略解としたが，問題によっては最終的な数値や数式だけでなく，ヒントとして途中式も載せた．付録には，時間の制約のために授業では結果のみを説明しがちになる事項や筆者が選んだ発展的内容が載っている．そのなかで，三角関数の導関数の公式に必要な $\sin x/x \to 1$ の証明があるが，高校生向けだけでなく多くの大学生向けの微分積分の本では，直角三角形と扇形の面積の比較により証明している．扇形の面積は円の面積の公式に基づいているが，この公式については小学校の算数の教科書で柑橘類を包丁で切った断面のような図で説明しているだけで，感覚的にうなづけるが厳密な証明ではない．しかし中学校以降の数学では，正当性を証明しないまま利用している．本書では，面積ではなく直角三角形の辺と円弧の長さの比較で証明し，定積分で円の面積の公式を導く．

近年は PC の発達によって空間図形まで自前で作成でき数学書にも挿入されている．数式だけでなく図も併用すれば微分積分の基本概念が理解しやすくなる．例えば，定常状態であれば 速さ $\times$ 時間 $=$ 距離 のように掛け算で求められる物理量を速さが一定でない非定常状態では定積分で計算できる．微小な時間では定常状態とほとんど変わらないとみなすことによりリーマン和が適用でき，微小な時間を 0 に近づけたときの極限が定積分である．このように応用上も基本概念の理解は欠かせないが，厳密な理論展開をすべての微分積分の学習者に求めることは無理である．しかしなぜ，微分や積分で計算できるかを理解させることは最低限必要で，その手段としてコンピュータグラフィックスの活用を試みた．リーマン和の極限が定積分であることを理解させるために，面積がリーマン和になる細長い長方形を並べた図形と上の境界線が関数のグラフになる定積分が面積の図形を作成した．さらに PC で曲面や立体図形も描けるので，2 変数の微分積分に関し，極値や鞍点の存在が目で確認できる 2 変数関数のグラフの曲面や体積が 2 変数のリーマン和になる細長い四角柱の束の図等を作成した．特に重積分の図はおそらく他の微分積分の本になく，実際の授業では，本書のような形でプリントに挿入するだけでなく，分割の個数を変えた図を多数作りアニメーションのように図を差し替えながらスクリーンに映し，リーマン和が重積分に収束する様子等を見せた．

本書の図の作成には数式処理ソフトウェアに組み込めば TeX 形式の図データが作成できるパッケージの KETpic を利用した．さらに原稿作成時に KETpic 開発グループの一員である同僚の北原清志准教授より図を思いどおりに配置できるスタイルファイルの ketlayer を教えていただいた．おかげで図の多い原稿づくりが円滑に進むようになった．岸 俊晴氏からは貴重なご意見をいただき，校正に反映させた．また，原稿提出から出版まで，培風館の斉藤 淳氏，岩田誠司氏には大変お世話になった．各氏に対して感謝の意を表したい．

2016 年 初春

長谷川 研二

目　　次

ギリシア文字表

大文字	小文字	英語名	発　音	
A	α	alpha	[ǽlfə]	アルファ
B	β	beta	[bí:tə]	ベータ
Γ	γ	gamma	[gǽmə]	ガンマ
Δ	δ	delta	[délta]	デルタ
E	ε, ϵ	epsilon	[ipsáilən, épsilən]	イ (エ) プシロン
Z	ζ	zeta	[zé:tə]	ツェータ
H	η	eta	[í:ta]	イータ
Θ	θ, ϑ	theta	[θí:tə]	シータ
I	ι	iota	[aióutə]	イオタ
K	κ	kappa	[kǽpə]	カッパ
Λ	λ	lambda	[lǽmdə]	ラムダ
M	μ	mu	[mju:]	ミュー
N	ν	nu	[nju:]	ニュー
Ξ	ξ	xi	[ksi:, (g)zai]	グザイ
O	o	omicron	[o(u)máikrən]	オミクロン
Π	π, ϖ	pi	[pai]	パイ
P	ρ, ϱ	rho	[rou]	ロー
Σ	σ, ς	sigma	[sigmə]	シグマ
T	τ	tau	[tau, tɔ:]	タウ
Υ	υ	upsilon	[ju:psáilən, jú:psilən]	ウプシロン
Φ	ϕ, φ	phi	[fai]	ファイ
X	χ	chi	[kai]	カイ
Ψ	ϕ, ψ	psi	[(p)sai]	プサイ
Ω	ω	omega	[óumigə, ɔ́migə]	オメガ

1

微分法

1.1　関数の極限値

関数 $f(x)$ の変数 x が a に近づくとき，$f(x)$ が一定の値 b に近づくとする．このとき，

$$\lim_{x \to a} f(x) = b \tag{1.1}$$

で表し，b を**極限値**とよび，x が a に近づく $(x \to a)$ とき b に**収束**するという．極限値を明確にしないときは単に収束するという．

n を 0 以上の整数とした n 次の整式に実数を代入することにより n 次関数 (0 次は定数関数) になり，これらをまとめて**多項式関数**[1] とよぶ．$f(x)$ が多項式関数ならば，$x \to a$ のときの $f(x)$ の極限値は $x = a$ を代入した値の $f(a)$ である．

$x = a$ に対する $f(x)$ の値が定まらない場合でも，$x \to a$ は $x \neq a$ の状態を維持し，次の例のように $f(x)$ が収束することがある．

例 1.1

$$\lim_{x \to 2} \frac{x^2 - 4}{x - 2} = \lim_{x \to 2} \frac{(x-2)(x+2)}{x-2} = \lim_{x \to 2}(x+2) = 4.$$

$x = 2$ のとき分母が 0 になるので $x = 2$ を $\dfrac{x^2-4}{x-2}$ に代入できないが，$x \neq 2$ のとき ($x \to 2$ は $x = 2$ ではない！) $x - 2 \neq 0$ であるから $x - 2$ で約分できるので関数を $x + 2$ に変形でき，$x = 2$ を代入したものが極限値になる．■

1)　整式が単項式の場合も多項式関数とする．高等学校では単項式と多項式を区別するが，大学では単項式を多項式に含めることがある．

この例のように分子と分母が多項式関数になっている関数を**有理関数**とよぶ．分母の関数が 0 のとき有理関数の値は定まらないが，分子と分母を約分して分母が 0 にならなければ，収束することがわかり極限値が求まる．

関数 $f(x)$ と a の値によっては極限値が定まらない，つまり収束しないこともある．$x \to a$ のとき $f(x)$ の値が正で限りなく大きくなるとき

$$\lim_{x \to a} f(x) = \infty,$$

$x \to a$ のとき $f(x)$ の値が負で絶対値が限りなく大きくなるとき

$$\lim_{x \to a} f(x) = -\infty$$

で表す．このような状態を，$x \to a$ のとき ∞ または $-\infty$ に**発散**するという．

例 1.2

$$\lim_{x \to 0} \frac{1}{x^2} = \infty.$$

図 1 を見ればわかるように，x が 0 に近づくほど関数の値は正で限りなく大きくなるので ∞ に発散する．■

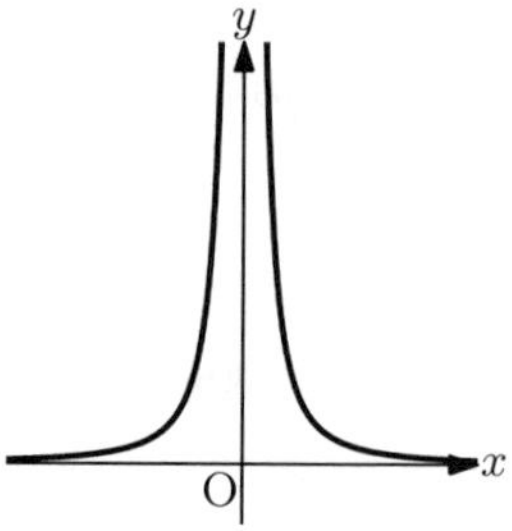

図 1　$y = \dfrac{1}{x^2}$

x が定数 a に近づくといっても，a より大きい方から近づくときと a より小さい方から近づくときの 2 つの向きがあり，x が a に近づく向きによって関数 $f(x)$ の極限値が異なることがある．x が a より大きい方 (右側) から a に近づくとき $x \to a+0$ で表し，そのとき $f(x)$ が b に近づくならば

$$\lim_{x \to a+0} f(x) = b$$

で表す．一方，x が a より小さい方 (左側) から a に近づくとき $x \to a-0$ で表し，そのとき $f(x)$ が b に近づくならば

$$\lim_{x \to a-0} f(x) = b$$

で表す．$a = 0$ のときは 0 を省略して $x \to +0$，$x \to -0$ と書く．$\displaystyle\lim_{x \to a+0} f(x)$ を**右側極限値**，$\displaystyle\lim_{x \to a-0} f(x)$ を**左側極限値**という．$\displaystyle\lim_{x \to a} f(x) = b$ と書けば

$$\lim_{x\to a+0} f(x) = \lim_{x\to a-0} f(x) = b$$

を意味している.

例 1.3

$$\lim_{x\to+0}\frac{|x|}{x} = 1, \quad \lim_{x\to-0}\frac{|x|}{x} = -1.$$

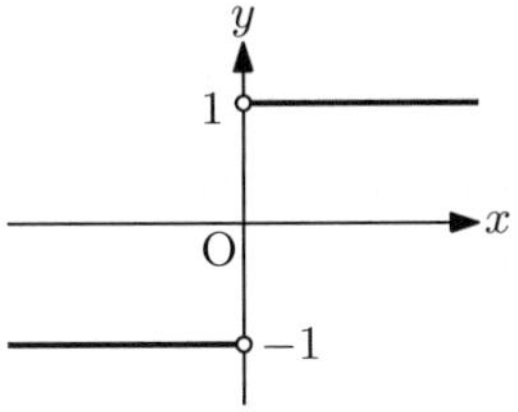

図 2　$y = \dfrac{|x|}{x}$

$x > 0$ のとき $\dfrac{|x|}{x} = 1$, $x < 0$ のとき $\dfrac{|x|}{x} = -1$ であるから図 2 を見ればわかるように, x が正から 0 に近づくときは関数の値は 1 と等しいままで, x が負から 0 に近づくときは関数の値は -1 と等しいままであることがわかる. よって $x \to 0$ のとき $\dfrac{|x|}{x}$ は収束しない[2]. ■

発散する場合でも, 右側と左側で発散する向き (∞ または $-\infty$) が異なることがある.

例 1.4

$$\lim_{x\to+0}\frac{1}{x} = \infty, \quad \lim_{x\to-0}\frac{1}{x} = -\infty.$$

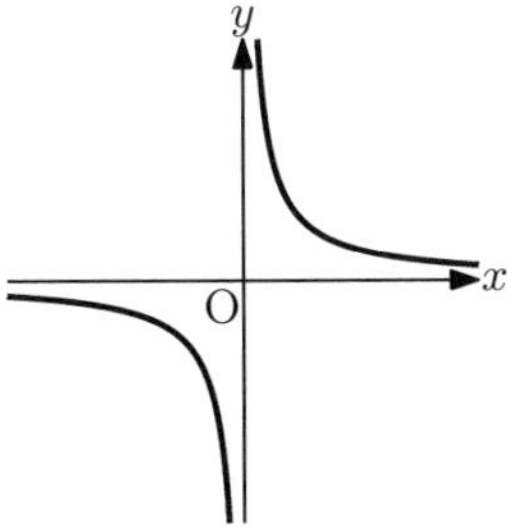

図 3　$y = \dfrac{1}{x}$

図 3 を見ればわかるように, x が正から 0 に近づくときは関数の値は ∞ に発散し, x が負から 0 に近づくときは関数の値は $-\infty$ に発散することがわかる. ■

x が有限な値に近づくだけでなく x が正で限りなく大きくなるとき, 関数 $f(x)$ が一定の値 b に近づけば

$$\lim_{x\to\infty} f(x) = b$$ [3]

で表し, x が負で $-x$ が限りなく大きくなるときは

$$\lim_{x\to-\infty} f(x) = b$$

2)　$x \to a$ のとき関数 $f(x)$ が b に近づくというのは, x を動かしても $f(x)$ が変化しないで, b に等しい状態も含まれる.

3)　x を自然数 n, $f(x)$ を数列 a_n に替えると, $n \to \infty$ のとき a_n の極限値が b となる.

で表す.

例 1.5

$$\lim_{x\to\infty}\frac{1}{x}=0,\qquad \lim_{x\to-\infty}\frac{1}{x}=0.$$

図 3 を見ればわかるように，x が左右両方向に限りなく遠くに行けば関数の値は 0 に近づくことがわかる. ■

次の公式を利用すれば，さまざまな関数の極限値の計算のほかに，1.3 節以降において微分の公式の証明もできる.

公式 1.1

$$\lim_{x\to a}(f(x)+g(x))=\lim_{x\to a}f(x)+\lim_{x\to a}g(x)$$

$$\lim_{x\to a}f(x)g(x)=\lim_{x\to a}f(x)\lim_{x\to a}g(x)$$

$$\lim_{x\to a}\frac{f(x)}{g(x)}=\frac{\displaystyle\lim_{x\to a}f(x)}{\displaystyle\lim_{x\to a}g(x)},\quad \text{ただし}\ \lim_{x\to a}g(x)\neq 0$$

公式 1.1 が適用できる $f(x)$ と $g(x)$ の極限値が有限な実数値の場合のほかに，$f(x)$ または $g(x)$ が発散する場合については，次のように発散したり収束して極限値が定まることがある (a は有限な極限値).

$$\infty+\infty=\infty,\quad \infty+a=\infty,\quad \infty\times\infty=\infty,$$

$$\infty\times a=\pm\infty\ (a\neq 0\ \text{で符号は}\ a\ \text{と同じ}),\quad \frac{a}{\infty}=0.$$

しかし，以下のような場合は何らかの式変形をしない限り極限値は求まらず，**不定形**とよばれる.

$$\infty-\infty,\quad \frac{0}{0},\quad \frac{\infty}{\infty},\quad 0\times\infty.$$

なお，例 1.1 のような有理関数で分子と分母の極限値が 0 になる場合は，分子と分母を因数分解して約分すれば不定形でない形になることがある.

●問 1.1 次の極限値を求めよ.

(1) $\displaystyle\lim_{x\to 3}\frac{x-3}{x^2-2x-3}$ (2) $\displaystyle\lim_{x\to 2}\frac{x^2+2x-8}{x^2-5x+6}$

1.2　関数の連続性

関数 $f(x)$ が

$$\lim_{x \to a} f(x) = f(a)$$

を満たすとき，点 $x = a$ で**連続**であるという．また，定義域のすべての点で連続な関数を**連続関数**といい，多項式関数，有理関数 (分母が 0 になる x は除く) のほかに高等学校で習った無理関数 (根号記号に代入する関数の値が負になる x は除く)，指数関数，対数関数 (x は正)，三角関数はすべて連続関数である．

例 1.1 のように，$x = a$ のとき分母が 0 となる有理関数 $f(x)$ に対しては $f(a)$ の値は定まっていないが，$x \to a$ のとき $f(x)$ が収束するならば，その極限値で $f(a)$ を定めれば，$x = a$ でも連続になる．

例 1.6　$f(x) = \dfrac{x^2 + x - 6}{x^2 - 3x + 2}$ は分母が 0 になる $x = 1, 2$ では $f(x)$ の値は定められない．しかし

$$\lim_{x \to 2} \frac{x^2 + x - 6}{x^2 - 3x + 2} = \lim_{x \to 2} \frac{(x+3)(x-2)}{(x-1)(x-2)} = \lim_{x \to 2} \frac{x+3}{x-1} = 5$$

であるから，$f(2) = 5$ とすれば $x = 2$ でも連続である．■

連続関数に関して次の基本的な定理が成り立つ．

> **定理 1.1 (中間値の定理)**　有限な区間 $a \leq x \leq b$[4)] において関数 $y = f(x)$ が連続で $f(a) \neq f(b)$ であれば，$f(a)$ と $f(b)$ の間にある実数 m に対して $m = f(c)$ となる c が存在する．

この定理は連続関数のグラフはつながっていることを意味して直観的には明らかであるが，実数の公理から証明できる (A.10 節参照)．

中間値の定理より，次のことがいえる (図 4 参照)．

---

4)　$\leq$ ($\geq$) は不等号 $\leqq$ ($\geqq$) と同じ意味である．

定理 1.2 $f(x)$ は奇数次の多項式関数とする．このとき，方程式 $f(x)=0$ に実数解が少なくとも 1 つ存在する．

証明 次数を n として多項式関数 $f(x)$ を

$$f(x) = a_n x^n + a_{n-1}x^{n-1} + \cdots + a_1 x + a_0$$

で表し，$a_n > 0$ とする ($a_n < 0$ の場合は $-f(x)$ を $f(x)$ にすればよい)．このとき

$$f(x) = a_n x^n \left(1 + \frac{a_{n-1}}{a_n x} + \cdots + \frac{a_1}{a_n x^{n-1}} + \frac{a_0}{a_n x^n}\right)$$

に変形できる．n は奇数だから $x \to \pm\infty$ のとき $a_n x^n \to \pm\infty$ (複号同順) で

$$1 + \frac{a_{n-1}}{a_n x} + \cdots + \frac{a_1}{a_n x^{n-1}} + \frac{a_0}{a_n x^n} \to 1 + 0 + \cdots + 0 + 0 = 1$$

であるから，

$$\lim_{x \to \pm\infty} f(x) = \pm\infty \times 1 = \pm\infty \quad (\text{複号同順}).$$

これより，a を十分小さくすれば $f(a) < 0$ で，b を十分大きくすれば $f(b) > 0$ になるので，中間値の定理より $f(c) = 0$ になる c が存在する．c は方程式 $f(x) = 0$ の実数解である． ■

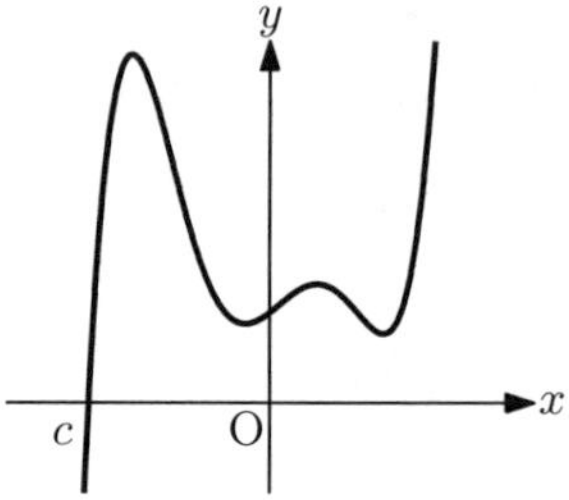

図 4 5 次関数の例

一方，$f(x)$ が偶数次の場合は，$x \to \infty$ と $x \to -\infty$ のとき $f(x)$ が同じ向きに発散するので，図 4 とは異なり $f(x)$ のグラフが x 軸と交差しない場合もあり，このとき方程式 $f(x) = 0$ に実数解は存在しない．

1.3 微分係数と導関数

関数 $f(x)$ に対して

$$\frac{f(a+h) - f(a)}{h} \tag{1.2}$$

は図 5-1 にあるような曲線 $y = f(x)$ 上の 2 点 $(a, f(a))$, $(a+h, f(a+h))$ を通る直線の傾きである．$h \to 0$ のとき曲線上の点 $(a+h, f(a+h))$ が

もう 1 つの点 $(a, f(a))$ に接近し，これら 2 点を通る直線は図 5-2 にある接点が $(a, f(a))$ である接線に近づいていくので，(1.2) の極限値は接線の傾きになる．(1.2) を**差分商**とよび，もし $h \to 0$ のとき差分商が収束すれば，関数 $f(x)$ は $x = a$ で**微分可能**であるという．(1.2) の極限値を

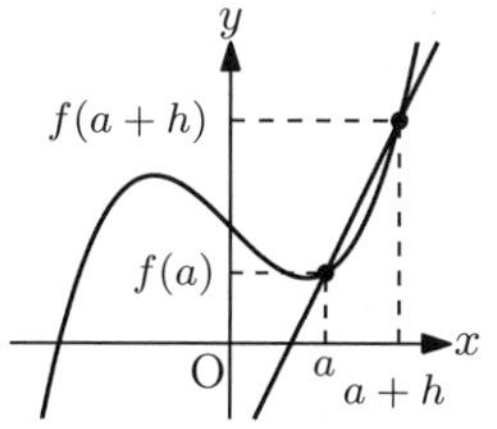

図 5-1

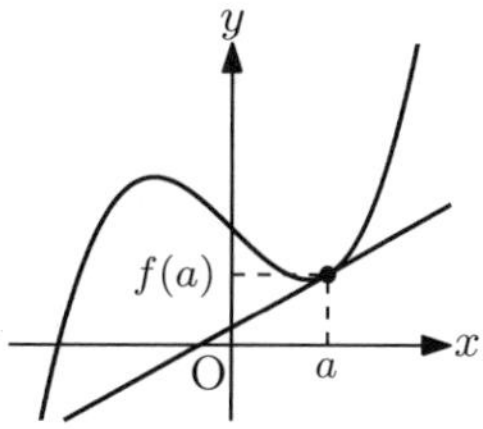

図 5-2

$$f'(a) = \lim_{h \to 0} \frac{f(a+h) - f(a)}{h} \tag{1.3}$$

で表し，$f'(a)$ を $f(x)$ の $x = a$ における**微分係数**[5]とよぶ．

ここで，関数 $f(x)$ に対して実数 a ごとに $f'(a)$ が定まれば，a を変数とした関数 $f'(a)$ が得られる．a を変数としてよく用いられる文字 x に置き換え，$f'(x)$ を変数 x の関数とみなすとき $f'(x)$ を $f(x)$ の**導関数**とよび，導関数を求めることを**微分する**という．$f'(x)$ 以外に導関数の表記として $\dfrac{df}{dx}$ で表すこともあり，関数を $y = f(x)$ で表すときは y' または $\dfrac{dy}{dx}$ で表記することもある．本章では導関数を $f'(x)$ または y' で表す[6]．

$h \to 0$ のとき差分商の分母が 0 に収束するので，分子の $f(a+h) - f(a)$ も 0 に収束しなければ差分商は収束しない．つまり $x = a$ で $f(x)$ が微分可能であれば $f(a+h) \to f(a)$ になるので連続である[7]．

微分係数あるいは導関数を求めるために (1.3) を直接利用することはまれで，これから紹介する微分の公式を利用する．まず公式 1.2 を証明するが，左辺の差分商から出発して，式変形によって $f(x)$ と $g(x)$ の差分商 (網掛け部分) の形に持ち込むことが証明のポイントである．公式 1.2 を使うときは $f(x)$ と $g(x)$ に具体的な関数をあてはめるが，$f'(x)$ と $g'(x)$ にあたる関数は次節以降で求める．

5)　"瞬間" 変化率といえる．例えば，x が時間で $f(x)$ が距離であれば微分係数は速度である (「理工系のための 基礎数学」[改訂増補版] (以下「基礎数学」という) p.135 参照)．

6)　次章では置換積分を計算しやすくするために $\frac{dy}{dx}$ を用いることがある．

7)　ただし，連続であっても微分可能でないことがある．

公式 1.2

$$(af(x)+bg(x))' = af'(x)+bg'(x) \quad (a,\, b \text{ は定数}) \tag{1.4}$$

$$(f(x)g(x))' = f'(x)g(x)+f(x)g'(x) \tag{1.5}$$

$$\left(\frac{1}{f(x)}\right)' = -\frac{f'(x)}{f(x)^2} \tag{1.6}$$

$$\left(\frac{g(x)}{f(x)}\right)' = \frac{g'(x)f(x)-g(x)f'(x)}{f(x)^2} \tag{1.7}$$

$$\big(f\,(g(x))\,\big)' = f'\,(g(x))\,g'(x) \tag{1.8}$$

証明　**(1.4) の証明**　左辺の差分商は

$$\frac{(af(x+h)+bg(x+h))-(af(x)+bg(x))}{h}$$

$$= a\,\frac{f(x+h)-f(x)}{h} + b\,\frac{g(x+h)-g(x)}{h}$$

になる．$h \to 0$ とすれば $f(x)$ と $g(x)$ の差分商はそれぞれ $f'(x)$ と $g'(x)$ に収束するので (1.4) が得られる．

(1.5) の証明　$f(x+h)g(x+h)$ と $f(x)g(x)$ の差に，0 になる

$$-f(x)g(x+h)+f(x)g(x+h)$$

を挿入すれば

$$f(x+h)\,g(x+h)-f(x)g(x)$$
$$= (f(x+h)-f(x))g(x+h)+f(x)(g(x+h)-g(x))$$

になり，両辺を h で割れば

$$\frac{f(x+h)g(x+h)-f(x)g(x)}{h}$$

$$= \frac{f(x+h)-f(x)}{h}\,g(x+h)+f(x)\,\frac{g(x+h)-g(x)}{h}.$$

微分可能であれば連続であるので，$h \to 0$ のとき $g(x)$ の連続性により $g(x+h) \to g(x)$ にも注意すれば，(1.5) が得られる．

(1.6) の証明　$f(x+h)$ と $f(x)$ の逆数の差を分母が $f(x)f(x+h)$ になるように通分すれば

$$\frac{1}{f(x+h)} - \frac{1}{f(x)} = -\frac{f(x+h)-f(x)}{f(x)f(x+h)}$$

になり，両辺を h で割れば

$$\frac{\frac{1}{f(x+h)} - \frac{1}{f(x)}}{h} = -\frac{f(x+h)-f(x)}{h}\frac{1}{f(x)f(x+h)}.$$

よって，$h \to 0$ のとき $f(x)$ の連続性により $f(x+h) \to f(x)$ にも注意すれば (1.6) が得られる．

(1.7)[8] の証明　差分商で証明できるが[9]，証明の効率化のために (1.5) と (1.6) から直接導く．$\dfrac{g(x)}{f(x)}$ を $g(x)$ と $\dfrac{1}{f(x)}$ の積とみなせば

$$\left(\frac{g(x)}{f(x)}\right)' = \left(g(x)\frac{1}{f(x)}\right)' = g'(x)\frac{1}{f(x)} - g(x)\frac{f'(x)}{f(x)^2}$$
$$= \frac{g'(x)f(x)-g(x)f'(x)}{f(x)^2}.$$

(1.8) の証明　$k = g(x+h) - g(x)$ とすれば

$$\frac{f(g(x+h))-f(g(x))}{h} = \frac{f(g(x)+k)-f(g(x))}{k} \times \frac{g(x+h)-g(x)}{h}.$$

ここで，$h \to 0$ のとき $k \to g(x) - g(x) = 0$ になるので，(1.3) において h を k に，a を $g(x)$ に置き換えれば

$$\frac{f\left(g(x)+k\right)-f\left(g(x)\right)}{k} \to f'\left(g(x)\right).$$

よって，$h \to 0$ とすれば (1.8) が得られる．■

---

8)　(1.6) は (1.7) に含まれるが，両方覚えておき分子が定数の場合に (1.6) を適用すれば計算しやすい．

9)　「基礎数学」p.140 参照．

1.4 多項式関数と有理関数

以下の x^n の導関数の公式と公式 1.2 の (1.4) を組み合わせれば，あらゆる多項式関数の導関数が計算できる．

公式 1.3

n が 0 以上の整数のとき，

$$(x^n)' = nx^{n-1}. \tag{1.9}$$

証明 $f(x) = x^n$ とすれば，$n \geq 1$ のとき (1.3) より

$$f'(x) = \lim_{h \to 0} \frac{f(x+h) - f(x)}{h} = \lim_{h \to 0} \frac{(x+h)^n - x^n}{h}.$$

一般に

$$a^n - b^n = (a-b)\big(a^{n-1} + a^{n-2}b + \cdots + ab^{n-2} + b^{n-1}\big)$$

になり，$a = x + h, b = x$ を代入すれば

$$(x+h)^n - x^n = h\,\big((x+h)^{n-1} + (x+h)^{n-2}x + \cdots + (x+h)x^{n-2} + x^{n-1}\big).$$

この両辺を h で割ると，左辺は x^n の差分商で，右辺は h で約分でき

$$\frac{(x+h)^n - x^n}{h} = (x+h)^{n-1} + (x+h)^{n-2}x + \cdots + (x+h)x^{n-2} + x^{n-1}$$

になる．右辺は h を変数とする n 個の多項式関数の和で，$h \to 0$ のときすべて $h = 0$ を代入した x^{n-1} に収束するので，x^n の導関数は極限値の nx^{n-1} である．

$n = 0$ のときは $f(x) = 1$ で定数より，差分商 (1.2) は 0 であるから $f'(x) = 0$ になり，(1.9) は正しい． ■

例 1.7 $y = 2x^5 - 4x^3 + 8x^2 - 3$ の導関数を求める．

(1.4) と (1.9) より，

$$y' = 2(x^5)' - 4(x^3)' + 8(x^2)' - (3)' = 10x^4 - 12x^2 + 16x.$$ ■

(1.7) も利用すれば有理関数の導関数が計算できる．

例 1.8 $y = \dfrac{x^2+1}{x-3}$ の導関数を求める.

$$y' = \frac{(x^2+1)'(x-3)-(x^2+1)(x-3)'}{(x-3)^2}$$
$$= \frac{2x(x-3)-(x^2+1)}{(x-3)^2} = \frac{x^2-6x-1}{(x-3)^2}.$$ ■

多項式関数を展開せず (1.8) を利用したほうが導関数もきれいにまとまる.導関数が因数分解されている状態であれば展開しないでおく.

例 1.9 $y = (x^3-2x+5)^4$ の導関数を求める.

この関数は x^4 と x^3-2x+5 の合成関数で $\left(x^4\right)' = 4x^3$ になるので

$$y' = 4(x^3-2x+5)^3(x^3-2x+5)' = 4(x^3-2x+5)^3(3x^2-2).$$ ■

●**問 1.2** 次の関数の導関数を求めよ.

(1) $y = 3x^4-5x^3+8x^2+4x$ (2) $y = \dfrac{5x-6}{x^3+2}$ (3) $y = (x^4+3x^2-2x)^5$

1.5 べき関数

x を正の実数, p を有理数とする. まず, $p = \dfrac{1}{n}$ のとき $x^{\frac{1}{n}}$ は x の n 乗根で $\sqrt[n]{x}$ ($n=2$ のときは平方根であり 2 を省略して $\sqrt{x}$) でも表せる. また $p = \dfrac{m}{n}$ (正の有理数) に対しては

$$x^{\frac{m}{n}} = \left(x^{\frac{1}{n}}\right)^m = (x^m)^{\frac{1}{n}}$$

となる. $p = -\dfrac{m}{n}$ (負の有理数) のときは

$$x^{-\frac{m}{n}} = \frac{1}{x^{\frac{m}{n}}}$$

となる (「基礎数学」p.10 参照). 以上により, 実数 x^p が定まる.

無理数 α に対しては, $n \to \infty$ のとき $p_n \to \alpha$ となる有理数の数列 $\{p_n\}$ を用意して $\{x^{p_n}\}$ の極限値を x^α とする. $\{p_n\}$ の探し方については, α を無限小数で表し, 小数第 n 位以降を切り捨てた有限小数 (有理数である！) を p_n と

する方法がある．ここでは証明を述べないが，$\{x^{p_n}\}$ は収束して，極限値については有理数列 $\{p_n\}$ の選び方にかかわらず一定であることが示せる．

以上により，実数 α に対して正の実数を変数とする関数 x^α が定まり，これを**べき関数**という．べき関数の導関数に関する以下の公式が成り立つ．

公式 1.4

α が実数のとき，

$$(x^\alpha)' = \alpha x^{\alpha-1}. \tag{1.10}$$

証明は 1.7 節にまわすが，ここでは α を有理数とした公式 1.4 を利用する例を紹介する．単項式の逆数や根号記号への代入を $\sqrt{}$ を使わないべき関数の形に直すと公式が適用できる．

例 1.10 $y = \dfrac{4}{x^2} + 2x\sqrt{x} - \dfrac{3}{\sqrt[3]{x^2}}$ の導関数を求める．

$$y = 4x^{-2} + 2x^{\frac{3}{2}} - 3x^{-\frac{2}{3}}$$

に直すと，導関数は

$$\begin{aligned} y' &= 4 \times \left(-2x^{-3}\right) + 2 \times \frac{3}{2}x^{\frac{1}{2}} - 3 \times \left(-\frac{2}{3}\right)x^{-\frac{5}{3}} \\ &= -\frac{8}{x^3} + 3x^{\frac{1}{2}} + 2x^{-\frac{5}{3}} = -\frac{8}{x^3} + 3\sqrt{x} + \frac{2}{\sqrt[3]{x^5}}. \end{aligned}$$ ■

例 1.11 $y = \sqrt{x^2 - x + 1}$ の導関数を求める．

この関数は $\sqrt{x} = x^{\frac{1}{2}}$ と $x^2 - x + 1$ の合成関数で $\left(x^{\frac{1}{2}}\right)' = \dfrac{1}{2}x^{-\frac{1}{2}}$ になるので，(1.8) を適用すれば

$$y' = \frac{1}{2}(x^2 - x + 1)^{-\frac{1}{2}}(x^2 - x + 1)' = \frac{2x - 1}{2\sqrt{x^2 - x + 1}}.$$ ■

例 1.12 $y = x^2\sqrt[3]{x^3 + 1}$ の導関数を求める．

この関数は x^2 と $\sqrt[3]{x^3 + 1}$ の積なので (1.5) を適用し，$\sqrt[3]{x^3 + 1}$ は $\sqrt[3]{x} = x^{\frac{1}{3}}$ と $x^3 + 1$ の合成関数で $\left(x^{\frac{1}{3}}\right)' = \dfrac{1}{3}x^{-\frac{2}{3}}$ になるので，(1.8) を適用すれば

$$\begin{aligned} y' &= (x^2)' \sqrt[3]{x^3+1} + x^2 \left(\sqrt[3]{x^3+1}\right)' \\ &= 2x\sqrt[3]{x^3+1} + x^2 \times \frac{1}{3}(x^3+1)^{-\frac{2}{3}}(x^3+1)' = \frac{3x^4+2x}{\sqrt[3]{(x^3+1)^2}}. \end{aligned}$$ ■

●問 1.3　次の関数の導関数を求めよ.

(1) $y = \dfrac{2}{x^3} + 8x\sqrt[4]{x^3} - \dfrac{6}{x^2\sqrt{x}}$　　(2) $y = \sqrt[3]{(x^2-2x+2)^2}$

(3) $y = (x+2)\sqrt{x^3-x+3}$

1.6 三 角 関 数

三角関数は, 0 から直角までの角度に対して定められる三角比の変数の範囲を単位円を用いて実数全体に拡張したものであり (「基礎数学」p.115 参照), 三角関数で振り子やばねの振動のような周期性がある運動を表現できる. ただし, 角度の単位は分度器の目盛りなどで日常的に使われる直角を 90° とした**度数法**がなじみ深いが, 微分積分で三角関数を扱う場合の変数になる角度の単位は, 扇形の弧の長さを半径で割った商で中心角を測る**ラジアン**にしなければならない (「基礎数学」p.113 参照).

三角関数にはさまざまな公式があるが, まず, 微分の公式の証明で必要な**加法定理**を振り返る (「基礎数学」p.119 参照).

公式 1.5 (加法定理)

$$\sin(\alpha \pm \beta) = \sin\alpha\cos\beta \pm \cos\alpha\sin\beta \qquad (1.11)$$

$$\cos(\alpha \pm \beta) = \cos\alpha\cos\beta \mp \sin\alpha\sin\beta \qquad (1.12)$$

(複号同順)

この加法定理と, A.1 節で証明する[10)]

公式 1.6

$$\lim_{x \to 0} \frac{\sin x}{x} = 1 \qquad (1.13)$$

10)　高等学校の教科書やほかの微分積分の本によくある, 扇形と三角形の面積の比較はしない.

から，$\sin x$ と $\cos x$ の導関数の公式が導ける．

公式 1.7

$$(\sin x)' = \cos x \tag{1.14}$$

$$(\cos x)' = -\sin x \tag{1.15}$$

証明 (1.3) より $\quad (\sin x)' = \lim_{h \to 0} \dfrac{\sin(x+h) - \sin x}{h}.$

ここで $\sin(x+h)$ の変形に (1.11) を使うと

$$\begin{aligned}\sin(x+h) - \sin x &= \sin x \cos h + \cos x \sin h - \sin x \\ &= \cos x \sin h + (\cos h - 1)\sin x\end{aligned}$$

になり，$h \to 0$ のときは x は定数とするので

$$\begin{aligned}\lim_{h \to 0} \frac{\sin(x+h) - \sin x}{h} &= \lim_{h \to 0} \frac{\cos x \sin h}{h} + \lim_{h \to 0} \frac{(\cos h - 1)\sin x}{h} \\ &= \cos x \lim_{h \to 0} \frac{\sin h}{h} + \sin x \lim_{h \to 0} \frac{\cos h - 1}{h}.\end{aligned}$$

第 1 項は (1.13) より $\cos x$ に等しい．第 2 項に関しては三角関数の公式 $\sin^2\theta + \cos^2\theta = 1$ (「基礎数学」 p.117 参照) より

$$\frac{\cos h - 1}{h} = \frac{(\cos h - 1)(\cos h + 1)}{h(1 + \cos h)} = \frac{\cos^2 h - 1}{h(1 + \cos h)} = -\frac{\sin h}{h}\,\frac{\sin h}{1 + \cos h}$$

になるので，(1.13) より

$$\lim_{h \to 0} \frac{\cos h - 1}{h} = -\lim_{h \to 0} \frac{\sin h}{h} \lim_{h \to 0} \frac{\sin h}{1 + \cos h} = -1 \times 0 = 0.$$

以上により，$\sin x$ の導関数の公式 (1.14) を得る．

次に，$\cos x$ の導関数の公式 (1.15) については (1.12) と (1.13) から導けるが，ここでは三角関数の公式

$$\sin\left(\frac{\pi}{2} - \theta\right) = \cos\theta, \quad \cos\left(\frac{\pi}{2} - \theta\right) = \sin\theta \tag{1.16}$$

を利用して，証明済みの (1.14) から効率よく導く．(1.8)，(1.14)，(1.16) より

$$(\cos x)' = \left(\sin\left(\frac{\pi}{2} - x\right)\right)' = -\cos\left(\frac{\pi}{2} - x\right) = -\sin x$$

になる. ■

$\tan x$ の導関数は $\sin x$ と $\cos x$ の導関数から求まる.

例 1.13　$y = \tan x \left(= \dfrac{\sin x}{\cos x} \right)$ の導関数を求める.

(1.7) と (1.14), (1.15) より

$$y' = \frac{(\sin x)' \cos x - \sin x (\cos x)'}{\cos^2 x} = \frac{\cos^2 x + \sin^2 x}{\cos^2 x} = \frac{1}{\cos^2 x}.$$ ■

例 1.14　$y = \cos^5 2x$ の導関数を求める.

この関数は x^5 と $\cos 2x$ の合成関数で $\left(x^5\right)' = 5x^4$ になるので

$$y' = 5\cos^4 2x (\cos 2x)' = 5\cos^4 2x(-2\sin 2x) = -10 \sin 2x \cos^4 2x.$$ ■

例 1.15　$y = \sqrt{x^4 + \sin^2 x}$ の導関数を求める.

この関数は $\sqrt{x}$ と $x^4 + \sin^2 x$ の合成関数で $\left(\sqrt{x}\,\right)' = \dfrac{1}{2\sqrt{x}}$ になるので

$$y' = \frac{\left(x^4 + \sin^2 x\right)'}{2\sqrt{x^4 + \sin^2 x}} = \frac{4x^3 + 2\sin x \cos x}{2\sqrt{x^4 + \sin^2 x}}.$$ ■

●**問 1.4**　次の関数の導関数を求めよ.

(1) $y = \sin^2 x \cos^3 x$　　(2) $y = \dfrac{1}{\sqrt{x \cos 3x}}$

(3) $y = \dfrac{\sin 2x}{\cos 5x}$　　(4) $y = \left(x^2 \tan x + \cos^3 x\right)^5$

1.7　指数関数と対数関数

1.5 節で実数 α に対するべき関数 x^α を紹介したが，今度は x を正の定数 a, α を変数 x に置き換えた関数 a^x を考える．これにより a^x は実数 x を変数とする関数となり，この関数を**底**を a とする**指数関数**とよぶ.

指数関数については以下の公式が成り立つ．証明は省略するが，x, y が自然数のときに成り立つことから導ける (「基礎数学」p.11 参照).

公式 1.8 (指数法則)

$$a^x a^y = a^{x+y} \tag{1.17}$$

$$\frac{a^x}{a^y} = a^{x-y} \tag{1.18}$$

$$(a^x)^y = a^{xy} \tag{1.19}$$

次に，正の実数 x に対して $x = a^y$ を満たす y を対応させる関数を考える ($x > 0$ でないと y は存在しないことに注意)．これは指数関数 a^x の**逆関数**であり，**対数関数**とよび $y = \log_a x$ で表す．また a を**底**，x を**真数**といい，ともに正の実数であり $a \neq 1$ とする．対数関数については以下の公式が成り立つ．

公式 1.9

$$\log_a x + \log_a y = \log_a xy \tag{1.20}$$

$$\log_a x - \log_a y = \log_a \frac{x}{y} \tag{1.21}$$

$$y \log_a x = \log_a x^y \tag{1.22}$$

$$\log_a x = \frac{\log_b x}{\log_b a} \tag{1.23}$$

(1.17) から (1.20) が，(1.18) から (1.21) が，(1.19) から (1.22) と (1.23) が導ける．さらに対数関数の定義から，以下の公式が成り立つ．

公式 1.10

$$\log_a a = 1 \tag{1.24}$$

$$\log_a a^x = x \tag{1.25}$$

$$a^{\log_a x} = x \tag{1.26}$$

これから指数関数と対数関数の導関数を求めるが，まず，対数関数の導関数から考える．対数関数 $f(x) = \log_a x$ に対しては

$$f'(x) = \lim_{h \to 0} \frac{\log_a(x+h) - \log_a x}{h}$$

となるが，(1.21) と (1.22) を適用すれば

$$\frac{\log_a(x+h) - \log_a x}{h} = \frac{1}{h}\log_a \frac{x+h}{x} = \frac{1}{x} \times \frac{x}{h}\log_a\left(1 + \frac{h}{x}\right)$$

$$= \frac{1}{x}\log_a\left(1 + \frac{h}{x}\right)^{\frac{x}{h}}$$

に変形できる．網掛けした $\dfrac{h}{x}$ と $\dfrac{x}{h}$ は $t = \dfrac{x}{h}$ とおくと，それぞれ $\dfrac{1}{t}$ と t に置き換えられ

$$\frac{\log_a(x+h) - \log_a x}{h} = \frac{1}{x}\log_a\left(1 + \frac{1}{t}\right)^{t} \tag{1.27}$$

を得る．x は固定されているので，この右辺は t だけが動く．

h を 0 に近づけるときは 2 つの向きに分け，$h \to +0$ (-0) のとき $t \to \infty$ $(-\infty)$ になる．$t \to \infty$ のとき $\left(1 + \dfrac{1}{t}\right)^{t}$ は収束し，その極限値を**ネイピア (Napier) 数**とよび，e で表す (定理 A.2 と A.3 を参照)．$t \to -\infty$ のときの極限値については別途調べなければならないが，幸いなことにこれら 2 つの極限値は一致する．

定理 1.3

$$\lim_{t \to \infty}\left(1 + \frac{1}{t}\right)^{t} = \lim_{t \to -\infty}\left(1 + \frac{1}{t}\right)^{t}$$

証明　$s = -t,\ u = s - 1$ とすれば

$$\left(1 + \frac{1}{t}\right)^{t} = \left(1 - \frac{1}{s}\right)^{-s} = \left(1 + \frac{1}{s-1}\right)^{s-1}\left(1 + \frac{1}{s-1}\right)$$

になるので

$$\lim_{t \to -\infty}\left(1 + \frac{1}{t}\right)^{t} = \lim_{s \to \infty}\left(1 + \frac{1}{s-1}\right)^{s-1}\lim_{s \to \infty}\left(1 + \frac{1}{s-1}\right)$$

$$= \lim_{u \to \infty}\left(1 + \frac{1}{u}\right)^{u}. \qquad ■$$

定理 1.3 より，$h \to +0$ と $h \to -0$ のときの (1.27) の極限値は等しいので，$h \to 0$ のとき収束し

$$f'(x) = \frac{1}{x} \lim_{t \to \pm\infty} \log_a \left(1 + \frac{1}{t}\right)^t = \frac{1}{x} \log_a e$$

となる[11]．底が e の対数を**自然対数**とよび，e を省略して $\log_e$ を $\log$ と書くことが多い[12]．これにならえば，(1.23) と (1.24) より

$$\log_a e = \frac{\log_e e}{\log_e a} = \frac{1}{\log a}.$$

特に $a = e$ のときは $\log_a e = 1$ である．自然対数を用いることにより，次の対数関数の導関数の公式が得られる．

公式 1.11

$$(\log_a x)' = \frac{1}{x \log a} \tag{1.28}$$

$$(\log x)' = \frac{1}{x} \tag{1.29}$$

指数関数の導関数は以下のとおりである．

公式 1.12

$$(a^x)' = a^x \log a \tag{1.30}$$

$$(e^x)' = e^x \tag{1.31}$$

$$(e^{ax})' = ae^{ax} \tag{1.32}$$

証明 $f(x) = a^x$, $g(x) = \log_a x$ とすれば (1.25) より $g(f(x)) = x$ になるが，両辺を x で微分すれば[13]，(1.8) と (1.28) より

---

11) 対数関数が連続であることを認める．

12) 自然対数を ln と書くこともある．関数電卓のキーは ln で，log は底が 10 の**常用対数**としていることがある．

13) この方法はわかりやすいが，証明されていない a^x の微分可能性を認めなければならない．連続な関数の逆関数が連続であることを示せば，逆関数の差分商は収束して極限値である導関数が求まる．

$$g'(f(x))\,f'(x) = \frac{1}{a^x \log a} f'(x) = 1$$

から (1.30) が得られ，$a = e$ とすれば $\log e = 1$ より (1.31) になる．

(1.32) に関しては，a が定数で e^x の x を ax にして (1.8) と (1.31) から導ける． ■

(1.32) は微分するたびに a を乗じるだけなので扱いやすく，a^x に対しても (1.30) の代わりに $a^x = e^{x \log a}$ に直して (1.32) で計算することはよく行われる[14)]．

例 1.16 $y = (x + \sin 2x) \log_3 x$ の導関数を求める．

この関数は $x + \sin 2x$ と $\log_3 x$ の積であり，$\log_3 x$ に (1.28) を適用すると

$$\begin{aligned} y' &= (x + \sin 2x)' \log_3 x + (x + \sin 2x)(\log_3 x)' \\ &= (1 + 2\cos 2x) \log_3 x + \frac{x + \sin 2x}{x \log 3}. \end{aligned}$$ ■

例 1.17 $y = 2^{\sqrt{x}\,\cos x}$ の導関数を求める．

この関数は 2^x と $\sqrt{x}\,\cos x$ の合成関数で，(1.30) より $(2^x)' = 2^x \log 2$ になるので

$$y' = 2^{\sqrt{x}\,\cos x} (\log 2) \left(\sqrt{x}\,\cos x\right)' = \frac{2^{\sqrt{x}\,\cos x}(\cos x - 2x \sin x)\,\log 2}{2\sqrt{x}}.$$ ■

例 1.18 $y = \log\left(x + \sqrt{A + x^2}\right)$ $(A \neq 0)$ の導関数を求める．

この関数は $\log x$ と $x + \sqrt{A + x^2}$ の合成関数で，(1.29) より

$$\begin{aligned} y' &= \frac{1}{x + \sqrt{A + x^2}} \left(x + \sqrt{A + x^2}\right)' = \frac{1}{x + \sqrt{A + x^2}} \left(1 + \frac{x}{\sqrt{A + x^2}}\right) \\ &= \frac{1}{x + \sqrt{A + x^2}} \times \frac{\sqrt{A + x^2} + x}{\sqrt{A + x^2}} = \frac{1}{\sqrt{A + x^2}}. \end{aligned}$$ ■

例 1.19 $y = \sin^5 \log(e^{2x} + x^3)$ の導関数を求める．

この関数は x^5 と $\sin \log(e^{2x} + x^3)$ の合成関数であり，$\sin \log(e^{2x} + x^3)$ は $\sin x$ と $\log(e^{2x} + x^3)$ の合成関数であるから

---

14) e^{ax} は $y' = ay$ を満たすが，a は物理量を表すことがよくあり，x の係数として e^{ax} に直結しているので，底が e の指数関数は実用的である．

$$
\begin{aligned}
y' &= 5\sin^4 \log(e^{2x}+x^3)\left(\sin\log(e^{2x}+x^3)\right)' \\
&= 5\sin^4 \log(e^{2x}+x^3)\cos\log(e^{2x}+x^3)\left(\log(e^{2x}+x^3)\right)' \\
&= 5\sin^4 \log(e^{2x}+x^3)\cos\log(e^{2x}+x^3)\frac{(e^{2x}+x^3)'}{e^{2x}+x^3} \\
&= \frac{5(2e^{2x}+3x^2)\sin^4\log(e^{2x}+x^3)\cos\log(e^{2x}+x^3)}{e^{2x}+x^3}.
\end{aligned}
$$
■

公式 1.4 は α が 0 以上の整数のときに限り公式 1.3 として証明したが，指数関数と対数関数の微分を利用すると α が無理数の場合も含めて証明できる．

公式 1.4 の証明　(1.22) と (1.26) より

$$x^\alpha = e^{\log x^\alpha} = e^{\alpha \log x} \tag{1.33}$$

になるので，$y = x^\alpha$ は e^x と $\alpha \log x$ の合成関数で，(1.29) と (1.31) より

$$y' = e^{\alpha \log x}(\alpha \log x)' = x^\alpha \times \frac{\alpha}{x} = \alpha x^{\alpha-1}.$$
■

以下の例のような直接微分の公式が適用できない関数に対して，(1.33) のように e^x の変数に別の関数を代入した合成関数の形に変形すると導関数が求まる．

例 1.20　$y = x^x$ の導関数を求める．

(1.22) と (1.26) より

$$y = x^x = e^{\log x^x} = e^{x \log x}$$

になるので，

$$y' = e^{x\log x}(x \log x)' = x^x(1 + \log x).$$
■

●**問 1.5**　次の関数の導関数を求めよ．

(1) $y = 3^{x^2+\sin^3 x}$　(2) $y = \log_2\left(\cos 2x + e^{3x}\right)$　(3) $y = \dfrac{x\sin x}{\log x}$

(4) $y = \cos^3\left(xe^{x^2+1}\right)$　(5) $y = x^{\sqrt{x}}$　(6) $y = (\cos x)^x$

1.8　逆三角関数

指数関数だけでなくその逆関数の対数関数も微分積分では重要なように，三角関数の**逆関数**も重要である．三角関数 sin, cos, tan の逆関数を**逆三角関数**と

よぶが，あらかじめ変数の範囲を制限しないと逆関数は定まらない．

(1) 逆正弦関数

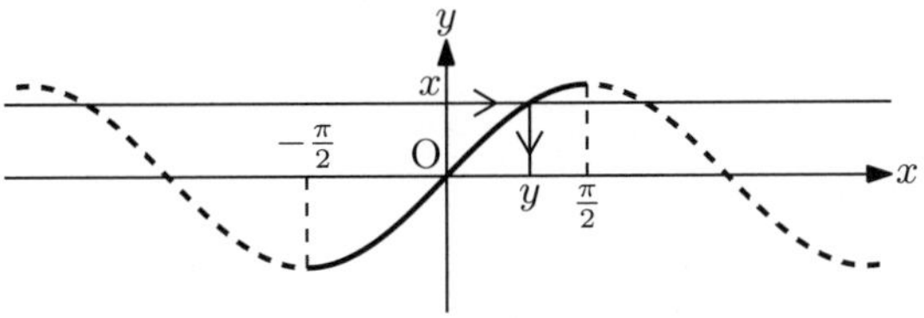

図 6　$y = \sin x$

$-1 \leq x \leq 1$ に対して，図 6 のように

$$x = \sin y \tag{1.34}$$

を満たす y を対応させると y は**正弦関数** sin の逆関数であるが，(1.34) を満たす y は無数にあるので，$-\dfrac{\pi}{2} \leq y \leq \dfrac{\pi}{2}$ を条件として 1 つに定まるようにする．このときの y を**逆正弦関数**の**主値**とよび

$$y = \arcsin x \quad \text{または} \quad y = \sin^{-1} x$$

で表す[15)]．曲線 $y = \arcsin x$ は曲線 $y = \sin x \left(-\dfrac{\pi}{2} \leq x \leq \dfrac{\pi}{2}\right)$ と直線 $y = x$ に関して対称であるから図 7 になる．

$\arcsin x$ の値については特定の x については厳密に求められ (ほかの x に対しては小数の近似値なら電卓で求まる)，例えば $x = \dfrac{1}{2}$ に対しては $\sin y = \dfrac{1}{2}$ と $-\dfrac{\pi}{2} \leq y \leq \dfrac{\pi}{2}$ を満たす y なので $\arcsin \dfrac{1}{2} = \dfrac{\pi}{6}$ になる．ほかにも $\arcsin x$ の厳密な値が求められる x があり，表にまとめると次のようになる．

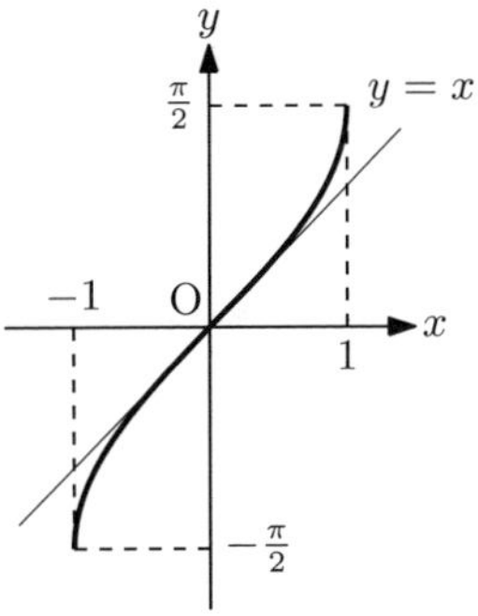

図 7　$y = \arcsin x$

15)　sin の右肩の -1 は逆関数を意味するが，(-1) 乗と誤解されるおそれがあるので，本書では逆三角関数に関しては arc をつけた記号 arcsin を使う．arccos，arctan も同様．

x	-1	$-\frac{\sqrt{3}}{2}$	$-\frac{\sqrt{2}}{2}$	$-\frac{1}{2}$	0	$\frac{1}{2}$	$\frac{\sqrt{2}}{2}$	$\frac{\sqrt{3}}{2}$	1
$\arcsin x$	$-\frac{\pi}{2}$	$-\frac{\pi}{3}$	$-\frac{\pi}{4}$	$-\frac{\pi}{6}$	0	$\frac{\pi}{6}$	$\frac{\pi}{4}$	$\frac{\pi}{3}$	$\frac{\pi}{2}$

(2) 逆余弦関数

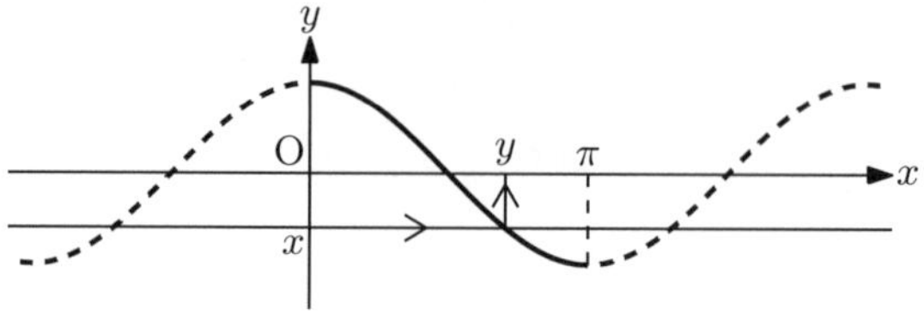

図 8　$y = \cos x$

次に，$-1 \leq x \leq 1$ に対して，図 8 のように

$$x = \cos y \tag{1.35}$$

を満たす y を対応させると y は**余弦関数** cos の逆関数であるが，(1.35) を満たす y は無数にあるので，$0 \leq y \leq \pi$ を条件として 1 つに定まるようにする．このときの y を**逆余弦関数**の**主値**とよび

$$y = \arccos x \quad \text{または} \quad y = \cos^{-1} x$$

で表す．曲線 $y = \arccos x$ は曲線 $y = \cos x$ $(0 \leq x \leq \pi)$ と直線 $y = x$ に関して対称であるから図 9 になる．

$\arccos x$ の値については特定の x については厳密に求められ，例えば $x = -\dfrac{1}{2}$ に対しては $\cos y = -\dfrac{1}{2}$ と $0 \leq y \leq \pi$ を満たす y なので $\arccos\left(-\dfrac{1}{2}\right) = \dfrac{2}{3}\pi$ になる．ほかにも $\arccos x$ の厳密な値が求められる x があり，表にまとめると次のようになる．

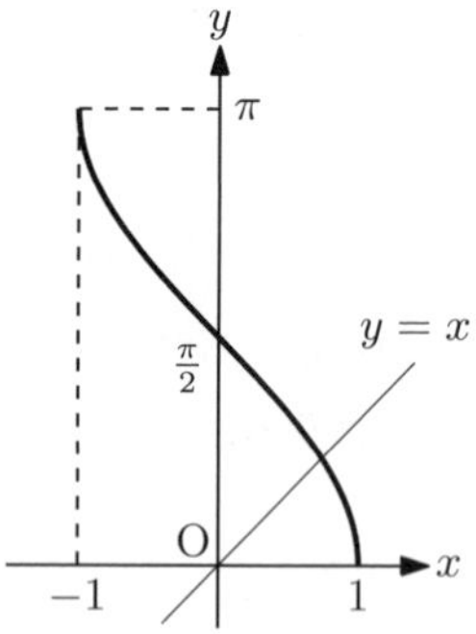

図 9　$y = \arccos x$

x	-1	$-\dfrac{\sqrt{3}}{2}$	$-\dfrac{\sqrt{2}}{2}$	$-\dfrac{1}{2}$	0	$\dfrac{1}{2}$	$\dfrac{\sqrt{2}}{2}$	$\dfrac{\sqrt{3}}{2}$	1
$\arccos x$	π	$\dfrac{5}{6}\pi$	$\dfrac{3}{4}\pi$	$\dfrac{2}{3}\pi$	$\dfrac{\pi}{2}$	$\dfrac{\pi}{3}$	$\dfrac{\pi}{4}$	$\dfrac{\pi}{6}$	0

(3)　逆正接関数

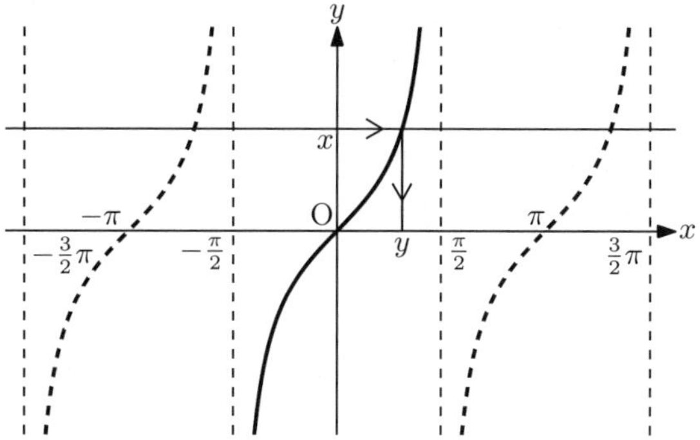

図 10　$y = \tan x$

すべての実数 x に対して，図 10 のように

$$x = \tan y \tag{1.36}$$

を満たす y を対応させると y は**正接関数** tan の逆関数であるが，(1.36) を満たす y は無数にあるので，$-\dfrac{\pi}{2} < y < \dfrac{\pi}{2}$ を条件として 1 つに定まるようにする．このときの y を**逆正接関数**の**主値**とよび

$$y = \arctan x \quad \text{または} \quad y = \tan^{-1} x$$

で表す．曲線 $y = \arctan x$ は曲線 $y = \tan x$ $\left(-\dfrac{\pi}{2} < x < \dfrac{\pi}{2}\right)$ と直線 $y = x$ に関して対称であるから図 11 になる．

$\arctan x$ の値については特定の x については厳密に求められ，例えば $x = 1$ に対しては $\tan y = 1$ と $-\dfrac{\pi}{2} < y < \dfrac{\pi}{2}$ を満たす y なので $\arctan 1 = \dfrac{\pi}{4}$ になる．

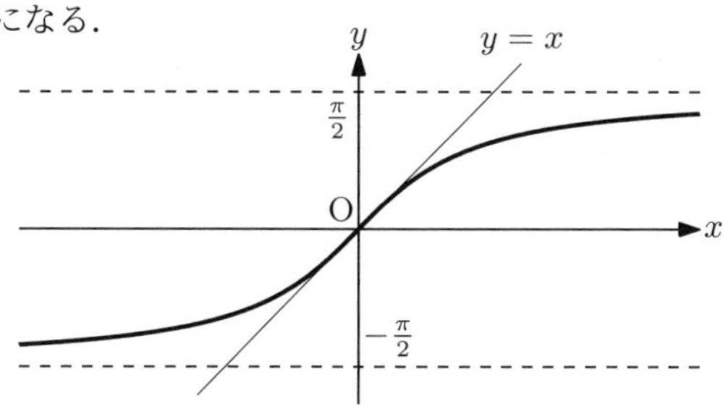

図 11　$y = \arctan x$

また，$y = \dfrac{\pi}{2}$ と $y = -\dfrac{\pi}{2}$ は漸近線であるから，$x \to \pm\infty$ のとき $\arctan x \to \pm\dfrac{\pi}{2}$ (複号同順)．ほかにも $\arctan x$ の厳密な値が求められる x があり，表にまとめると次のようになる．

x	$-\infty$	$-\sqrt{3}$	-1	$-\dfrac{\sqrt{3}}{3}$	0	$\dfrac{\sqrt{3}}{3}$	1	$\sqrt{3}$	∞
$\arctan x$	$-\dfrac{\pi}{2}$	$-\dfrac{\pi}{3}$	$-\dfrac{\pi}{4}$	$-\dfrac{\pi}{6}$	0	$\dfrac{\pi}{6}$	$\dfrac{\pi}{4}$	$\dfrac{\pi}{3}$	$\dfrac{\pi}{2}$

($x = -\infty$ と $x = \infty$ については $\arctan x$ に代入するのではなく，$x \to -\infty$ と $x \to \infty$ のときの極限値である．)

●**問 1.6** 次の値を求めよ．

(1) $9 \arcsin \dfrac{1}{2} - 2 \arctan \sqrt{3}$ (2) $3 \arccos\left(-\dfrac{\sqrt{3}}{2}\right) + 2 \arctan(-1)$

逆三角関数の導関数は以下のとおりである．

公式 1.13

$$(\arcsin x)' = \frac{1}{\sqrt{1-x^2}} \tag{1.37}$$

$$(\arccos x)' = -\frac{1}{\sqrt{1-x^2}} \tag{1.38}$$

$$(\arctan x)' = \frac{1}{1+x^2} \tag{1.39}$$

証明[16] **(1.37) の証明** (1.34) の両辺を x で微分すれば，右辺は合成関数の微分であるから

$$1 = (\cos y) y' = \cos y\,(\arcsin x)'$$

となる．ここで $-\dfrac{\pi}{2} \leq x \leq \dfrac{\pi}{2}$ より $\cos y \geq 0$ であるから

$$\cos y = \sqrt{1 - \sin^2 y} = \sqrt{1 - x^2}.$$

よって，$\arcsin x$ の導関数は

---

16) (1.30) の証明にある脚注 13 を参照．

$$\frac{1}{\cos y} = \frac{1}{\sqrt{1-x^2}}.$$

(1.38) の証明　(1.35) の両辺を x で微分すれば，右辺は合成関数の微分であるから

$$1 = -(\sin y)y' = -\sin y\,(\arccos x)'$$

となる．ここで $0 \leq x \leq \pi$ より $\sin y \geq 0$ であるから

$$\sin y = \sqrt{1-\cos^2 y} = \sqrt{1-x^2}.$$

よって，$\arccos x$ の導関数は

$$-\frac{1}{\sin y} = -\frac{1}{\sqrt{1-x^2}}.$$

(1.39) の証明　(1.36) の両辺を x で微分すれば，右辺は合成関数の微分であるから

$$1 = \frac{1}{\cos^2 y}y' = \frac{1}{\cos^2 y}(\arctan x)'$$

となる．ここで

$$\frac{1}{\cos^2 y} = \frac{\cos^2 y + \sin^2 y}{\cos^2 y} = 1 + \tan^2 y = 1 + x^2.$$

よって，$\arctan x$ の導関数は

$$\cos^2 y = \frac{1}{1+x^2}.$$ ■

例 1.21　$a > 0$ のとき，

$$\left(\arcsin\frac{x}{a}\right)' = \frac{1}{\sqrt{1-\left(\frac{x}{a}\right)^2}}\,\frac{1}{a} = \frac{1}{\sqrt{a^2-x^2}}.$$ ■

例 1.22　$a \neq 0$ のとき，

$$\left(\frac{1}{a}\arctan\frac{x}{a}\right)' = \frac{1}{a}\frac{1}{1+\left(\frac{x}{a}\right)^2}\,\frac{1}{a} = \frac{1}{a^2+x^2}.$$ ■

例 1.23　$a > 0$ のとき，

$$\left(x\sqrt{a^2-x^2} + a^2\arcsin\frac{x}{a}\right)' = \frac{-2\,x^2}{2\sqrt{a^2-x^2}} + \sqrt{a^2-x^2} + \frac{a^2}{\sqrt{a^2-x^2}}$$

$$= \frac{-x^2 + \left(a^2 - x^2\right) + a^2}{\sqrt{a^2 - x^2}} = \frac{2\left(a^2 - x^2\right)}{\sqrt{a^2 - x^2}} = 2\sqrt{a^2 - x^2}. \qquad ■$$

例 1.21～1.23 は，次章において**原始関数**の公式として利用される．

●問 1.7　次の関数の導関数を求めよ．

(1) $y = \arcsin(e^x)$　　(2) $y = \log \arccos x$　　(3) $y = \arctan \sqrt{x}$

1.9　平均値の定理と極大・極小

導関数を計算すれば，関数の増減を調べることができる．根拠となるのは**平均値の定理**である．まず，特殊な場合である**ロル** (Rolle) **の定理**から述べる．

定理 1.4 (ロルの定理)　関数 $y = f(x)$ が区間 $a \leq x \leq b$ で連続，区間 $a < x < b$ で微分可能であり，$f(a) = f(b)$ であれば，$a < c < b$ で $f'(c) = 0$ となる c が存在する．

証明　$f(x)$ の連続性より区間 $a \leq x \leq b$ において最大値が存在し[17]，それを M と書く．$a < c < b$, $f(c) = M$ となるように c を選べば，$h \neq 0$ のとき $f(c+h) \leq M = f(c)$ である．したがって $f(c+h) - f(c) \leq 0$ になるので

$$h > 0 \text{ のとき } \frac{f(c+h) - f(c)}{h} \leq 0, \quad h < 0 \text{ のとき } \frac{f(c+h) - f(c)}{h} \geq 0.$$

したがって，$x = c$ のとき $f(x)$ が微分可能であるから，$h \to +0$ と $h \to -0$ の両方で差分商 $\dfrac{f(c+h) - f(c)}{h}$ が微分係数 $f'(c)$ に収束するので

$$f'(c) = \lim_{h \to +0} \frac{f(c+h) - f(c)}{h} \leq 0, \tag{1.40}$$

$$f'(c) = \lim_{h \to -0} \frac{f(c+h) - f(c)}{h} \geq 0. \tag{1.41}$$

(1.40) と (1.41) より，$f'(c)$ と 0 の間を $\leq$ と $\geq$ にした不等式が両方とも成り立つので $f'(c)$ の値は 0 しかない．　■

17)　区間の両端まで連続でないと $x \to a + 0$ または $x \to b - 0$ のときに発散して最大値が存在しないこともある (A.10 節参照).

定理 1.4 の条件を $f(a) \neq f(b)$ の場合にまで緩めたのが，次の平均値の定理である (図 12).

定理 1.5 (平均値の定理)　関数 $y = f(x)$ が区間 $a \leq x \leq b$ で連続，区間 $a < x < b$ で微分可能であれば，$a < c < b$ で

$$f'(c) = \frac{f(b) - f(a)}{b - a} \tag{1.42}$$

となる c が存在する.

証明　$A = \dfrac{f(b) - f(a)}{b - a}$ とおき，関数 $\varphi(x)$ を

$$\varphi(x) = f(x) - A(x - a)$$

とすれば

$$\varphi(a) = \varphi(b) = f(a)$$

になるので，$\varphi(x)$ にロルの定理が適用できる．よって

$$\varphi'(c) = f'(c) - A = 0$$

を満たす c が存在し，(1.42) が得られる.　■

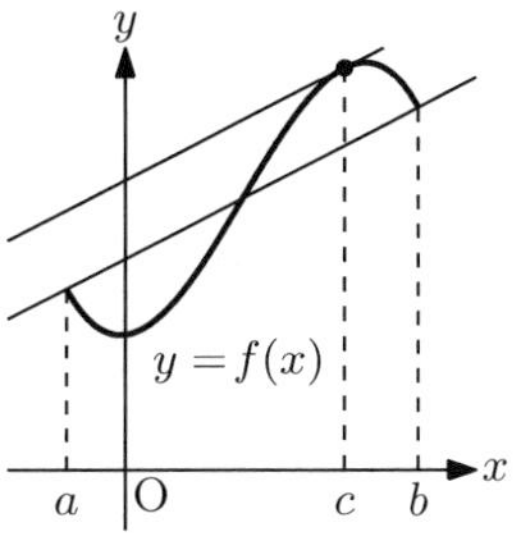

図 12

平均値の定理の応用として，導関数から関数の変化の様子を調べることができる．もし，関数 $f(x)$ が恒等的に $f'(x) = 0$ であれば，平均値の定理より

$$f(b) - f(a) = (b - a)f'(c) = 0$$

となる．よって x が変化しても $f(x)$ の値は変わらないので

$$f(x) = C \quad (C \text{ は定数})$$

になる.

$f(x)$ が $f'(x) \geq 0$ であれば，$a < b$ のとき

$$f(b) - f(a) = (b - a)f'(c) \geq 0$$

になり，$f(a) \leq f(b)$ より $f(x)$ は**単調増加**である．同様に，$f'(x) \leq 0$ であれば $f(a) \geq f(b)$ より $f(x)$ は**単調減少**である[18)].

---

18)　**広義**単調増加 (減少) ということがあり，特に $f(a) < (>) f(b)$ のとき**狭義**単調増加 (減少) という.

変数 x が関数 $f(x)$ の定義域全体でなく $x = x_0$ の近くに限って $f(x) < f(x_0)$ $(f(x) > f(x_0))$ を満たせば，$f(x)$ は $x = x_0$ において**極大** (**極小**)[19]であり，$f(x_0)$ を**極大値** (**極小値**) という．極大値と極小値をあわせて**極値**という．

$y = f(x)$ が $x = x_0$ において極大 (極小) であれば a と b を $a < x_0 < b$, $f(a) = f(b)$ で a と b が十分接近するように選ぶことができ，$a \leq x \leq b$ において最大 (最小) であるのでロルの定理の証明にならえば $f'(x_0) = 0$ であることが示せる．しかし $f'(x_0) = 0$ であるからといって，$x = x_0$ において極大または極小であるとは限らない．例えば，$f(x) = x^3$ は $f'(0) = 0$ であるが実数全体で単調増加である．

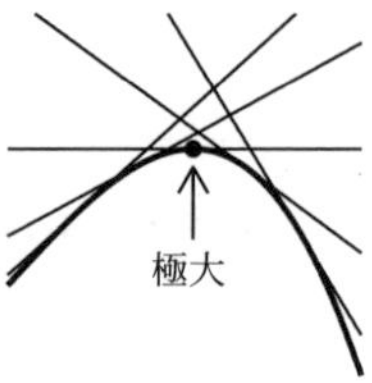

図 13-1

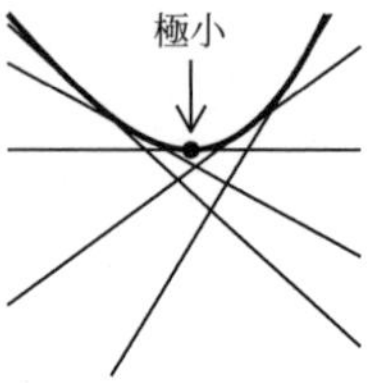

図 13-2

$f'(x_0) = 0$ のとき，図 13-1 (13-2) のように $x = x_0$ の近くで接点が右に移動するとき接線の傾きが減少 (増加) すれば $x = x_0$ で極大 (極小) になる．接線の傾きは導関数 $f'(x)$ であるから，$f'(x)$ の増減を調べることで極値の判定ができる．ここで，$f'(x)$ の導関数を **2 階導関数**とよび[20]，y'' または $f''(x)$ で表す．$f''(x_0) < 0$ (> 0)[21]であれば，$x = x_0$ の近くでも $f''(x) < 0$ (> 0) になるので，$f'(x)$ は単調減少 (増加) である．したがって $f(x_0)$ は極大 (極小) 値である．

例 1.24　$y = \dfrac{x}{1+x^2}$ の極値を求める．

1 階導関数と 2 階導関数は，それぞれ

$$y' = \frac{1-x^2}{(1+x^2)^2}, \quad y'' = \frac{2x(x^2-3)}{(1+x^2)^3}.$$

$y' = 0$ ならば

$$1 - x^2 = (1-x)(1+x) = 0$$

---

19) **狭義の**極大 (極小) ということがあり，$f(x) \leq f(x_0)$ $(f(x) \geq f(x_0))$ であれば**広義の**極大 (極小) という．

20) y' または $f'(x)$ を **1 階導関数**とよぶことがある．

21) 高等学校で習う増減表で極値を判定する方法もある．$f''(x_0) = 0$ の場合も判定できるが，$x = x_0$ の前後の $f'(x)$ の値の符号を調べる必要がある．

より $x=\pm 1$.

$x=-1$ のとき $2x(x^2-3)=4>0$ より $y''>0$ であり極小値 $y=-\dfrac{1}{2}$.

$x=1$ のとき $2x(x^2-3)=-4<0$ より $y''<0$ であり極大値 $y=\dfrac{1}{2}$. ■

例 1.25　$y=x^2\log x$ の極値を求める.

1 階導関数と 2 階導関数は，それぞれ

$$y'=2x\log x+x,\quad y''=2\log x+3.$$

$y'=0$ ならば

$$2x\log x+x=x(2\log x+1)=0$$

より $\log x=-\dfrac{1}{2}$ になり $x=\dfrac{1}{\sqrt{e}}$.

このとき，$y''=2\times\left(-\dfrac{1}{2}\right)+3=2>0$ より極小値 $y=-\dfrac{1}{2e}$. ■

●**問 1.8**　次の関数の極値を求めよ.

(1) $y=x^3+6x^2-15x+10$　(2) $y=2\cos x+\sqrt{3}x\ (0<x<\pi)$

(3) $y=\dfrac{1+\log x}{x^2}$

1.10　不定形の極限値とロピタルの定理

$x\to a$ のとき，$f(x)\to 0$, $g(x)\to 0$ または $f(x)\to\infty$, $g(x)\to\infty$ の場合，$\dfrac{f(x)}{g(x)}$ の極限値は公式 1.1 を用いて $f(x)$ と $g(x)$ の極限値から直接求められない**不定形**である．$f(x)$ と $g(x)$ が多項式関数であれば，例 1.1 や例 1.6 のように因数分解と約分により不定形でない形に変形できれば極限値が求まるが，多項式関数でないと別の方法が必要である．ここでは微分を利用して不定形の極限値を求める方法を紹介する.

まず，平均値の定理の一般化である**コーシー** (Cauchy) **の平均値の定理**を述べる.

定理 1.6 (コーシーの平均値の定理) 関数 $f(x)$, $g(x)$ が微分可能で，$a < b$, $g(a) \neq g(b)$ であれば，$a < c < b$ で

$$\frac{f(b)-f(a)}{g(b)-g(a)} = \frac{f'(c)}{g'(c)} \tag{1.43}$$

となる c が存在する．

証明 $A = \dfrac{f(b)-f(a)}{g(b)-g(a)}$ とおき，関数 $\varphi(x)$ を

$$\varphi(x) = f(x) - A(g(x) - g(a))$$

で定める．このとき

$$\varphi(a) = f(a),$$

$$\varphi(b) = f(b) - A(g(b) - g(a)) = f(b) - (f(b) - f(a)) = f(a)$$

になり，$\varphi'(x) = f'(x) - Ag'(x)$ であるから，ロルの定理より

$$\varphi'(c) = f'(c) - Ag'(c) = 0.$$

つまり

$$A = \frac{f'(c)}{g'(c)}$$

を満たす c が存在する．よって (1.43) が示せた． ■

不定形の極限値を求めるには，**ロピタル** (L'Hospital) **の定理**が非常に役に立つ．

定理 1.7 (ロピタルの定理) a を実数または $\pm\infty$ として，2 つの関数 $f(x)$, $g(x)$ が $\lim_{x \to a} f(x) = \lim_{x \to a} g(x) = 0$ または $\lim_{x \to a} f(x) = \lim_{x \to a} g(x) = \infty$ のとき，

$$\lim_{x \to a} \frac{f(x)}{g(x)} = \lim_{x \to a} \frac{f'(x)}{g'(x)}. \tag{1.44}$$

証明 a が有限値で $\lim_{x \to a} f(x) = \lim_{x \to a} g(x) = 0$ $\left(\dfrac{0}{0}\text{形}\right)$ のときは，関数の連続性より $f(a) = g(a) = 0$ であり，コーシーの平均値の定理より，$a < c < x$ または $x < c < a$ で

$$\frac{f(x)}{g(x)} = \frac{f'(c)}{g'(c)}$$

を満たす c がある．$x \to a$ のとき $c \to a$ になるので (1.44) が得られる．

a が有限値で $\displaystyle\lim_{x \to a} f(x) = \lim_{x \to a} g(x) = \infty$ $\left(\dfrac{\infty}{\infty}\text{形}\right)$ のときの証明は難しいので A.3 節で述べる．

$a = \infty$ の場合，$t = \dfrac{1}{x}$, $F(t) = f\left(\dfrac{1}{t}\right)$, $G(t) = g\left(\dfrac{1}{t}\right)$ とすれば

$$\lim_{x \to \infty} \frac{f(x)}{g(x)} = \lim_{t \to 0} \frac{F(t)}{G(t)} = \lim_{t \to 0} \frac{F'(t)}{G'(t)} = \lim_{t \to 0} \frac{-\frac{1}{t^2} f'\left(\frac{1}{t}\right)}{-\frac{1}{t^2} g'\left(\frac{1}{t}\right)} = \lim_{x \to \infty} \frac{f'(x)}{g'(x)}.$$

よって $a = \infty$ の場合も (1.44) は成り立つ． ■

例 1.26

$$\lim_{x \to 0} \frac{\sin x + x}{e^x - 1} = \lim_{x \to 0} \frac{\cos x + 1}{e^x} = 2.$$ ■

例 1.27

$$\lim_{x \to 0} \frac{1 - \cos x}{x^2} = \lim_{x \to 0} \frac{\sin x}{2x} = \frac{1}{2}.$$

(2 番目の等式はロピタルの定理でなく公式 1.6 [22]による．) ■

例 1.26 と 1.27 のように，ロピタルの定理が適用できるのは分子と分母の極限値がともに 0 または ∞ になる場合であり，それ以外では使ってはならない．例えば，$\dfrac{e^x - x}{\cos x + x}$ の $x \to 0$ のときの分子と分母の極限値は 0 でなく公式 1.1 より

$$\lim_{x \to 0} \frac{e^x - x}{\cos x + x} = 1$$

であるが，分子と分母を導関数に置き換えた $\dfrac{e^x - 1}{-\sin x + 1}$ の極限値は 0 なので (1.44) は成立しない．

ロピタルの定理を 1 回適用してもまだ不定形の場合には，ロピタルの定理が適用できなくなるまで，何回も分子と分母を微分する．次の例は，2 回微分すると分母の極限値が 0 でなくなる．

22) 公式 1.6 はロピタルの定理から導けると思うかもしれないが，それを認めると公式 1.6 から導ける三角関数の導関数が必要で循環論法になってしまう．

例 1.28

$$\lim_{x\to 0}\frac{e^{2x}+2e^{-x}-3}{x^2+x^3}=\lim_{x\to 0}\frac{2e^{2x}-2e^{-x}}{2x+3x^2}=\lim_{x\to 0}\frac{4e^{2x}+2e^{-x}}{2+6x}=3. \quad ■$$

一度ロピタルの定理を適用してから式の変形によって極限値が求まることがある．次の例は，ロピタルの定理を繰り返し適用しても不定形は解消されない．

例 1.29 $\alpha>0$ のとき，

$$\lim_{x\to\infty}\frac{x^\alpha}{\log x}=\lim_{x\to\infty}\frac{\alpha x^{\alpha-1}}{\frac{1}{x}}=\lim_{x\to\infty}\alpha x^\alpha=\infty. \quad ■$$

$f(x)\to 0,\ g(x)\to\infty$ のとき，$f(x)g(x)\to 0\times\infty$ になり不定形である．ロピタルの定理は 2 つの関数の積に適用できないので，商の形に直さなければならない．

例 1.30 $\alpha>0$ のとき，

$$\lim_{x\to+0}x^\alpha\log x=\lim_{x\to+0}\frac{\log x}{x^{-\alpha}}=\lim_{x\to+0}\frac{\frac{1}{x}}{-\alpha x^{-\alpha-1}}=\lim_{x\to+0}\left(-\frac{x^\alpha}{\alpha}\right)=0. \quad ■$$

$f(x)\to\infty,\ g(x)\to\infty$ のとき，$f(x)-g(x)\to\infty-\infty$ になり不定形である．ロピタルの定理を適用するために通分する．

例 1.31

$$\lim_{x\to 0}\left(\frac{1}{\sin x}-\frac{1}{x}\right)=\lim_{x\to 0}\frac{x-\sin x}{x\sin x}=\lim_{x\to 0}\frac{1-\cos x}{x\cos x+\sin x}$$
$$=\lim_{x\to 0}\frac{\sin x}{2\cos x-x\sin x}=0. \quad ■$$

極限値を求めたい関数を log に代入することにより，ロピタルの定理が適用できる．

例 1.32 $\lim_{x\to\infty}(2+x)^{\frac{1}{x}}$ を求める．

$$\lim_{x\to\infty}\log(2+x)^{\frac{1}{x}}=\lim_{x\to\infty}\frac{\log(2+x)}{x}=\lim_{x\to\infty}\frac{1}{x+2}=0.$$

よって，(1.26) より

$$\lim_{x\to\infty}(2+x)^{\frac{1}{x}}=e^0=1. \quad ■$$

●問 1.9 次の極限値を求めよ．

(1) $\displaystyle\lim_{x\to 0}\frac{\sqrt{1+2x}-\sin x-1}{x^2+x^4}$ (2) $\displaystyle\lim_{x\to 0}\frac{x-\arcsin x}{x^3}$

(3) $\displaystyle\lim_{x\to\infty}\frac{\log(1+2x)}{\log x}$ (4) $\displaystyle\lim_{x\to+0}\sqrt{x}\,(\log x)^2$

(5) $\displaystyle\lim_{x\to+0}(\tan x)^{\sin x}$ (6) $\displaystyle\lim_{x\to+0}(3-2e^{-x})^{\frac{1}{x}}$

1.11 高階導関数

前々節では 2 階導関数を利用して極値の判定をしたが，微分の階数は 2 階にとどまらず，前節では極限値を求めるためにロピタルの定理を適用し，必要があれば分子と分母の関数を 3 回以上微分することもありうる．関数 $y=f(x)$ の 2 階導関数 $y''=f''(x)$ の導関数を **3 階導関数**とよび，y''' または $f'''(x)$ で表す．4 階以上の導関数も同様に定義できるが，階数を具体的な自然数としない **n 階導関数**も考えられ，表記は y または f の右肩に $'$ を並べるのではなく $y^{(n)}$ または $f^{(n)}(x)$ で表す．(階数が具体的な自然数のときも，例えば $f^{(2)}(x)$，$f^{(10)}(x)$ のように表すこともできる．) 導関数を $\dfrac{dy}{dx}$ または $\dfrac{df}{dx}$ で表す方法に従えば，2 階導関数を $\dfrac{d^2y}{dx^2}$ または $\dfrac{d^2f}{dx^2}$，n 階導関数を $\dfrac{d^ny}{dx^n}$ または $\dfrac{d^nf}{dx^n}$ で表す．階数が 2 階以上の導関数を**高階導関数**とよぶ．

具体的な関数の指定された階数の導関数は微分を繰り返せば計算できるが，階数を n として，数列の一般項のように n 階導関数を計算することは一般的に難しい．ここでは n 階導関数が求められる例を紹介する．

例 1.33 a を定数として

$$y=e^{ax}$$

は，(1.32) より 1 回微分するたびに a を乗じればよいので

$$y^{(n)}=a^ne^{ax}.$$

■

例 1.34 $y=\sin x$ に対して $y'=\cos x$ であるが

$$\cos x=\sin\left(x+\frac{\pi}{2}\right)$$

になるので，$\sin x$ を 1 回微分するたびに変数 x に $\dfrac{\pi}{2}$ を加えることになり

$$y^{(n)} = \sin\left(x + \frac{n\pi}{2}\right). \qquad ■$$

●**問 1.10** 次の関数の n 階導関数を求めよ (a は定数).

(1) $y = \sin ax$ (2) $y = \cos ax$

例 1.35 a, α を定数として，$y = (x+a)^{\alpha}$ に (1.10) を繰り返し適用すれば

$$y^{(n)} = \alpha(\alpha-1)\cdots(\alpha-n+1)(x+a)^{\alpha-n}. \qquad ■$$

2 つの関数 $f(x)$, $g(x)$ の積の高階導関数の計算は (1.5) を繰り返し適用すれば求まるが，n 階導関数を n を含んだ一般項の形で求めるのは容易ではない．これに関して**ライプニッツ** (Leibniz) **の法則**とよばれる次の定理が成り立つ．

定理 1.8 (ライプニッツの法則)

$$(f(x)g(x))^{(n)} = \sum_{k=0}^{n} {}_{n}\mathrm{C}_{k} f^{(k)}(x) g^{(n-k)}(x) \tag{1.45}$$

ここで ${}_{n}\mathrm{C}_{k}$ は，n 個から k 個を選ぶ組合せの数である (「基礎数学」p.47 参照).

証明 n に関する数学的帰納法 (「基礎数学」p.59 参照) で証明する．$n=1$ の場合は (1.5) である．(1.45) が正しいと仮定すれば，両辺を微分すると右辺は

$$\sum_{k=0}^{n} {}_{n}\mathrm{C}_{k} \left(f^{(k)}(x) g^{(n-k)}(x)\right)'$$

$$= \sum_{k=0}^{n} {}_{n}\mathrm{C}_{k} f^{(k+1)}(x) g^{(n+1-k-1)}(x) + \sum_{k=0}^{n} {}_{n}\mathrm{C}_{k} f^{(k)}(x) g^{(n+1-k)}(x). \tag{1.46}$$

右辺の第 1 項の $\sum$ にある $k+1$ を k に替え，k の範囲を 1 から $n+1$ にすると

$$\sum_{k=1}^{n+1} {}_{n}\mathrm{C}_{k-1} f^{(k)}(x) g^{(n+1-k)}$$

になる．$k = 1, \cdots, n$ は第 2 項にもあるので $\displaystyle\sum_{k=1}^{n}$ としてまとめて，$k=0$ は第 1 項，$k = n+1$ は第 2 項のみにあるから別にしておく．$f(x)g(x)$ の $(n+1)$ 階導関数は (1.46) に等しく ${}_{n}\mathrm{C}_{0} = {}_{n}\mathrm{C}_{n} = 1$ であるから

$$
\begin{aligned}
&(f(x)g(x))^{(n+1)} \\
&= f^{(n+1)}(x)g(x) + \sum_{k=1}^{n} ({}_n\mathrm{C}_{k-1} + {}_n\mathrm{C}_k) f^{(k)}(x) g^{(n+1-k)}(x) + f(x)g^{(n+1)}(x).
\end{aligned} \tag{1.47}
$$

ここで ${}_n\mathrm{C}_{k-1} + {}_n\mathrm{C}_k = {}_{n+1}\mathrm{C}_k$, ${}_{n+1}\mathrm{C}_0 = {}_{n+1}\mathrm{C}_{n+1} = 1$ であるので, (1.47) は

$$
\sum_{k=0}^{n+1} {}_{n+1}\mathrm{C}_k f^{(k)}(x) g^{(n+1-k)}(x)
$$

に等しい. よって, n を $n+1$ に替えても (1.45) は正しい. ■

$f(x)$ または $g(x)$ が多項式関数の場合にライプニッツの法則を適用すれば, 多項式関数の次数より大きい階数の高階導関数は 0 であるから, n が増えても決まった個数の関数の和になる.

例 1.36　$y = x^2 \sin x$ に対して, $k \geq 3$ であれば $(x^2)^{(k)} = 0$ になるので k は $0, 1, 2$ しかなく, $n \geq 2$ のとき, 例 1.34 より (網掛け部分に注意)

$$
\begin{aligned}
y^{(n)} &= \sum_{k=0}^{n} {}_n\mathrm{C}_k (x^2)^{(k)} (\sin x)^{(n-k)} = \sum_{k=0}^{2} (x^2)^{(k)} {}_n\mathrm{C}_k \sin\left(x + \frac{(n-k)\pi}{2}\right) \\
&= x^2 \sin\left(x + \frac{n\pi}{2}\right) + 2nx \sin\left(x + \frac{(n-1)\pi}{2}\right) \\
&\qquad + n(n-1) \sin\left(x + \frac{(n-2)\pi}{2}\right) \\
&= (x^2 - n^2 + n) \sin\left(x + \frac{n\pi}{2}\right) - 2nx \cos\left(x + \frac{n\pi}{2}\right).
\end{aligned}
$$

■

●**問 1.11**　次の関数の n 階導関数を求めよ.

(1) $y = xe^{2x}$　　(2) $y = x^2 \cos 3x$

1.12　テイラー展開とマクローリン展開

実数 x_0 に対して, 級数

$$
\sum_{n=0}^{\infty} a_n (x - x_0)^n \tag{1.48}
$$

を**整級数**という. 特に $a_n \neq 0$ になる n が有限個の場合は多項式関数である.

もし (1.48) が収束すれば x を変数とした関数であるが，x の値によっては (1.48) が発散することもあるので，収束する x の範囲に気をつけなければならない．前節までに登場した多項式関数，有理関数，べき関数，指数関数，対数関数，三角関数，逆三角関数，およびそれらの関数の四則演算や合成関数，逆関数を**初等関数**とよぶ．初等関数 $f(x)$ に対して x_0 は定義域にある実数で，数列 $\{a_n\}$ を

$$a_n = \frac{f^{(n)}(x_0)}{n!} \tag{1.49}$$

で定めると，x が x_0 に近いとき (関数によってはすべての x に対して) $f(x)$ が整級数 (1.48) と等しいことが示せる[23)]．a_n を (1.49) にした

$$\sum_{n=0}^{\infty} \frac{f^{(n)}(x_0)}{n!}(x - x_0)^n$$

を**テイラー** (Taylor) **級数**，関数をテイラー級数で表すことを**テイラー展開**という．特に $x_0 = 0$ にした

$$\sum_{n=0}^{\infty} \frac{f^{(n)}(0)}{n!} x^n$$

を**マクローリン** (Maclaurin) **級数**，関数をマクローリン級数で表すことを**マクローリン展開**という．$f(x)$ と等しいマクローリン級数を x^n の項で打ち切れば n 次の多項式関数であり，n 次**マクローリン多項式**とよぶ．この多項式は，関数として $f(x)$ に等しくないが x に実数を代入して数値計算でき，n を大きくすれば $f(x)$ の値との差が小さくなり近似値が求まる[24)]．

以下で，n 階導関数が容易に計算できる基本的な関数のマクローリン展開を紹介する．また，マクローリン多項式の次数を増やしながら，もとの関数とマクローリン多項式のグラフを比べてみる．

例 1.37 $f(x) = e^x$ に対して，(1.31) より $f^{(n)}(x) = e^x$ であるから $f^{(n)}(0) = 1$．よって，マクローリン展開は

$$e^x = 1 + x + \frac{x^2}{2!} + \cdots + \frac{x^n}{n!} + \cdots .$$

e^x と 1 次から 4 次のマクローリン多項式のグラフを比べたのが図 14-1∼14-4 である．

---

23) 整級数で定義できる初等関数ではない重要な関数もあるが，本書では扱わない．

24) 電卓による指数関数や三角関数の数値計算はマクローリン多項式を利用している．

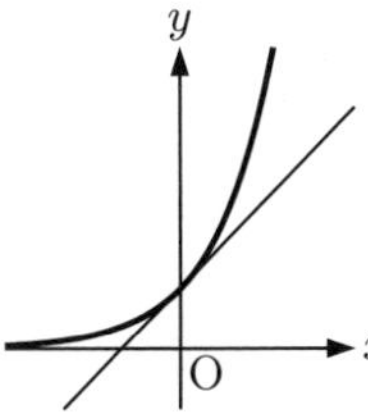

$y = 1 + x$

図 14-1

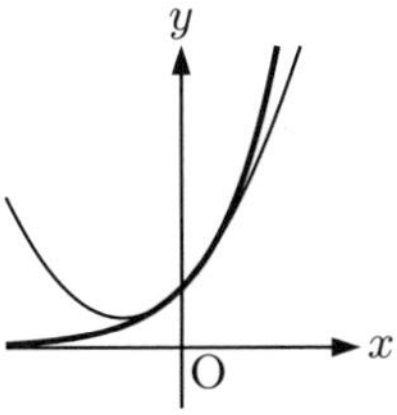

$y = 1 + x + \frac{1}{2}x^2$

図 14-2

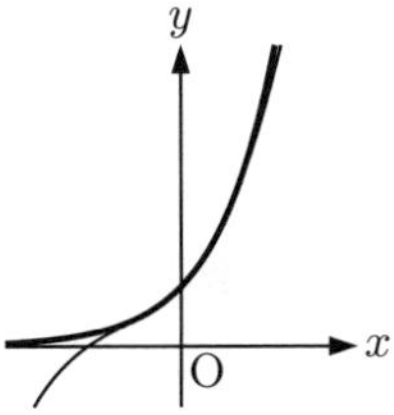

$y=1+x+\frac{1}{2}x^2+\frac{1}{6}x^3$

図 14-3

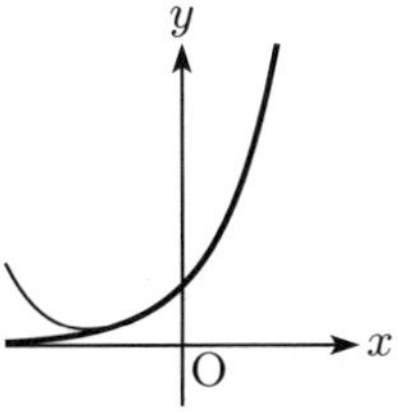

$y=1+x+\frac{1}{2}x^2+\frac{1}{6}x^3+\frac{1}{24}x^4$

図 14-4　■

例 1.38　$f(x) = \sin x$ に対して，例 1.34 より

$$f^{(n)}(0) = \sin\frac{n\pi}{2} = \begin{cases} 0 & (n = 2m) \\ (-1)^m & (n = 2m + 1). \end{cases}$$

よって，マクローリン展開は

$$\sin x = x - \frac{x^3}{3!} + \cdots + \frac{(-1)^n}{(2n+1)!}x^{2n+1} + \cdots .$$

$\sin x$ と 1 次から 7 次で奇数次のマクローリン多項式のグラフを比べたのが図 15-1〜15-4 である．

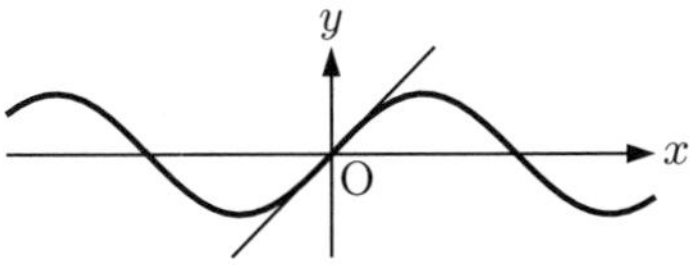

$y = x$

図 15-1

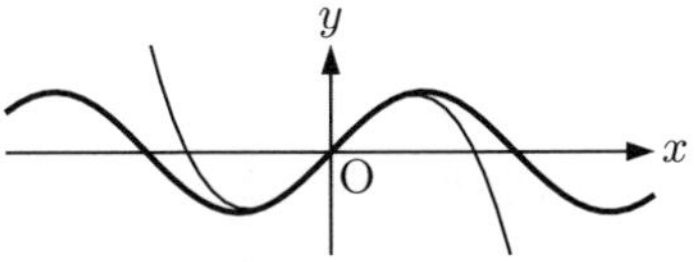

$y = x - \frac{1}{6}x^3$

図 15-2

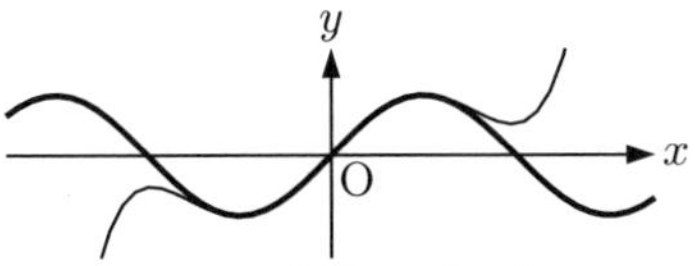

$y = x - \frac{1}{6}x^3 + \frac{1}{120}x^5$

図 15-3

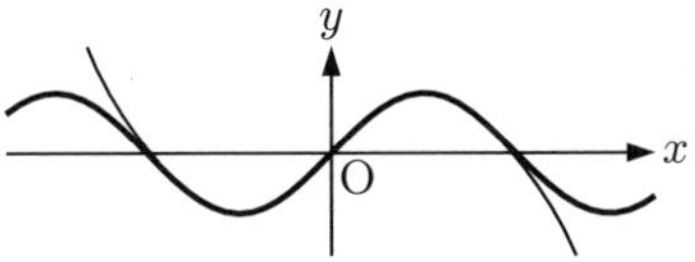

$y = x - \frac{1}{6}x^3 + \frac{1}{120}x^5 - \frac{1}{5040}x^7$

図 15-4　■

例 1.39　$f(x) = \cos x$ に対して，例 1.34 より

$$f^{(n)}(0) = (\sin x)^{(n+1)}(0) = \sin\frac{(n+1)\pi}{2} = \begin{cases} (-1)^m & (n = 2m) \\ 0 & (n = 2m + 1). \end{cases}$$

よって，マクローリン展開は

$$\cos x = 1 - \frac{x^2}{2!} + \cdots + \frac{(-1)^n}{(2n)!} x^{2n} + \cdots .$$

$\cos x$ と 0 次から 6 次で偶数次のマクローリン多項式のグラフを比べたのが図 16-1～16-4 である．

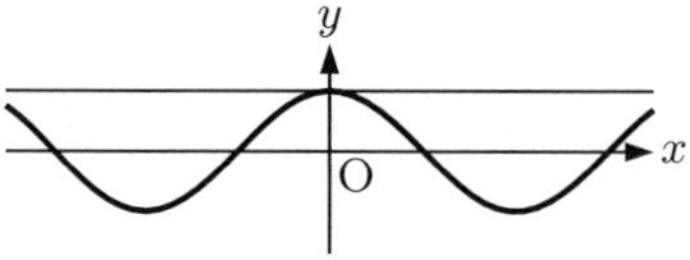

$y = 1$

図 16-1

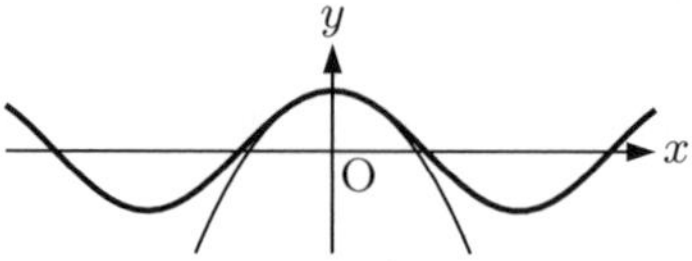

$y = 1 - \frac{1}{2}x^2$

図 16-2

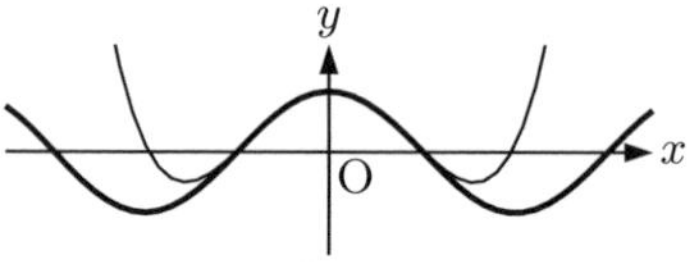

$y = 1 - \frac{1}{2}x^2 + \frac{1}{24}x^4$

図 16-3

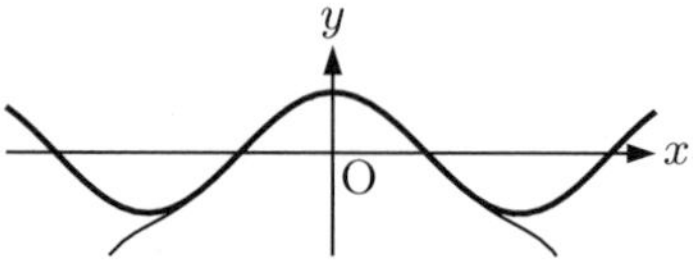

$y = 1 - \frac{1}{2}x^2 + \frac{1}{24}x^4 - \frac{1}{720}x^6$

図 16-4 ■

これまでの例は，マクローリン多項式の次数を増やすともとの関数のグラフと重なっている区間が拡がっているように見える．実際は等しくないが，計算するうえで無視できるほど差が小さくなる範囲が拡がっていく．次節ですべての実数 x に対してマクローリン級数がもとの関数に収束することを示すが，それに対して，次の例はマクローリン級数が収束する x の範囲が限定される．

例 1.40 $f(x) = (x+1)^\alpha$ に対して，例 1.35 より

$$f^{(n)}(0) = \alpha(\alpha - 1)(\alpha - 2) \cdots (\alpha - n + 1).$$

よって，マクローリン展開は

$$(x+1)^\alpha = 1 + \alpha x + \frac{\alpha(\alpha-1)}{2!}x^2 + \cdots + \frac{\alpha(\alpha-1)(\alpha-2)\cdots(\alpha-n+1)}{n!}x^n + \cdots .$$

$\alpha = \frac{1}{2}$ とした $\sqrt{x+1}$ と 1 次から 4 次のマクローリン多項式のグラフを比べたのが図 17-1～17-4 である．点線は直線 $x = \pm 1$ である．

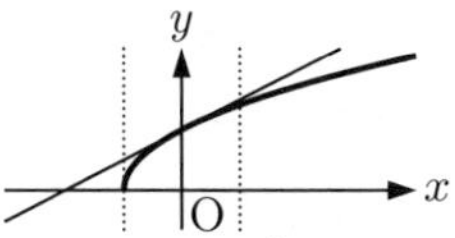

$y = 1 + \frac{1}{2}x$

図 17-1

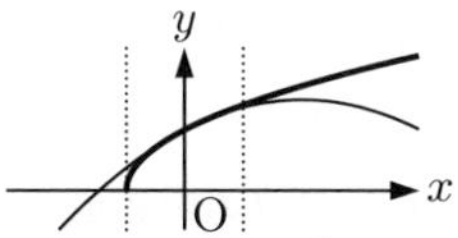

$y = 1 + \frac{1}{2}x - \frac{1}{8}x^2$

図 17-2

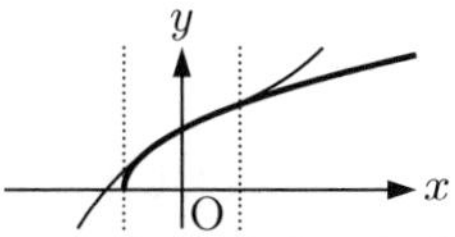

$y = 1 + \frac{1}{2}x - \frac{1}{8}x^2 + \frac{1}{16}x^3$

図 17-3

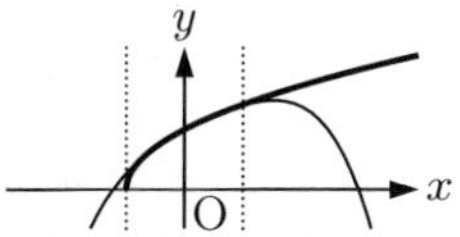

$y = 1 + \frac{1}{2}x - \frac{1}{8}x^2 + \frac{1}{16}x^3 - \frac{5}{128}x^4$

図 17-4

■

例 1.41　$f(x) = \log(x+1)$ に対して

$$f(0) = \log 1 = 0, \quad f'(x) = \frac{1}{x+1} = (x+1)^{-1}$$

であるから，$n \geq 1$ のとき，例 1.35 より

$$f^{(n)}(0) = \left((x+1)^{-1}\right)^{(n-1)}(0) = (-1)(-2)\cdots(1-n) = (-1)^{n-1}(n-1)!.$$

ここで $\dfrac{(n-1)!}{n!} = \dfrac{1}{n}$ に注意すれば，マクローリン展開は

$$\log(x+1) = x - \frac{x^2}{2} + \cdots + \frac{(-1)^{n-1}}{n}x^n + \cdots .$$

$\log(x+1)$ と 1 次から 4 次のマクローリン多項式のグラフを比べたのが図 18-1〜18-4 である．点線は直線 $x = \pm 1$ である．

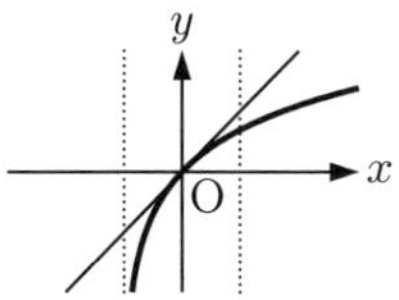

$y = x$

図 18-1

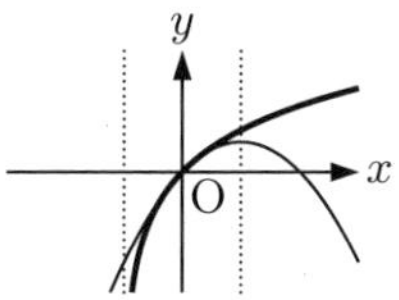

$y = x - \frac{1}{2}x^2$

図 18-2

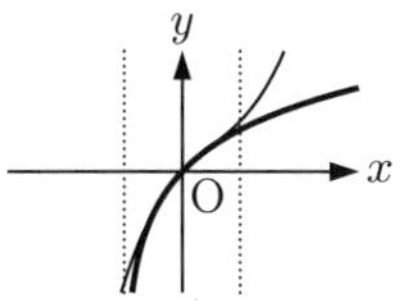

$y = x - \frac{1}{2}x^2 + \frac{1}{3}x^3$

図 18-3

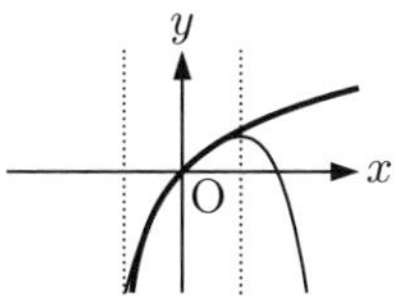

$y = x - \frac{1}{2}x^2 + \frac{1}{3}x^3 - \frac{1}{4}x^4$

図 18-4

■

例 1.40 $\left(\alpha = \frac{1}{2}\right)$ は $-1 \leq x \leq 1$，例 1.41 は $-1 < x \leq 1$ においてマクローリン多項式の次数を増やすと，もとの関数のグラフに近づいていくように見える．$x < -1$ は関数の定義域の外側であるが，次数を増やすとマクローリン多項式のグラフは単調に下がって $-\infty$ に発散しているようで，$x > 1$ は関数の定義域に含まれていてもマクローリン多項式のグラフは振幅を大きくしながら上下に振動して，もとの関数に近づいているように見えない．

例 1.37〜1.41 では，n 階導関数 $f^{(n)}(x)$ に $x = 0$ を代入してマクローリン展開を求めたが，たいていの関数の $f^{(n)}(x)$ を数列の一般項の形で求めるのは難しい．しかし，指定された次数の項までのマクローリン級数なら 1 回ずつ微分すればよいので一般項は必要ない．以下の例では x^4 の項の係数まで計算する．

例 1.42 $f(x) = xe^{2x} + \cos 3x$ に対して，

$$f'(x) = e^{2x} + 2xe^{2x} - 3\sin 3x,$$

$$f''(x) = 4e^{2x} + 4xe^{2x} - 9\cos 3x,$$

$$f'''(x) = 12e^{2x} + 8xe^{2x} + 27\sin 3x,$$

$$f''''(x) = 32e^{2x} + 16xe^{2x} + 81\cos 3x.$$

$x = 0$ を代入すれば

$$f(0) = 1, \quad f'(0) = 1, \quad f''(0) = -5, \quad f'''(0) = 12, \quad f''''(0) = 113.$$

よって，x^4 までのマクローリン展開は

$$f(x) = 1 + x - \frac{5}{2}x^2 + 2x^3 + \frac{113}{24}x^4 + \cdots.$$

■

例 1.43 $f(x) = e^x \log(1 + 2x)$ に対して，

$$f'(x) = e^x \log(1+2x) + \frac{2e^x}{1+2x},$$

$$f''(x) = e^x \log(1+2x) + \frac{4e^x}{1+2x} - \frac{4e^x}{(1+2x)^2},$$

$$f'''(x) = e^x \log(1+2x) + \frac{6e^x}{1+2x} - \frac{12e^x}{(1+2x)^2} + \frac{16e^x}{(1+2x)^3},$$

$$f''''(x) = e^x \log(1+2x) + \frac{8e^x}{1+2x} - \frac{24e^x}{(1+2x)^2} + \frac{64e^x}{(1+2x)^3} - \frac{96e^x}{(1+2x)^4}.$$

$x = 0$ を代入すれば

$$f(0) = 0, \quad f'(0) = 2, \quad f''(0) = 0, \quad f'''(0) = 10, \quad f''''(0) = -48.$$

よって，x^4 までのマクローリン展開は

$$f(x) = 2x + \frac{5}{3}x^3 - 2x^4 + \cdots .$$

■

●**問 1.12**　以下の関数 $f(x)$ のマクローリン展開を $f(x) = \sum_{n=0}^{\infty} a_n x^n$ とするとき，$a_0 \sim a_4$ の値を求めよ．

(1) $f(x) = \dfrac{1+x}{1-2x}$　　(2) $f(x) = e^{2x}\cos x$

1.13　テイラーの定理とマクローリン級数の収束性

テイラー級数やマクローリン級数がもとの関数に収束することについては，関数によっては，次に述べる**テイラーの定理**で示すことができる．

定理 1.9 (テイラーの定理)　0 以上の整数 n に対して $a < b$ $(a > b)$ として，$a < c < b$ $(a > c > b)$ で

$$f(b) = f(a) + f'(a)(b-a) + \frac{f''(a)}{2!}(b-a)^2 + \cdots + \frac{f^{(n)}(a)}{n!}(b-a)^n + \frac{f^{(n+1)}(c)}{(n+1)!}(b-a)^{n+1} \tag{1.50}$$

が成り立つような c が存在する．

証明　$n = 0$ のときが平均値の定理であり，$n \geq 1$ のときは平均値の定理と同様にロルの定理に帰着させる[25)]．A を定数として

$$\varphi(x) = f(x) + f'(x)(b-x) + \frac{f''(x)}{2!}(b-x)^2 + \cdots + \frac{f^{(n)}(x)}{n!}(b-x)^n + A(b-x)^{n+1} \tag{1.51}$$

と定める．A が何であっても $\varphi(b) = f(b)$ になるが，$a \neq b$ より $\varphi(a) = f(b)$ になるように A の値を選ぶことができる．このとき

25)　ロルの定理を適用させる関数 $\varphi(x)$ の選び方が平均値の定理と比べて非常に巧妙である．

$$\varphi'(x) = \frac{f^{(n+1)}(x)}{n!}(b-x)^n - A(n+1)(b-x)^n.$$

ロルの定理より $a < b$ $(a > b)$ のとき

$$\varphi'(c) = 0, \qquad a < c < b \ (a > c > b)$$

を満たす c が存在して $A = \dfrac{f^{(n+1)}(c)}{(n+1)!}$ になるので，$x = a$ を代入した (1.51) から (1.50) を得る． ■

関数 $f(x)$ の n 次マクローリン多項式と $f(x)$ の差を R_{n+1} とすれば

$$f(x) = f(0) + f'(0)x + \frac{f''(0)}{2!}x^2 + \cdots + \frac{f^{(n)}(0)}{n!}x^n + R_{n+1} \quad (1.52)$$

になり，もし $n \to \infty$ のとき $R_{n+1} \to 0$ であれば，マクローリン級数は $f(x)$ に収束する．ここで**マクローリンの定理**とよばれる次の形で R_{n+1} を表すことができる．

定理 1.10 (マクローリンの定理) (1.52) における R_{n+1} が

$$R_{n+1} = \frac{f^{(n+1)}(\theta x)}{(n+1)!}x^{n+1} \quad (1.53)$$

を満たす θ $(0 < \theta < 1)$ が存在する．

証明 (1.50) の右辺の最終項が R_{n+1} であり，$a = 0$ で b を x に置き換え $\theta = \dfrac{c}{x}$ とすれば，$0 < \theta < 1$ で $c = \theta x$ になる． ■

例 1.37～1.39 にマクローリンの定理を適用し，次の公式により $R_{n+1} \to 0$ を示す．

公式 1.14

$a > 0$ に対して，

$$\lim_{n\to\infty} \frac{a^n}{n!} = 0. \quad (1.54)$$

証明　$2a < n_0 + 1$ を満たすように自然数 n_0 を選ぶと

$$0 < \frac{a^n}{n!} = \frac{a}{1}\frac{a}{2}\cdots\frac{a}{n_0}\frac{a}{n_0+1}\cdots\frac{a}{n}$$
$$< \frac{a}{1}\frac{a}{2}\cdots\frac{a}{n_0}\left(\frac{1}{2}\right)^{n-n_0} = \frac{a^{n_0}}{n_0!}\left(\frac{1}{2}\right)^{n-n_0}.$$

ここで，$\displaystyle\lim_{n\to\infty}\left(\frac{1}{2}\right)^{n-n_0} = 0$ より (1.54) を得る．■

以上により，e^x, $\sin x$, $\cos x$ のマクローリン展開の収束性が示せる．

公式 1.15

すべての実数 x に対して次のマクローリン展開が成り立つ．

$$e^x = 1 + x + \frac{x^2}{2!} + \cdots + \frac{x^n}{n!} + \cdots \tag{1.55}$$

$$\sin x = x - \frac{x^3}{3!} + \cdots + \frac{(-1)^n}{(2n+1)!}x^{2n+1} + \cdots \tag{1.56}$$

$$\cos x = 1 - \frac{x^2}{2!} + \cdots + \frac{(-1)^n}{(2n)!}x^{2n} + \cdots \tag{1.57}$$

証明　$f(x) = e^x$ にすれば，(1.31) より $f^{(n)}(x) = e^x$ であるから，マクローリンの定理を適用すれば

$$R_{n+1} = \frac{e^{\theta x}}{(n+1)!}x^{n+1}.$$

$x \geq 0$ のとき，定理 A.1 より $0 < e^{\theta x} \leq e^x \leq 3^x$ であるので，

$$0 \leq R_{n+1} \leq 3^x \frac{x^{n+1}}{(n+1)!}.$$

$x < 0$ のとき，$0 < e^{\theta x} < e^0 = 1$ であるので，

$$0 < |R_{n+1}| < \frac{|x|^{n+1}}{(n+1)!}.$$

よって，公式 1.14 よりすべての x に対して (1.55) は正しい．

(1.52) で n を $2n+2$ として $f(x) = \sin x$ にすれば

$$\sin x = x - \frac{x^3}{3!} + \cdots + \frac{(-1)^n}{(2n+1)!}x^{2n+1} + R_{2n+3}.$$

(x^{2n+2} の係数は 0 であることに注意.) ここで，例 1.34 より

$$f^{(2n+3)}(x) = \sin\left(x + \frac{(2n+3)\pi}{2}\right)$$

なので，マクローリンの定理を適用すれば

$$|R_{2n+3}| \leq \frac{|x|^{2n+3}}{(2n+3)!}.$$

よって，公式 1.14 よりすべての x に対して (1.56) は正しい.

(1.52) で n を $2n+1$ として $f(x) = \cos x$ にすれば

$$\cos x = 1 - \frac{x^2}{2!} + \cdots + \frac{(-1)^n}{(2n)!}x^{2n} + R_{2n+2}.$$

(x^{2n+1} の係数は 0 であることに注意.) ここで，例 1.34 より

$$f^{(2n+2)}(x) = \sin\left(x + \frac{(2n+3)\pi}{2}\right)$$

なので，マクローリンの定理を適用すれば

$$|R_{2n+2}| \leq \frac{|x|^{2n+2}}{(2n+2)!}.$$

よって，公式 1.14 よりすべての x に対して (1.57) は正しい. ■

$(x+1)^\alpha$ と $\log(x+1)$ のマクローリン展開については，A.5 節において R_{n+1} を (1.53) でない別の形で表現して，$-1 < x < 1$ のときの $(x+1)^\alpha$ のマクローリン展開と，$-1 < x \leq 1$ のときの $\log(x+1)$ のマクローリン展開が収束することを示す.

例 1.37〜1.41 で紹介したマクローリン展開は，収束する x の範囲を含め理工系の学生であれば覚えておくべきである．特に e^x, $\sin x$, $\cos x$ のマクローリン展開は数値計算に利用されるが，無限級数のままでは計算が永遠に終わらないので，途中で切ってマクローリン多項式にして数値を代入する．得られた数値は誤差を含む近似値であるが，許容できる誤差の範囲を決めておき，R_{n+1} がその範囲内に収まるように n を指定する．R_{n+1} の絶対値は分子が等比数列

で分母が階乗である数列より小さく，公比をいくら大きくしても等比数列より階乗のほうが発散の勢いが非常に強いので，n をそれほど大きくしなくても R_{n+1} は十分 0 に近くなる．

演習問題 A

問題 1.1 次の極限値を求めよ．

(1) $\displaystyle\lim_{x\to 2}\frac{2x^2-3x-2}{x^2+2x-8}$　(2) $\displaystyle\lim_{x\to 1}\frac{x^3-4x+3}{x^3+2x^2-3}$

(3) $\displaystyle\lim_{x\to -2}\frac{x^3+3x^2+x-2}{x^4+5x^3-8x+8}$　(4) $\displaystyle\lim_{x\to -1}\frac{x^3+x^2-x-1}{x^4+6x^3+7x^2-2}$

問題 1.2 次の関数の導関数を求めよ．

(1) $y=x^3-2x^2+3x+\dfrac{5}{x}-\dfrac{6}{x^2}$　(2) $y=(x^2-1)(2x+3)$

(3) $y=\dfrac{2x+3}{4x+5}$　(4) $y=(x^2+3x+5)^4$

(5) $y=\dfrac{x-1}{x^2-x+1}$　(6) $y=\sqrt{x^2+1}$

(7) $y=x\log x-x$　(8) $y=xe^x-e^x$

(9) $y=e^{x^2+3x}$　(10) $y=\dfrac{1}{2}\log(x^2+1)$

(11) $y=\sin x-x\,\cos x$　(12) $y=\sin^3 x$

(13) $y=\dfrac{\sin x}{x^2+1}$　(14) $y=\tan(e^x+1)$

(15) $y=e^{4x}\cos(3x+2)$　(16) $y=-\log\cos x$

問題 1.3 次の値を求めよ．ただし，逆三角関数は主値をとるものとする．

(1) $5\arctan\sqrt{3}-3\arcsin\dfrac{1}{\sqrt{2}}$

(2) $3\arcsin\dfrac{1}{2}-4\arccos\dfrac{\sqrt{2}}{2}$

(3) $2\arcsin\left(-\dfrac{\sqrt{2}}{2}\right)+3\arctan\sqrt{3}$

(4) $5\arccos\left(-\dfrac{1}{2}\right)-2\arcsin\dfrac{\sqrt{3}}{2}$

(5) $6\arcsin 1-2\arccos\left(-\dfrac{\sqrt{2}}{2}\right)$

問題 1.4 次の関数の導関数を求めよ.

(1) $y=\arcsin 3x$　(2) $y=x^3\arccos x$　(3) $y=\arctan(x^2)$

(4) $y=\dfrac{1}{\arcsin x}$　(5) $y=\arccos(e^x)$　(6) $y=\sqrt{\arctan x}$

問題 1.5 次の関数の 2 階導関数を求めよ.

(1) $y=e^{5x+1}$　(2) $y=\sqrt{3x-7}$

(3) $y=x^2\log x$　(4) $y=e^{2x}\cos x$

(5) $y=\arcsin x$　(6) $y=e^{x^2-2x}$

(7) $y=x^3\sin x$　(8) $y=\arctan x+\log(1+x^2)$

(9) $y=x\arccos x$　(10) $y=\log(1+\sin x)$

問題 1.6 次の関数の極値を求めよ.

(1) $y=x^5-5x^3+10x+3$　(2) $y=x^2e^{-x}$

(3) $y=x^3(\log x-1)$　(4) $y=x-2\log(x^2+3)$

(5) $y=x+\sin x+\cos x\ (0<x<2\pi)$　(6) $y=x\sin x+\cos x\ (-\pi<x<\pi)$

問題 1.7 次の極限値を求めよ.

(1) $\displaystyle\lim_{x\to 0}\frac{\sin x-x}{x^3}$　(2) $\displaystyle\lim_{x\to 0}\frac{1-e^{5x}}{\sin 2x+x}$

(3) $\displaystyle\lim_{x\to 0}\frac{x-\arctan x}{x^3}$　(4) $\displaystyle\lim_{x\to 0}\frac{\sin x}{e^x-e^{-x}}$

(5) $\displaystyle\lim_{x\to \pi}\frac{\sin 2x}{x^2-\pi^2}$　(6) $\displaystyle\lim_{x\to 0}\frac{\cos 3x+2x-e^{2x}}{x^3+2x^2}$

(7) $\displaystyle\lim_{x\to 0}\frac{\log\cos 4x}{x^2}$　(8) $\displaystyle\lim_{x\to \infty}x^2e^{-3x}$

(9) $\displaystyle\lim_{x\to \infty}\frac{\log(1+x^2)}{\log x}$　(10) $\displaystyle\lim_{x\to \infty}(1+e^x)^{\frac{1}{x}}$

(11) $\displaystyle\lim_{x\to \infty}x^{\frac{1}{x}}$　(12) $\displaystyle\lim_{x\to 0}(1+2x)^{\frac{1}{\sin x}}$

問題 1.8 次の関数の n 階導関数を求めよ.

(1) $y=x\cos x$　(2) $y=x^2\log x$

問題 1.9 次の関数 $f(x)$ のマクローリン展開を $f(x)=\displaystyle\sum_{n=0}^{\infty}a_nx^n$ とするとき $a_0\sim a_4$ の値を求めよ.

(1) $f(x)=e^{2x}-\log(1+3x)$　(2) $f(x)=\sqrt{1-2x}+\sin 3x$

(3) $f(x)=(x+1)e^{-x}$

演習問題 B

問題 1.10 次の関数の導関数を求めよ.

(1) $y = \sin(x^2 \log x)$ (2) $y = \sin^3 \log(x^3 + x)$

(3) $y = \tan(\cos^2 3x)$ (4) $y = \dfrac{3^x}{x^2 + \sin x}$

(5) $y = \dfrac{\sin^5 x}{\sqrt{1 + x^4}}$ (6) $y = \sin^2(\log_2 x + \log_3 x)$

(7) $y = \dfrac{x}{\tan(x^3 - x)}$ (8) $y = (\sin \log x) \tan x$

問題 1.11 次の関数の導関数を求めよ.

(1) $y = x^{\arcsin x}$ (2) $y = \left(\cos(x^2)\right)^x$ (3) $y = (x^2 + 1)^{\log x}$

(4) $y = (\tan x)^{\sqrt{x}}$ (5) $y = (\log x)^{x \log x}$ (6) $y = (e^x \tan x)^{\sin x}$

問題 1.12 次の等式を証明せよ.

(1) $\cos \arcsin x = \sqrt{1 - x^2}$

(2) $\arctan x + \arctan \dfrac{1}{x} = \dfrac{\pi}{2} \quad (x > 0)$

(3) $\arctan \dfrac{1}{2} + \arctan \dfrac{1}{3} = \dfrac{\pi}{4}$

(4) $\cos(2 \arccos x) = 2x^2 - 1$

(5) $\tan \arccos x = \dfrac{\sqrt{1 - x^2}}{x} \quad (x \neq 0)$

(6) $\arccos \dfrac{x}{\sqrt{1 + x^2}} = \dfrac{\pi}{2} - \arctan x$

問題 1.13 次の関数の極値を求めよ.

(1) $y = 2\sqrt{1 + x^2} - x$ (2) $y = x(\log x)^2$

(3) $y = \sin 2x - 6 \cos x - 4x \quad (0 < x < 2\pi)$ (4) $y = x^{\frac{1}{x}}$

問題 1.14 次の極限値を求めよ.

(1) $\displaystyle\lim_{x \to 0} \frac{\log \frac{1+e^x}{2} - \frac{1}{2}x}{e^x - 1 - x}$ (2) $\displaystyle\lim_{x \to 0} \left(1 + x^2\right)^{\frac{1}{1 - \cos x}}$

(3) $\displaystyle\lim_{x \to \infty} x \left(\frac{\pi}{2} - \arctan x\right)$ (4) $\displaystyle\lim_{x \to 0} \left(\frac{1}{x^2} - \frac{1}{\sin^2 x}\right)$

問題 1.15 $y = \arcsin x$ のとき次を証明せよ.

$$(1 - x^2)y^{(n+2)} - (2n + 1)xy^{(n+1)} - n^2 y^{(n)} = 0$$

問題 1.16 $y = \arctan x$ のとき次を証明せよ.

$$(1 + x^2)y^{(n+2)} + 2(n + 1)xy^{(n+1)} + n(n + 1)y^{(n)} = 0$$

問題 1.17 $y=\sin(a\arcsin x)$ (a は定数) のとき次を証明せよ.

$$(1-x^2)y^{(n+2)}-(2n+1)xy^{(n+1)}+(a^2-n^2)y^{(n)}=0$$

問題 1.18 $y=(x+\sqrt{1+x^2})^\alpha$ (α は定数) のとき次を証明せよ.

$$(1+x^2)y^{(n+2)}+(2n+1)xy^{(n+1)}+(n^2-\alpha^2)y^{(n)}=0$$

問題 1.19 関数 $f(x)$ が $0<k<n$ のとき $f^{(k)}(a)=0,\ f^{(n)}(a)\neq 0$ ならば, $f(x)$ は

n が奇数のとき $x=a$ で極値にならない,

n が偶数のとき $\begin{cases} f^{(n)}(a)>0 \text{ ならば } f(a) \text{ は極小値} \\ f^{(n)}(a)<0 \text{ ならば } f(a) \text{ は極大値} \end{cases}$

であることを証明せよ.

問題 1.20 次の関数が $x=0$ において極値になるか判定せよ.

(1) $f(x)=\log(1+2x)-2\sin x-4\cos x$

(2) $f(x)=2x\cos x+6e^x-8x-3x^2$

2
積 分 法

2.1 面積と定積分

小学校の算数では，長方形の面積が縦と横の辺の長さの積であることに基づき三角形や平行四辺形，台形などさまざまな図形の面積の公式を習うが，線分だけではなく曲線で囲まれる図形である円の面積の公式も習う．半径の 2 乗に円周率を乗じると円の面積になる説明は小学校の算数の教科書に書いてあるが，視覚に訴えるまでで数学的に厳密ではない．しかし，中学校や高等学校の数学では，円の面積の公式は正しいとして円や扇形の面積の計算や球，円柱，円錐の体積などの公式の導出に利用してきた．ここでは円に限らず曲線で囲まれている図形の面積の求め方について考えてみる．

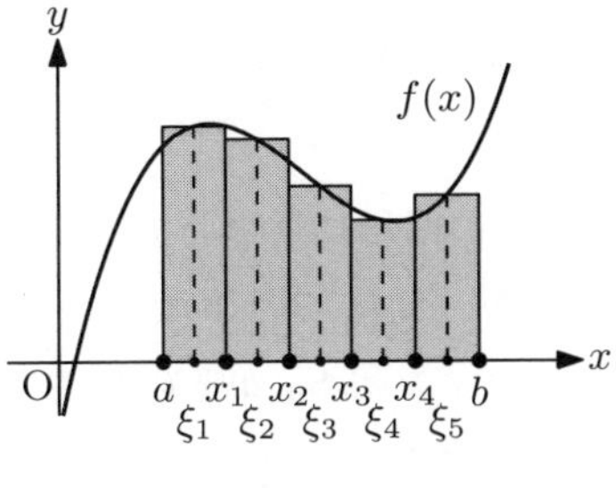

図 1-1

区間 $[a, b]$ [1] を実数 x_i $(i = 1, \cdots, n-1)$ で分割する．

$$a < x_1 < x_2 < \cdots < x_{n-1} < b. \quad (2.1)$$

ただし，等分に分けなくてもよい．

$x_0 = a$, $x_n = b$ として n 個の実数 ξ_i $(i = 1, \cdots, n)$ を $x_{i-1} \leq \xi_i \leq x_i$ を満たすように選ぶ．

$[a, b]$ を含む区間で定義されている関数を $f(x)$ とする．$a \leq x \leq b$ のとき $f(x) > 0$ であると，区間の分割 (2.1) と $\xi_1, \cdots, \xi_n$ に対して，横の長さが $x_i - x_{i-1}$，縦の長さが $f(\xi_i)$ の長方形が n 個得られ，それらを並べた図形 (図 1-1) の面積を S_n で表せば [2]

1) $a \leq x \leq b$ を $[a, b]$ で表す (「基礎数学」 p.32 参照).

2) n だけでなく x_i や ξ_i の選び方にもよるが，便宜上 S_n とする．

$$S_n = \sum_{i=1}^{n} f(\xi_i)(x_i - x_{i-1}) \tag{2.2}$$

になる．これを**リーマン** (Riemann) **和**という．(図 1-1 は $x_i - x_{i-1}$ が等分で，$\xi_i = \dfrac{x_i + x_{i-1}}{2}$ にしている．)

区間 $[a, b]$ を n 個の区間に分割したが，分割は一度でやめないで図 1-2, 1-3 のように

$$\max\{x_i - x_{i-1}\,;\, i = 1, \cdots, n\} \quad (\text{分割された区間の長さの最大値})$$

が 0 に近づくように分割を細かくしていく．もし $f(x)$ が連続であれば，$x_1, \cdots, x_{n-1}$ や $\xi_1, \cdots, \xi_n$ の選び方に関係なく S_n は一定の実数 S へ収束することが証明できる．これを

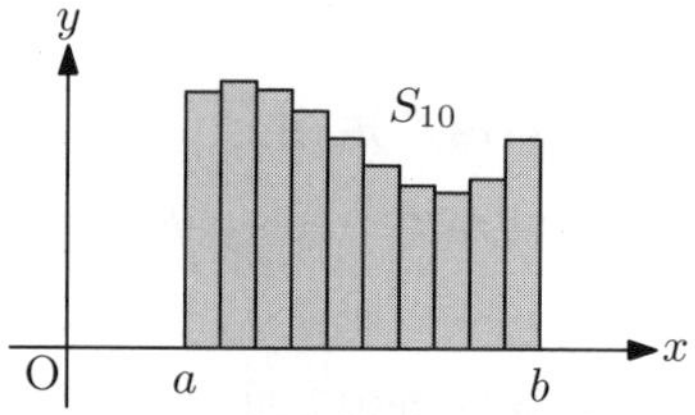

図 1-2

$$S = \int_a^b f(x)\, dx$$

で表し，$f(x)$ の区間 $[a, b]$ 上の**定積分**，x を**積分変数**，$[a, b]$ を**積分区間**，$f(x)$ を**被積分関数**という．図 1-1～1-3 を見比べると，分割を細かくしていけばリーマン和 S_n が領域

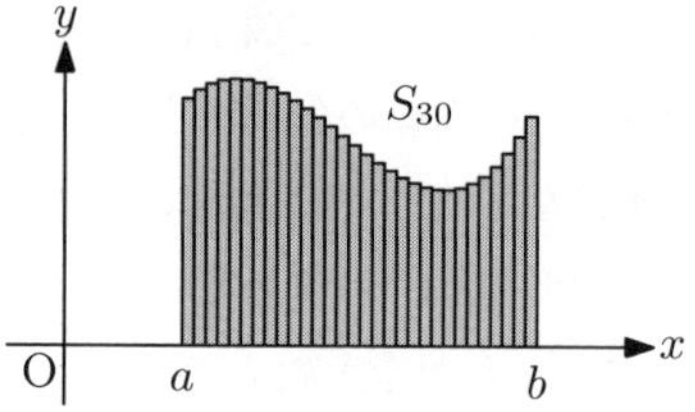

図 1-3

$$a \leq x \leq b, \quad 0 \leq y \leq f(x)$$

(図 2) の面積に近づいていくように見えるが，先にこの領域の面積が定まりリーマン和 S_n がその面積に収束するのではない．分割を細かくして n が増大していくときリーマン和 S_n が収束することが示され，次にその極限値 S で図 2 のような境界の一部が曲線になっている図形の面積を定義するのである．(リーマン和の収束性の証明は難しいのでここでは述べない．) 一般に，曲線で囲まれている図形は線分で裁断すれば長方形と図 2 のような図形に分けられるので，面積が定まる．

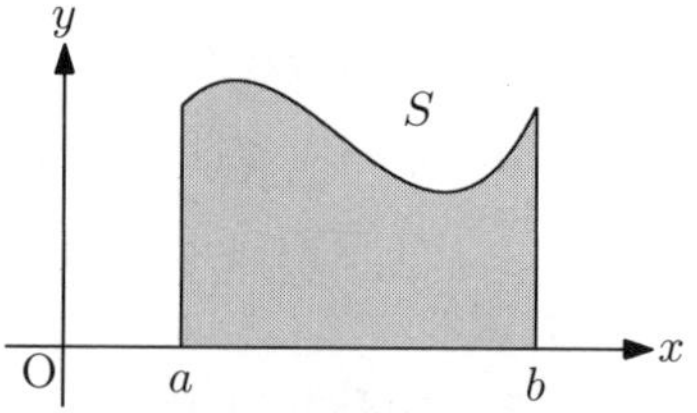

図 2

x によっては，$f(x) \leq 0$ になる連続関数 $f(x)$ に対しても (2.2) の極限値で定積分は定義できる．$a \leq x \leq b$ のとき $f(x) < 0$ であると，上の辺が x 軸に重なって縦の長さが $-f(\xi_i)$ の長方形を並べた図形の面積の (-1) 倍と S_n は等しいので，極限値の S は領域

$$a \leq x \leq b, \quad f(x) \leq y \leq 0$$

の面積の (-1) 倍に等しい．区間 $[a,b]$ において $f(x) > 0$ と $f(x) < 0$ になる x が両方あるとき，(2.2) の極限値，つまり $[a,b]$ における $f(x)$ の定積分は 2 直線 $x = a$, $x = b$，x 軸，および曲線 $y = f(x)$ で囲まれた図形で，x 軸より上部の面積 S_+ と x 軸より下部の面積 S_- の差 $S_+ - S_-$ である．例えば，曲線 $y = f(x)$ と x 軸の交点の x 座標を $x = c$ として，図 3 のように，$a < x < c$ のとき $f(x) > 0$，$c < x < b$ のとき $f(x) < 0$ であれば

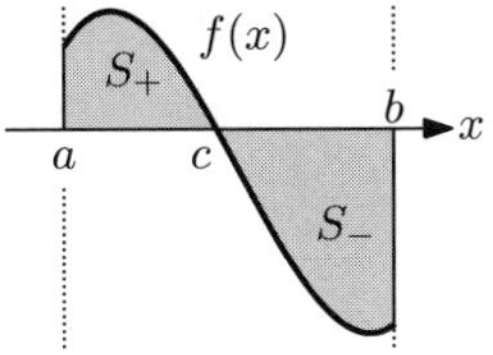

図 3

$$S_+ = \int_a^c f(x)\,dx, \quad S_- = -\int_c^b f(x)\,dx$$

になる．

2.2　原始関数と微分積分学の基本定理

定積分に対する区間 $[a,b]$ の a, b は定数であるが，b を動かせば当然，定積分の値も変わる．そこで b を x に置き換え，連続関数 $f(x)$ に対して

$$G(x) = \int_a^x f(t)\,dt \tag{2.3}$$

を変数 x の関数とみなす．($x < a$ のときは区間 $[x,a]$ 上の定積分の (-1) 倍にする．) このとき $G(x)$ は微分可能で

$$G'(x) = f(x) \tag{2.4}$$

が成り立つ[3)]．

3)　高等学校で積分を習えばあたりまえのように思うかもしれないが，ここまでは，定積分はリーマン和の極限値であることしかわかっていないとして議論を進める．

(2.4) の証明　$h > 0$ のとき，$G(x)$ の差分商は

$$\frac{G(x+h)-G(x)}{h} = \frac{1}{h}\left(\int_a^{x+h} f(t)\,dt - \int_a^x f(t)\,dt\right) = \frac{1}{h}\int_x^{x+h} f(t)\,dt$$

で表せる．区間 $[x, x+h]$ において $f(x)$ は連続であるから最大値と最小値が存在し，その最大値を M，最小値を m で表すと

$$m \leq f(x) \leq M$$

になるので，$f(t)$ の区間 $[x, x+h]$ 上の定積分は

$$mh \leq \int_x^{x+h} f(t)\,dt \leq Mh$$

を満たす．各辺を h で割ると，$h > 0$ なので

$$m \leq \frac{1}{h}\int_x^{x+h} f(t)\,dt \leq M.$$

ここで，$h \to +0$ のとき区間 $[x, x+h]$ の幅が狭くなり，$f(t)$ の値のとりうる範囲も $f(x)$ を含みながら狭くなり

$$m \to f(x), \quad M \to f(x)$$

にならざるをえない．したがって，$G(x)$ の差分商は $h \to +0$ のとき

$$\frac{G(x+h)-G(x)}{h} \to f(x)$$

になる．一方，$h < 0$ のとき，差分商は

$$\frac{G(x+h)-G(x)}{h} = \frac{1}{-h}\int_{x+h}^{x} f(t)\,dt$$

で表せるので，$h \to -0$ のときも $f(x)$ に収束することが示せる．

以上により，$G(x)$ は微分可能で (2.4) となる．■

関数 $F(x)$ の導関数が $f(x)$ になるとき，$F(x)$ を $f(x)$ の**原始関数**とよぶ．(2.4) より次の重要な定理が示せる[4)]．この定理より，原始関数が求まれば公式

4)　“基本定理”とよんでいるのは，この定理により微分の逆演算で定積分の計算ができるようになるからである．

(2.5)[5] より定積分の値が得られる．

定理 2.1 (微分積分学の基本定理)　$F(x)$ を連続関数 $f(x)$ の原始関数とすれば，

$$\int_a^b f(x)\,dx = F(b) - F(a). \tag{2.5}$$

証明　$F(x)$ と (2.3) で定義された $G(x)$ の導関数はともに $f(x)$ であるから

$$(G(x) - F(x))' = G'(x) - F'(x) = f(x) - f(x) = 0.$$

したがって，$G(x) - F(x)$ は定数であり，

$$C_0 = G(x) - F(x) \tag{2.6}$$

とすれば

$$\int_a^b f(x)\,dx = G(b) = F(b) + C_0.$$

ここで $G(a)$ は幅が 0 の区間 $[a, a]$ 上の定積分であるから，$G(a) = 0$ に注意すると (2.6) より $C_0 = -F(a)$ が示せ，(2.5) を得る．■

$F(x)$ を $f(x)$ の原始関数の一つとすれば，定数 C を加えた $F(x) + C$ も導関数は $f(x)$ になるので $f(x)$ の原始関数であり，$F_1(x)$ を別の原始関数とすれば，$F_1(x) - F(x)$ の導関数は 0 であるから $F_1(x) = F(x) + C$ で表せる．以上により，すべての原始関数は C を任意定数 (**積分定数**という) にした $F(x) + C$ で表され，これを $f(x)$ の**不定積分**とよぶ．区間を明記しない定積分の記号で不定積分を表すと

$$\int f(x)\,dx = F(x) + C$$

の関係が成り立つ．不定積分を求めることを**積分する**といい，区間 $[a, b]$ 上の定積分を求めることを，a から b まで，または区間 $[a, b]$ で積分するという．

導関数の公式の逆用で，定積分の計算に利用できる不定積分の公式が容易に得られる．

5)　定積分の計算では右辺を $\bigl[F(x)\bigr]_a^b$ で表すことが多い．

公式 2.1

$$\int x^\alpha\,dx = \frac{1}{\alpha+1}x^{\alpha+1} + C \quad (\alpha \neq -1) \tag{2.7}$$

$$\int \frac{dx}{x} = \log|x| + C \tag{2.8}$$

$$\int e^x\,dx = e^x + C \tag{2.9}$$

$$\int a^x\,dx = \frac{a^x}{\log a} + C \tag{2.10}$$

$$\int \sin x\,dx = -\cos x + C \tag{2.11}$$

$$\int \cos x\,dx = \sin x + C \tag{2.12}$$

$$\int \frac{dx}{\cos^2 x} = \tan x + C \tag{2.13}$$

$$\int \frac{dx}{\sqrt{a^2-x^2}} = \arcsin\frac{x}{a} + C \quad (a>0) \tag{2.14}$$

$$\int \frac{dx}{a^2+x^2} = \frac{1}{a}\arctan\frac{x}{a} + C \quad (a>0) \tag{2.15}$$

$$\int \frac{dx}{\sqrt{A+x^2}} = \log\left|x+\sqrt{A+x^2}\right| + C \quad (A\neq 0) \tag{2.16}$$

$$\int \sqrt{a^2-x^2}\,dx = \frac{1}{2}\left(x\sqrt{a^2-x^2} + a^2\arcsin\frac{x}{a}\right) + C \qquad (a>0) \tag{2.17}$$

$$\int \sqrt{A+x^2}\,dx = \frac{1}{2}\left(x\sqrt{A+x^2} + A\log\left|x+\sqrt{A+x^2}\right|\right) + C \qquad (A\neq 0) \tag{2.18}$$

ここで (2.8), (2.13)〜(2.16) は

$$\int \frac{dx}{f(x)} = \int \frac{1}{f(x)}\,dx$$

の表記を用いた.

これらの公式の証明は，C を除いた右辺の導関数が左辺の被積分関数になることを確かめればよい．(2.8) で原始関数が対数関数 log に $|x|$ を代入しているのは，$x<0$ のとき

$$(\log|x|)' = (\log(-x))' = -\frac{1}{-x} = \frac{1}{x}$$

になり，$x>0$ と $x<0$ の両方で使える公式になるからである．不定積分が $\tan x$ になる (2.13) は例 1.13，逆三角関数に関係する (2.14), (2.15), (2.17) についてはそれぞれ例 1.21，例 1.22，例 1.23 より得られる．また，(2.16) は例 1.18 より得られるが，(2.14) と見比べると x^2 の符号が逆になっている．

●問 2.1　(2.18) が正しいことを確かめよ．

導関数と同様に積分の計算も，公式 2.1 のほかにリーマン和に関する等式

$$\sum_{i=1}^{n}(af(\xi_i)+bg(\xi_i))(x_i-x_{i-1}) \\ = a\sum_{i=1}^{n}f(\xi_i)(x_i-x_{i-1}) + b\sum_{i=1}^{n}g(\xi_i)(x_i-x_{i-1})$$

の両辺を $n\to\infty$ のときの極限値とした

$$\int (af(x)+bg(x))\,dx = a\int f(x)\,dx + b\int g(x)\,dx \quad (a, b \text{ は定数})$$ [6)]

も利用すれば，α を 0 以上の整数とした (2.7) からすべての多項式関数が積分できる．

例 2.1

$$\int \left(x^4-3x^2+6x-2\right)dx = \frac{1}{5}x^5 - x^3 + 3x^2 - 2x + C.$$ ■

べき関数に (2.7) を適用するために，$\sqrt{\ \ }$ を使わない形に直す．

例 2.2

$$\int\left(x^3-3\sqrt{x}+\frac{2}{\sqrt[3]{x^4}}\right)dx = \int\left(x^3-3x^{\frac{1}{2}}+2x^{-\frac{4}{3}}\right)dx$$

6)　積分区間を明記すれば定積分であるが，不定積分については (2.3) のように c を定数として積分区間を $[c, x]$ にすればよい．

$$= \frac{1}{4}x^4 - 2x^{\frac{3}{2}} - 6x^{-\frac{1}{3}} + C \quad \left(= \frac{1}{4}x^4 - 2\sqrt{x^3} - \frac{6}{\sqrt[3]{x}} + C \right). \quad ■$$

単項式の逆数は指数が負の整数のべき関数になるが，$\dfrac{1}{x}$ の積分には (2.7) でなく例外的に (2.8) を適用し，log が登場する．

例 2.3

$$\int_1^2 \left(x^3 + \frac{1}{x} + \frac{2}{x^3} \right) dx = \left[\frac{1}{4}x^4 + \log x - \frac{1}{x^2} \right]_1^2 = \frac{9}{2} + \log 2. \quad ■$$

●**問 2.2**　次の積分を計算せよ．

(1) $\displaystyle\int \left(\frac{1}{x} + 5\sqrt[4]{x} + \frac{2}{\sqrt{x^3}} \right) dx$　　(2) $\displaystyle\int_1^3 \left(x^2 + 2x + \frac{3}{x^2} \right) dx$

前章で登場した逆三角関数は，微分より積分で利用されるほうが多い．

例 2.4

$$\int \frac{dx}{\sqrt{2 - x^2}} = \arcsin \frac{x}{\sqrt{2}} + C. \quad ■$$

例 2.5

$$\int \frac{dx}{3 + x^2} = \frac{1}{\sqrt{3}} \arctan \frac{x}{\sqrt{3}} + C. \quad ■$$

●**問 2.3**　次の積分を計算せよ．

(1) $\displaystyle\int \frac{dx}{\sqrt{9 - x^2}}$　　(2) $\displaystyle\int \left(\frac{1}{x^4} + \frac{1}{5 + x^2} \right) dx$

逆三角関数の値を利用して定積分の値を求める．

例 2.6

$$\int_0^1 \frac{dx}{\sqrt{2 - x^2}} = \left[\arcsin \frac{x}{\sqrt{2}} \right]_0^1 = \arcsin \frac{1}{\sqrt{2}} = \frac{\pi}{4}. \quad ■$$

例 2.7

$$\int_{-1}^3 \frac{dx}{3 + x^2} = \left[\frac{1}{\sqrt{3}} \arctan \frac{x}{\sqrt{3}} \right]_{-1}^3$$

$$= \frac{1}{\sqrt{3}} \arctan \sqrt{3} - \frac{1}{\sqrt{3}} \arctan\left(-\frac{1}{\sqrt{3}}\right) = \frac{\pi}{2\sqrt{3}}.$$ ■

●**問 2.4** 次の積分を計算せよ.

(1) $\displaystyle\int_{\sqrt{3}}^{3} \frac{dx}{\sqrt{12 - x^2}}$　　(2) $\displaystyle\int_{2}^{2\sqrt{3}} \frac{dx}{4 + x^2}$　　(3) $\displaystyle\int_{-\sqrt{6}}^{\sqrt{2}} \left(x^3 - \frac{4}{6 + x^2}\right) dx$

例 2.8 中心が原点で半径が r の円の方程式は $x^2 + y^2 = r^2$ であるから，円周の上半分は関数 $\sqrt{r^2 - x^2}$ のグラフである．さらにその右半分の範囲は $0 \leq x \leq r$ であるから，円の第1象限の部分 (図4) の面積は $\sqrt{r^2 - x^2}$ の区間 $[0, r]$ 上の定積分である．(2.17) を適用すれば

$$\int_0^r \sqrt{r^2 - x^2}\, dx = \frac{1}{2}\left[x\sqrt{r^2 - x^2} + r^2 \arcsin\frac{x}{r}\right]_0^r$$

$$= \frac{1}{2}\left(r^2 \arcsin 1 - r^2 \arcsin 0\right) = \frac{\pi}{4} r^2.$$

半径 r の円の面積はその4倍であるから πr^2 である．(2.17) は $\sin x$ の導関数の公式 (1.14) から導かれた $\arcsin x$ の導関数の公式 (1.37) によるものである．

(1.14) の証明には公式1.6が必要であるが，A.1節において円の面積の公式を使わないで証明するので，これで小学校で習った円の面積の公式の正当性が確認できた． ■

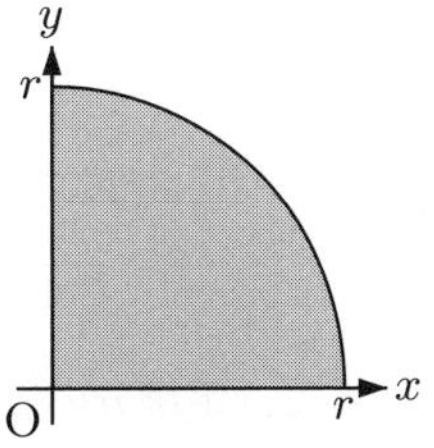

図4

2.3 置換積分

微分の逆演算が原始関数を求めることなので，微分に関する公式1.2から積分の公式を導く．本節では合成関数の導関数の公式 (1.8) を利用する．関数 $f(t)$ に対して

$$F(t) = \int f(t)\, dt$$

として，$t = \varphi(x)$ を $F(t)$ に代入して x で微分すれば，(1.8) より

$$\big(F(\varphi(x))\big)' = F'(\varphi(x))\, \varphi'(x) = f(\varphi(x))\, \varphi'(x).$$

よって，$F(\varphi(x))$ は $f(\varphi(x))\,\varphi'(x)$ の原始関数であるから次の公式を得る．

公式 2.2-1 (置換積分)

$$\int f(\varphi(x))\,\varphi'(x)\,dx = \int f(t)\,dt$$

この公式を使う積分を**置換積分**という．この公式を使う際に $t = \varphi(x)$ とすれば両辺を x で微分して $\dfrac{dt}{dx} = \varphi'(x)$ になるが，形式的に $\dfrac{dt}{dx}$ を分数とみなし[7]，両辺に dx を乗じると

$$\varphi'(x)\,dx = dt$$

になる．さらに $\varphi(x)$ を t に置き換えると，公式 2.2-1 の左辺の積分を右辺のように変換することができる．変数 t の不定積分のあと，$t = \varphi(x)$ を代入する．

定積分に対しては，$F(\varphi(x))$ は $f(\varphi(x))\,\varphi'(x)$ の原始関数であるから，定理 2.1 より

$$\int_a^b f(\varphi(x))\,\varphi'(x)\,dx = F(\varphi(b)) - F(\varphi(a)).$$

$\alpha = \varphi(a)$, $\beta = \varphi(b)$ とすれば

$$F(\varphi(b)) - F(\varphi(a)) = F(\beta) - F(\alpha) = \int_\alpha^\beta f(t)\,dt.$$

よって，定積分の置換積分の公式として

公式 2.2-2 (置換積分)

$$\int_a^b f(\varphi(x))\,\varphi'(x)\,dx = \int_\alpha^\beta f(t)\,dt$$

を得る．定積分では変数をもとに戻す必要はないが，積分区間が $[a,b]$ から $[\alpha,\beta]$ に変わることに注意する．

置換積分を適用するには，合成関数 $f(\varphi(x))$ に $\varphi'(x)$ が乗じられていることが必要で，$\varphi'(x)$ がないと積分の計算ができないことがある．しかし，$\varphi(x)$ が 1 次関数の場合に限ると，$f(x)$ の原始関数がわかれば $f(\varphi(x))$ の不定

7) dt と dx は実態がある数でないので違和感を感じるが，置換積分の公式と整合しており積分するうえで便利である．

積分が求まる．実際に，$f(ax+b)$ $(a, b$ は定数$)$ に対して $t = ax+b$ とすれば，公式 2.2-1 より (a が定数であることに注意)[8)]，

$$\int f(ax+b)\,dx = \frac{1}{a}\int f(ax+b)(ax+b)'\,dx = \frac{1}{a}\int f(t)\,dt.$$

よって，次の公式が成り立つ．

公式 2.3

$$\int f(ax+b)\,dx = \frac{1}{a}F(ax+b) + C.$$

ただし，$F(x)$ は $f(x)$ の原始関数である．

例 2.9

$$\int 2^{3x-1}\,dx = \frac{2^{3x-1}}{3\log 2} + C.$$ ■

●問 2.5 次の積分を計算せよ．

(1) $\displaystyle\int \left(e^{2x} + \sin 3x\right) dx$　(2) $\displaystyle\int_{-1}^{3} \sqrt{2x+3}\,dx$　(3) $\displaystyle\int_{1}^{2} \frac{dx}{5x-4}$

三角関数の 2 乗や積になっている被積分関数を，三角関数の公式で変形して公式 2.3 で積分することがある．

例 2.10 $\sin^2 x$ を半角の公式 (「基礎数学」p.120 参照) で変形する．

$$\int \sin^2 x\,dx = \int \frac{1-\cos 2x}{2}\,dx = \frac{x}{2} - \frac{1}{4}\sin 2x + C.$$ ■

例 2.11 $\sin 5x \cos 2x$ を積和の公式 (「基礎数学」p.120 参照) で変形する．

$$\int_{\frac{\pi}{3}}^{\frac{\pi}{2}} \sin 5x \cos 2x\,dx = \int_{\frac{\pi}{3}}^{\frac{\pi}{2}} \frac{\sin 7x + \sin 3x}{2}\,dx$$

$$= \frac{1}{2}\left[-\frac{1}{7}\cos 7x - \frac{1}{3}\cos 3x\right]_{\frac{\pi}{3}}^{\frac{\pi}{2}}$$

8) 定数を積分記号の前に移して，積分してから乗じることができる．

$$= \frac{1}{2}\left(-\frac{1}{7}\cos\frac{7}{2}\pi - \frac{1}{3}\cos\frac{3}{2}\pi + \frac{1}{7}\cos\frac{7}{3}\pi + \frac{1}{3}\cos\pi\right) = -\frac{11}{84}. \quad ■$$

●問 2.6　次の積分を計算せよ．

(1) $\displaystyle\int_0^{\frac{\pi}{12}} \cos^2 2x\,dx$　　(2) $\displaystyle\int \sin 5x \sin x\,dx$　　(3) $\displaystyle\int_{\frac{\pi}{4}}^{\frac{\pi}{2}} \cos 3x \cos 2x\,dx$

分子が分母の導関数になっている関数は置換積分で容易に積分できる．分母を $f(x)$ として $t = f(x)$ とすれば $dt = f'(x)\,dx$ になるので，分子が $f'(x)$ であれば

$$\int \frac{f'(x)}{f(x)}\,dx = \int \frac{dt}{t} = \log|t| + C.$$

右辺に $t = f(x)$ を代入すれば，次の公式を得る．

公式 2.4

$$\int \frac{f'(x)}{f(x)}\,dx = \log\left|f(x)\right| + C$$

例 2.12

$$\int \frac{3x^2-2}{x^3-2x+5}\,dx = \int \frac{\left(x^3-2x+5\right)'}{x^3-2x+5}\,dx = \log\left|x^3-2x+5\right| + C. \quad ■$$

分子が分母の導関数の定数倍であれば，積分の前に定数を乗じれば公式 2.4 が適用できる．

例 2.13

$$\int_0^1 \frac{e^{2x}+x}{e^{2x}+x^2}\,dx = \frac{1}{2}\int_0^1 \frac{\left(e^{2x}+x^2\right)'}{e^{2x}+x^2}\,dx$$

$$= \frac{1}{2}\left[\log\left(e^{2x}+x^2\right)\right]_0^1 = \frac{1}{2}\log(e^2+1). \quad ■$$

(公式 2.4 において，$f(x) \geq 0$ であれば |　| は (　) でよい．)

公式 2.4 より，$\tan x$ の不定積分が求まる．

例 2.14

$$\int \tan x\,dx = \int \frac{\sin x}{\cos x}\,dx = -\int \frac{(\cos x)'}{\cos x}\,dx = -\log|\cos x| + C. \quad \blacksquare$$

公式 2.3 や 2.4 が適用できないような置換積分については，$t = \varphi(x)$ として，$\varphi'(x)\,dx$ を dt に置き換え，変数 t の積分に変換する[9)]．この変換を行うことを $t = \varphi(x)$ で**置換する**という．$\varphi(x)$ によっては，置換後の積分がやさしくなったり難しくなったりするので，$\varphi(x)$ の選択は重要である．

例 2.15 $\displaystyle\int \sin^3 x \cos x\,dx$ を計算する．

$t = \sin x$ とすれば，$\dfrac{dt}{dx} = \cos x$ より $\cos x\,dx = dt$．したがって

$$\int \sin^3 x \cos x\,dx = \int t^3\,dt = \frac{1}{4}t^4 + C = \frac{1}{4}\sin^4 x + C. \quad \blacksquare$$

例 2.16 $\displaystyle\int_0^{\log 2} \sqrt{5 + e^{2x}}\,e^{2x}\,dx$ を計算する．

$t = 5 + e^{2x}$ とすれば，$\dfrac{dt}{dx} = 2e^{2x}$ より $e^{2x}\,dx = \dfrac{dt}{2}$．

$x = 0$ のとき $t = 6$，$x = \log 2$ のとき $t = 9$ より，置換後の積分区間は $[6, 9]$ である．したがって

$$\int_0^{\log 2} \sqrt{5 + e^{2x}}\,e^{2x}\,dx = \frac{1}{2}\int_6^9 \sqrt{t}\,dt = \frac{1}{2}\left[\frac{2}{3}t^{\frac{3}{2}}\right]_6^9 = 9 - 2\sqrt{6}. \quad \blacksquare$$

●**問 2.7** 次の積分を計算せよ．

(1) $\displaystyle\int e^{\cos 2x}\sin 2x\,dx$

(2) $\displaystyle\int_1^e \frac{\sqrt{1 + \log x}}{x}\,dx$

(3) $\displaystyle\int_0^{\pi} \frac{\sin x - 3x^2}{\sqrt{\cos x + x^3 + 1}}\,dx$

(4) $\displaystyle\int \frac{\arcsin x}{\sqrt{1 - x^2}}\,dx$

9) 公式 2.2-1 と 2.2-2 を覚えなくても，$\frac{dt}{dx}$ を分数のように扱えば置換積分できる．

公式 2.2-1 または 2.2-2 による置換積分の例は左辺を右辺に変換したが，右辺から左辺に変換してから積分することもある．円の面積の公式を導いた例 2.8 を置換積分で解いてみる．

例 2.17　$x = r\sin\theta$ とすれば，$\dfrac{dx}{d\theta} = r\cos\theta$ より $dx = r\cos\theta\, d\theta$．

$\theta = 0$ のとき $x = 0$，$\theta = \dfrac{\pi}{2}$ のとき $x = r$ より，置換後の積分区間は $\left[0, \dfrac{\pi}{2}\right]$ である．$0 \leq \theta \leq \dfrac{\pi}{2}$ のとき $\cos\theta \geq 0$ なので

$$\sqrt{r^2 - x^2} = r\sqrt{1 - \sin^2\theta} = r\sqrt{\cos^2\theta} = r\cos\theta.$$

したがって，$\cos^2\theta$ を半角の公式で変形すれば

$$\int_0^r \sqrt{r^2 - x^2}\, dx = \int_0^{\frac{\pi}{2}} r\cos\theta \times r\cos\theta\, d\theta = \int_0^{\frac{\pi}{2}} r^2\cos^2\theta\, d\theta$$

$$= r^2 \int_0^{\frac{\pi}{2}} \frac{1 + \cos 2\theta}{2}\, d\theta = \frac{r^2}{2}\left[\theta + \frac{1}{2}\sin 2\theta\right]_0^{\frac{\pi}{2}} = \frac{\pi}{4}r^2.$$

■

2.4 部 分 積 分

2 つの関数の積の導関数の公式 (1.5) からも不定積分の公式が得られる．

$$f'(x)g(x) = (f(x)g(x))' - f(x)g'(x)$$

であり，$(f(x)\, g(x))'$ の原始関数は $f(x)g(x)$ なので

公式 2.5-1 (部分積分)

$$\int f'(x)\, g(x)\, dx = f(x)\, g(x) - \int f(x)\, g'(x)\, dx$$

となる．定積分については

公式 2.5-2 (部分積分)

$$\int_a^b f'(x)\, g(x)\, dx = \Big[f(x)\, g(x)\Big]_a^b - \int_a^b f(x)\, g'(x)\, dx$$

となる．これらの公式を使う積分を**部分積分**という．

多項式関数 × 指数関数 または三角関数 (tan は除く) の場合は，指数関数，三角関数を原始関数の導関数に直す．部分積分するたびに多項式関数が微分され，定数になるまで部分積分を繰り返す．

例 2.18

$$\int_0^1 x\,e^{3x}\,dx = \frac{1}{3}\int_0^1 x\left(e^{3x}\right)'\,dx = \frac{1}{3}\Big[xe^{3x}\Big]_0^1 - \frac{1}{3}\int_0^1 (x)'e^{3x}\,dx$$

$$= \frac{e^3}{3} - \frac{1}{3}\left[\frac{1}{3}e^{3x}\right]_0^1 = \frac{2}{9}e^3 + \frac{1}{9}. \qquad ■$$

例 2.19

$$\int x^2\sin 2x\,dx = -\frac{1}{2}\int x^2(\cos 2x)'\,dx = -\frac{x^2}{2}\cos 2x + \int x\cos 2x\,dx$$

$$= -\frac{x^2}{2}\cos 2x + \frac{1}{2}\int x(\sin 2x)'\,dx$$

$$= -\frac{x^2}{2}\cos 2x + \frac{x}{2}\sin 2x - \frac{1}{2}\int \sin 2x\,dx$$

$$= \left(-\frac{x^2}{2} + \frac{1}{4}\right)\cos 2x + \frac{x}{2}\sin 2x + C. \qquad ■$$

次の例のように，多項式関数に乗じる関数 (対数関数，逆三角関数など) によっては，多項式関数を原始関数の導関数に直して部分積分を適用すれば，以下の下線部のような計算ができる積分に変換できることがある．

例 2.20

$$\int_0^1 (3x^2 - 1)\log(x+1)\,dx = \int_0^1 (x^3 - x)'\log(x+1)\,dx$$

$$= \Big[(x^3 - x)\log(x+1)\Big]_0^1 - \int_0^1 \frac{x^3 - x}{x+1}\,dx$$

$$= -\int_0^1 x(x-1)\,dx = -\left[\frac{1}{3}x^3 - \frac{1}{2}x^2\right]_0^1 = \frac{1}{6}. \qquad ■$$

●問 2.8 次の積分を計算せよ.

(1) $\displaystyle\int_0^{\frac{\pi}{4}} (2x-\pi)\cos 3x\,dx$　　(2) $\displaystyle\int x^2 e^{2x}\,dx$　　(3) $\displaystyle\int_1^e x^4 \log x\,dx$

2 つの関数の積になっていなくても，$(x)'=1$ との積とみなして部分積分で計算できることがある.

例 2.21

$$\int \log x\,dx = \int (x)'\log x\,dx = x\log x - \int x\times\frac{1}{x}\,dx = x\log x - x + C.$$

■

例 2.22

$$\int_0^{\frac{1}{2}} \arcsin x\,dx = \int_0^{\frac{1}{2}} (x)'\arcsin x\,dx = \Big[x\arcsin x\Big]_0^{\frac{1}{2}} - \int_0^{\frac{1}{2}} \frac{x}{\sqrt{1-x^2}}\,dx$$ [10]

$$= \frac{\pi}{12} - \Big[-\sqrt{1-x^2}\Big]_0^{\frac{1}{2}} = \frac{\pi}{12} + \frac{\sqrt{3}}{2} - 1.$$

■

●問 2.9 次の積分を計算せよ.

(1) $\displaystyle\int_0^1 \arctan x\,dx$　　(2) $\displaystyle\int \sqrt{x}\log x\,dx$　　(3) $\displaystyle\int_1^e (\log x)^2\,dx$

部分積分を 2 回繰り返すことによりもとの積分の定数倍が現れ，移項により積分が求まることがある.

例 2.23

$$\int e^{2x}\sin 3x\,dx = \frac{1}{2}\int (e^{2x})'\sin 3x\,dx = \frac{1}{2}e^{2x}\sin 3x - \frac{1}{2}\int e^{2x}(\sin 3x)'\,dx$$

$$= \frac{1}{2}e^{2x}\sin 3x - \frac{3}{4}\int (e^{2x})'\cos 3x\,dx$$

$$= \frac{1}{2}e^{2x}\sin 3x - \frac{3}{4}e^{2x}\cos 3x - \frac{9}{4}\int e^{2x}\sin 3x\,dx.$$

ここで，$-\dfrac{9}{4}\displaystyle\int e^{2x}\sin 3x\,dx$ を移項すれば

10)　$t=1-x^2$ として置換積分する.

$$\frac{13}{4}\int e^{2x}\sin 3x\,dx = \frac{1}{2}e^{2x}\sin 3x - \frac{3}{4}e^{2x}\cos 3x + C.$$

よって，不定積分は

$$\int e^{2x}\sin 3x\,dx = \frac{2}{13}e^{2x}\sin 3x - \frac{3}{13}e^{2x}\cos 3x + C$$ [11]. ■

●**問 2.10** 積分 $\displaystyle\int_0^{\frac{\pi}{3}} e^{-x}\cos 2x\,dx$ を計算せよ．

部分積分により，積分の漸化式を導くことができる．

例 2.24 $\displaystyle I_n = \int_0^{\frac{\pi}{2}} \sin^n x\,dx$ とすれば，$n \geq 2$ のとき，

$$\begin{aligned} I_n &= \int_0^{\frac{\pi}{2}} \sin^n x\,dx = -\int_0^{\frac{\pi}{2}} (\cos x)'\sin^{n-1} x\,dx \\ &= -\Big[\cos x\sin^{n-1} x\Big]_0^{\frac{\pi}{2}} + (n-1)\int_0^{\frac{\pi}{2}} \cos^2 x\sin^{n-2} x\,dx \\ &= (n-1)\int_0^{\frac{\pi}{2}} \left(1-\sin^2 x\right)\sin^{n-2} x\,dx = (n-1)(I_{n-2}-I_n). \end{aligned}$$

右辺の $-(n-1)I_n$ を移項すれば $nI_n = (n-1)I_{n-2}$ になるので

$$I_n = \frac{n-1}{n}I_{n-2}. \tag{2.19}$$

よって，I_n は 2 つ前の I_{n-2} から求められる．さらに遡れば，n が偶数のとき I_0，n が奇数のとき I_1 から I_n が求められる．

$$I_0 = \int_0^{\frac{\pi}{2}} dx = \frac{\pi}{2}, \quad I_1 = \int_0^{\frac{\pi}{2}} \sin x\,dx = \Big[-\cos x\Big]_0^{\frac{\pi}{2}} = 1$$

と (2.19) より

$$\int_0^{\frac{\pi}{2}} \sin^n x\,dx = \begin{cases} \dfrac{n-1}{n}\dfrac{n-3}{n-2}\cdots\dfrac{1}{2}\dfrac{\pi}{2} & (n\text{ が偶数}) \\ \dfrac{n-1}{n}\dfrac{n-3}{n-2}\cdots\dfrac{2}{3} & (n\text{ が奇数}) \end{cases} \tag{2.20}$$

を得る [12]． ■

---

11) $\frac{4}{13}$ を乗じるが，任意定数なので C のままでよい．

12) もし積分区間が $\left[0, \frac{\pi}{2}\right]$ でなければ，(2.19) のような漸化式から (2.20) のように積分値は求まらない．

例 2.25 $I_n = \int \frac{dx}{(a^2+x^2)^n}$ とすれば，$n \geq 1$ のとき，

$$-\left(\frac{1}{2n\,(a^2+x^2)^n}\right)' = \frac{x}{(a^2+x^2)^{n+1}}$$

であるので

$$\begin{aligned}
I_n &= \int \frac{a^2+x^2}{(a^2+x^2)^{n+1}}\,dx = a^2 I_{n+1} - \int x\left(\frac{1}{2n(a^2+x^2)^n}\right)' dx \\
&= a^2 I_{n+1} - \frac{x}{2n(a^2+x^2)^n} + \int \frac{dx}{2n(a^2+x^2)^n} \\
&= a^2 I_{n+1} - \frac{x}{2n(a^2+x^2)^n} + \frac{1}{2n} I_n.
\end{aligned}$$

左辺の I_n と右辺の $a^2 I_{n+1}$ をそれぞれ反対側に移項すれば

$$-a^2 I_{n+1} = -\frac{x}{2n(a^2+x^2)^n} + \frac{1}{2n} I_n - I_n$$

になり，両辺に $-\frac{1}{a^2}$ を乗じれば

$$I_{n+1} = \frac{1}{2na^2}\left((2n-1)\,I_n + \frac{x}{(a^2+x^2)^n}\right). \tag{2.21}$$

漸化式は求まったが，一般項として I_n を n の含んだ式で表現することはできない．n を具体的な自然数として，$n \geq 2$ のとき I_1 である (2.15) からはじめて (2.21) を繰り返し適用していくと I_n が求まる．例えば，I_2, I_3, I_4 は次のようになる．

$$\begin{aligned}
I_2 &= \frac{1}{2a^2}\left(\frac{1}{a}\arctan\frac{x}{a} + \frac{x}{a^2+x^2}\right) + C, \\
I_3 &= \frac{1}{4a^2}\left(\frac{3}{2a^3}\arctan\frac{x}{a} + \frac{3x}{2a^2(a^2+x^2)} + \frac{x}{(a^2+x^2)^2}\right) + C, \\
I_4 &= \frac{1}{6a^2}\left(\frac{15}{8a^3}\arctan\frac{x}{a} + \frac{15x}{8a^4(a^2+x^2)} + \frac{5x}{4a^2(a^2+x^2)^2}\right. \\
&\qquad \left. + \frac{x}{(x^2+a^2)^3}\right) + C.
\end{aligned}$$

■

2.5　有理関数の積分

$f(x)$ と $g(x)$ を多項式関数とする**有理関数** $\dfrac{g(x)}{f(x)}$ の分母 $f(x)$ が 1 次式と 2 次式の積に因数分解されて実数係数でこれ以上因数分解できなければ，一定の手順により，多項式関数と積分の計算が容易な複数の有理関数の和に変形できる．このような変形を**部分分数分解**，各々の項を**部分分数**という．積分の計算が容易な有理関数とは，分子が定数で分母が 1 次式またはそのべき，あるいは分子が 1 次式または定数，分母が実数係数の 1 次式の積に因数分解できない 2 次式またはそのべきである．

(1)　分母が 2 次式，分子が 1 次式または定数の場合

分母の $f(x)$ が $(x-\alpha)(x-\beta)$ (ただし $\alpha \neq \beta$) に因数分解できれば，部分分数の分母はすべて 1 次式で分子は定数の

$$\frac{g(x)}{f(x)} = \frac{a}{x-\alpha} + \frac{b}{x-\beta} \tag{2.22}$$

に部分分数分解できる．右辺を通分すれば分母は等しく，分子は 1 次式なので a, b を定めるには分子の x に 2 つの数値を代入して $g(x)$ の値と等しくなれば十分で，a, b が別々に求まるように数値を選ぶ[13)]と計算しやすい．

例 2.26　$\displaystyle\int \frac{5x-7}{x^2-2x-3}\,dx$ を計算する．

分母は $x^2-2x-3 = (\underline{x+1})(\underline{\underline{x-3}})$ に因数分解できるので

$$\frac{5x-7}{x^2-2x-3} = \frac{a}{\underline{x+1}} + \frac{b}{\underline{\underline{x-3}}} = \frac{a(x-3)+b(x+1)}{(x+1)(x-3)}.$$

網掛け部分の分子どうしが等しくなるように a, b を選ぶ．$x=-1$ を代入すれば $-4a=-12$ より $a=3$．$x=3$ を代入すれば $4b=8$ より $b=2$．よって，積分は

$$\begin{aligned}\int \frac{5x-7}{x^2-2x-3}\,dx &= 3\int \frac{dx}{x+1} + 2\int \frac{dx}{x-3} \\ &= 3\log|x+1| + 2\log|x-3| + C.\end{aligned}$$

■

13)　なるべく分母 $f(x)$ が 0 になる x にする．

$\alpha=\beta$ の場合は，(2.22) の右辺では分母が $x-\alpha$ で左辺の $f(x)=(x-\alpha)^2$ と一致しないので，部分分数分解は別の形が必要で

$$\frac{g(x)}{f(x)}=\frac{a}{x-\alpha}+\frac{b}{(x-\alpha)^2}$$

になる (第 2 項は分母が 1 次式の 2 乗で分子は定数)．右辺を通分すれば分子は

$$g(x)=a(x-\alpha)+b$$

を満たすが，a は $g(x)$ の x の係数であり b は $g(x)$ の定数項と $a\alpha$ の和である.

例 2.27　$\displaystyle\int_3^5 \frac{3x-2}{x^2-4x+4}\,dx$ を計算する.

分母は $x^2-4x+4=(x-2)^2$ に因数分解できるので

$$\frac{3x-2}{x^2-4x+4}=\frac{3(x-2)+6-2}{(x-2)^2}=\frac{3}{x-2}+\frac{4}{(x-2)^2}.$$

よって，積分は

$$\int_3^5 \frac{3x-2}{x^2-4x+4}\,dx=\int_3^5\left(\frac{3}{x-2}+\frac{4}{(x-2)^2}\right)dx$$

$$=\left[3\log|x-2|-\frac{4}{x-2}\right]_3^5=3\log 3+\frac{8}{3}.$$ ■

●**問 2.11**　次の積分を計算せよ.

(1) $\displaystyle\int\frac{6}{x^2-2x-8}\,dx$　　(2) $\displaystyle\int_{-2}^1\frac{7x+1}{x^2+x-6}\,dx$　　(3) $\displaystyle\int\frac{5x-8}{x^2+6x+9}\,dx$

$f(x)$ を 1 次式の積に因数分解できなければ，a を $g(x)$ と $af'(x)$ の 1 次の項の係数が等しくなるように選び，b を $g(x)$ と $af'(x)$ の定数項の差にすると分子 $g(x)$ は

$$g(x)=af'(x)+b$$

に変形でき，

$$\frac{g(x)}{f(x)}=a\frac{f'(x)}{f(x)}+b\frac{1}{f(x)}$$

になる．$\dfrac{f'(x)}{f(x)}$ の積分には公式 2.4 が適用できる．$\dfrac{1}{f(x)}$ の積分については

2 次式 $f(x)$ の x^2 の係数が 1 であれば[14]

$$f(x) = (x+A)^2 + B$$

に変形でき, 2 次方程式 $f(x) = 0$ に実数解がないので $B > 0$ である． $t = x + A$ とすれば公式 2.1 の (2.15) が適用でき，以下のようになる．

$$\begin{aligned}\int \frac{dx}{(x+A)^2 + B} &= \int \frac{dt}{t^2 + B} \\ &= \frac{1}{\sqrt{B}} \arctan \frac{t}{\sqrt{B}} + C = \frac{1}{\sqrt{B}} \arctan \frac{x+A}{\sqrt{B}} + C.\end{aligned}$$

例 2.28　$\displaystyle\int_0^2 \frac{4x+5}{x^2 - x + 1}\, dx$ を計算する．

$$(x^2 - x + 1)' = \underline{2x - 1}$$

により，分子を

$$4x + 5 = 2\left(\underline{2x - 1}\right) + 2 + 5 = 2(2x-1) + 7$$

に変形すれば

$$\frac{4x+5}{x^2 - x + 1} = 2 \times \frac{2x-1}{x^2 - x + 1} + \frac{7}{x^2 - x + 1}.$$

よって，積分は

$$\begin{aligned}\int_0^2 \frac{4x+5}{x^2 - x + 1}\, dx &= 2\int_0^2 \frac{2x-1}{x^2 - x + 1}\, dx + 7\int_0^2 \frac{dx}{\left(x - \frac{1}{2}\right)^2 + \frac{3}{4}} \\ &= 2\Big[\log\left(x^2 - x + 1\right)\Big]_0^2 + 7\left[\frac{2}{\sqrt{3}} \arctan \frac{x - \frac{1}{2}}{\frac{\sqrt{3}}{2}}\right]_0^2 \\ &= 2(\log 3 - \log 1) + \frac{14}{\sqrt{3}}\left[\arctan \frac{2x-1}{\sqrt{3}}\right]_0^2 \\ &= 2\log 3 + \frac{14}{\sqrt{3}}\left(\arctan \sqrt{3} - \arctan\left(-\frac{1}{\sqrt{3}}\right)\right) \\ &= 2\log 3 + \frac{14}{\sqrt{3}}\left(\frac{\pi}{3} - \left(-\frac{\pi}{6}\right)\right) = 2\log 3 + \frac{7}{\sqrt{3}}\pi.\end{aligned}$$ ■

---

14)　1 でなければ分子の定数 b を替えれば 1 にできる．

●問 2.12 次の積分を計算せよ.

(1) $\displaystyle\int_1^3 \frac{4x-1}{x^2-4x+5}\,dx$　　　(2) $\displaystyle\int \frac{x+2}{x^2+x+2}\,dx$

(2) 分母が 3 次以上，分子の次数が分母の次数より小さい場合

分母 $f(x)$ の因数分解 (「基礎数学」p.73 参照) は難しくなるが，一般的には，以下のように 1 次式と実数係数で因数分解できない 2 次式の積の因数分解が存在する[15](a_0 は最高次の係数).

$$f(x) = a_0(x-\alpha_1)^{p_1}\cdots(x-\alpha_l)^{p_l} \times (x^2+\beta_1 x+\gamma_1)^{q_1}\cdots(x^2+\beta_m x+\gamma_m)^{q_m}. \tag{2.23}$$

ここで $\beta_i^2 - 4\gamma_i < 0$ である．このとき，**部分分数分解**が可能であることを主張する次の定理が成り立つ.

定理 2.2 分母 $f(x)$ が (2.23) に因数分解でき，分子 $g(x)$ の次数が $f(x)$ の次数より小さい有理関数 $\dfrac{g(x)}{f(x)}$ に対して

$$\frac{g(x)}{f(x)} = \sum_{i=1}^{l}\left(\frac{a_{i1}}{x-\alpha_i}+\frac{a_{i2}}{(x-\alpha_i)^2}+\cdots+\frac{a_{ip_i}}{(x-\alpha_i)^{p_i}}\right) + \sum_{i=1}^{m}\left(\frac{b_{i1}x+c_{i1}}{x^2+\beta_i x+\gamma_i}+\frac{b_{i2}x+c_{i2}}{(x^2+\beta_i x+\gamma_i)^2}+\cdots+\frac{b_{iq_i}x+c_{iq_i}}{(x^2+\beta_i x+\gamma_i)^{q_i}}\right) \tag{2.24}$$

が成り立つように，定数 $a_{11},\cdots,b_{11},\cdots,c_{11},\cdots$ を選ぶことができる.

証明は煩雑なので割愛するが，以下で紹介する例で，(2.23) のように因数分解して (2.24) の右辺のように部分分数分解できることを確認していく.

例 2.29 $\displaystyle\int \frac{5x+1}{x^3+2x^2-x-2}\,dx$ を計算する.

分母は $x^3+2x^2-x-2 = (\underline{x-1})(\underline{\underline{x+1}})(x+2)$ に因数分解できるので，

15) 方程式 $f(x)=0$ の解が求まれば因数分解できるが，$f(x)$ が 5 次以上のときの解の公式は存在しない.

部分分数分解すると部分分数の分母は 1 次式で，分子は定数であり

$$\frac{5x+1}{x^3+2x^2-x-2} = \frac{a}{\underline{x-1}} + \frac{b}{\underline{\underline{x+1}}} + \frac{c}{x+2}$$

$$= \frac{a(x+1)(x+2)+b(x-1)(x+2)+c(x-1)(x+1)}{(x-1)(x+1)(x+2)}$$

になる．網掛け部分の分子どうしが等しくなるように a, b, c を選ぶには，網掛け部分が 2 次以下なので 3 個の数値を代入して等しくなればよい．数値は例 2.26 のように a, b, c が別々に求まるように選ぶ．$x = 1$ を代入すれば $6a = 6$ より $a = 1$．$x = -1$ を代入すれば $-2b = -4$ より $b = 2$．$x = -2$ を代入すれば $3c = -9$ より $c = -3$．よって，積分は

$$\int \frac{5x+1}{x^3+2x^2-x-2}\,dx = \int \frac{dx}{x-1} + 2\int \frac{dx}{x+1} - 3\int \frac{dx}{x+2}$$

$$= \log|x-1| + 2\log|x+1| - 3\log|x+2| + C.$$

■

例 2.30　$\displaystyle\int_2^3 \frac{x^2+10x+7}{x^3+3x^2-4}\,dx$ を計算する．

分母は $x^3+3x^2-4 = (\underline{x-1})(\underline{\underline{x+2}})^2$ に因数分解できるので，部分分数分解すると部分分数の分母は $\underline{x-1}$ および $\underline{\underline{x+2}}$ とその 2 乗，分子は定数であり

$$\frac{x^2+10x+7}{x^3+3x^2-4} = \frac{a}{\underline{x-1}} + \frac{b}{\underline{\underline{x+2}}} + \frac{c}{(\underline{\underline{x+2}})^2}$$

$$= \frac{a(x+2)^2+b(x-1)(x+2)+c(x-1)}{(x-1)(x+2)^2}$$

になる．網掛け部分の分子どうしが等しくなるように a, b, c を選ぶ．$x = 1$ を代入すれば $9a = 18$ より $a = 2$．$x = -2$ を代入すれば $-3c = -9$ より $c = 3$．b については x に 1 と -2 以外の数値を代入して求まるが，別法として網掛け部分の両辺を微分した等式

$$2x+10 = 2a(x+2) + b(x-1) + b(x+2) + c$$

に $x = -2$ を代入すると，$-3b+c = -3b+3 = 6$ より $b = -1$．よって，積分は

$$\int_2^3 \frac{x^2+10x+7}{x^3+3x^2-4}\,dx = 2\int_2^3 \frac{dx}{x-1} - \int_2^3 \frac{dx}{x+2} + 3\int_2^3 \frac{dx}{(x+2)^2}$$

$$= 2\Big[\log|x-1|\Big]_2^3 - \Big[\log|x+2|\Big]_2^3 + 3\left[-\frac{1}{x+2}\right]_2^3$$

$$= \log\frac{16}{5} + \frac{3}{20}. \qquad ■$$

例 2.31 $\displaystyle\int \frac{3x^2-7x+4}{x^3-6x^2+12x-8}\,dx$ を計算する.

分母は $x^3-6x^2+12x-8=(\underline{x-2})^3$ に因数分解できるので，部分分数分解すると部分分数の分母は $\underline{x-2}$ とその 2 乗と 3 乗，分子は定数であり

$$\frac{3x^2-7x+4}{x^3-6x^2+12x-8} = \frac{a}{\underline{x-2}} + \frac{b}{(\underline{x-2})^2} + \frac{c}{(\underline{x-2})^3}$$

$$= \frac{a(x-2)^2+b(x-2)+c}{(x-2)^3}$$

になる．網掛け部分の分子どうしが等しくなるように a, b, c を選ぶ．$x=2$ を代入すれば $c=2$．b については網掛け部分の両辺を微分して

$$6x-7 = 2a(x-2)+b$$

に $x=2$ を代入すれば $b=5$．a については，もう 1 回微分して

$$6 = 2a$$

により $a=3$．よって，積分は

$$\int \frac{3x^2-7x+4}{x^3-6x^2+12x-8}\,dx = 3\int\frac{dx}{x-2} + 5\int\frac{dx}{(x-2)^2} + 2\int\frac{dx}{(x-2)^3}$$

$$= 3\log|x-2| - \frac{5}{x-2} - \frac{1}{(x-2)^2} + C. \qquad ■$$

例 2.32 $\displaystyle\int_0^2 \frac{5x^2+x+1}{x^3-x^2+2}\,dx$ を計算する.

分母は $x^3-x^2+2=(\underline{x+1})(\underline{\underline{x^2-2x+2}})$ に因数分解できるので，部分分数分解すると分母は $\underline{x+1}$ と $\underline{\underline{x^2-2x+2}}$ で，分子はそれぞれ定数と 1 次式である有理関数の和

$$\frac{5x^2+x+1}{x^3-x^2+2}=\frac{a}{\underline{x+1}}+\frac{bx+c}{\underline{\underline{x^2-2x+2}}}=\frac{a(x^2-2x+2)+(bx+c)(x+1)}{(x+1)(x^2-2x+2)}$$

になる．網掛けした分子が等しくなるように a, b, c を選ぶ．$x=-1$ を代入すれば $5=5a$ より $a=1$．b については網掛け部分の分子の x^2 の係数を比べて $a+b=1+b=5$ より $b=4$．c については網掛け部分の分子の定数項を比べて $2a+c=2+c=1$ より $c=-1$．以上により積分は (～～～ の積分は例 2.28 と同じ方法)

$$\int_0^2 \frac{5x^2+x+1}{x^3-x^2+2}\,dx=\int_0^2\frac{dx}{x+1}+\underline{\int_0^2\frac{4x-1}{x^2-2x+2}\,dx}$$

$$=\Big[\log|x+1|\Big]_0^2+2\int_0^2\frac{2x-2}{x^2-2x+2}\,dx+3\int_0^2\frac{dx}{(x-1)^2+1}$$

$$=\log 3+2\Big[\log\left(x^2-2x+2\right)\Big]_0^2+3\Big[\arctan(x-1)\Big]_0^2$$

$$=\log 3+2(\log 2-\log 2)+3\left(\arctan 1-\arctan(-1)\right)=\log 3+\frac{3}{2}\pi.$$

■

●問 2.13　次の積分を計算せよ．

(1) $\displaystyle\int\frac{2x^2-8x-6}{x^3-2x^2-3x}\,dx$　　(2) $\displaystyle\int_0^2\frac{7x-7}{x^3-x^2+2x+4}\,dx$

分母が 4 次以上であれば，因数分解の中に 2 次式の 2 乗以上のべきを含むこともあり，その場合は部分分数分解すれば，定理 2.2 より

$$\frac{bx+c}{(x^2+\beta x+\gamma)^n}\quad(n\geq 2)$$

の型の有理関数もありうる．このとき，分子が

$$bx+c=\frac{b}{2}(x^2+\beta x+\gamma)'+p$$

を満たすように定数 p を定めると，積分は

$$\frac{b}{2}\int\frac{(x^2+\beta x+\gamma)'}{(x^2+\beta x+\gamma)^n}\,dx+p\int\frac{dx}{(x^2+\beta x+\gamma)^n}$$

になる．第 1 の積分には次の公式を適用する．

公式 2.6

$$\int \frac{f'(x)}{f(x)^n}\,dx = \frac{1}{(1-n)f(x)^{n-1}} + C \quad (n \geq 2)$$

公式 2.4 と同様に，$t = f(x)$ とすれば置換積分で公式 2.6 が得られる．

第 2 の積分については

$$x^2 + \beta x + \gamma = (x+A)^2 + B$$

に変形すれば $B > 0$ で，$t = x + A$ とすれば

$$\int \frac{dx}{(x^2+\beta x+\gamma)^n} = \int \frac{dt}{(t^2+B)^n}$$

に変換され，例 2.25 と同じ積分になる．

因数分解されているが，分母が 5 次式の例を紹介する．

例 2.33 $\displaystyle\int \frac{x^2+x+4}{(x+1)(x^2+2x+3)^2}\,dx$ を計算する．

部分分数分解すれば

$$\frac{x^2+x+4}{(x+1)(x^2+2x+3)^2} = \frac{a}{x+1} + \frac{bx+c}{x^2+2x+3} + \frac{px+q}{(x^2+2x+3)^2}$$

$$= \frac{a(x^2+2x+3)^2 + (bx+c)(x+1)(x^2+2x+3) + (px+q)(x+1)}{(x+1)(x^2+2x+3)^2}$$

になる．網掛け部分の分子どうしが等しくなるように a, b, c, p, q を選ぶ．$x = -1$ を代入すれば $4a = 4$ より $a = 1$．x^4 の係数を比較すれば $0 = a+b = 1+b$ より $b = -1$．x^3 の係数を比較すれば $0 = 4a+3b+c = 1+c = 0$ より $c = -1$．よって，網掛け部分の等式は

$$\begin{aligned} x^2+x+4 &= (x^2+2x+3)^2 - (x+1)^2(x^2+2x+3) + (px+q)(x+1) \\ &= 2(x^2+2x+3) + (px+q)(x+1) \end{aligned}$$

になる．x^2 の係数を比較すれば $1 = 2 + p$ より $p = -1$．定数項を比較すれば $4 = 6 + q$ より $q = -2$．これで部分分数がわかったので，積分を

$$\int \frac{x^2+x+4}{(x+1)(x^2+2x+3)^2}\,dx$$

$$= \int \frac{dx}{x+1} - \int \frac{x+1}{x^2+2x+3}\,dx - \int \frac{x+2}{(x^2+2x+3)^2}\,dx$$

$$= I - I' - I''$$

で表せば,

$$I = \log|x+1| + C,$$

$$I' = \frac{1}{2}\int \frac{(x^2+2x+3)'}{x^2+2x+3}\,dx = \frac{1}{2}\log(x^2+2x+3) + C.$$

I'' については

$$I'' = \frac{1}{2}\int \frac{(x^2+2x+3)'}{(x^2+2x+3)^2}\,dx + \int \frac{dx}{\left((x+1)^2+2\right)^2} = I''_1 + I''_2$$

で表せ，公式 2.6 より

$$I''_1 = -\frac{1}{2\,(x^2+2x+3)} + C.$$

$t = x+1$ とおいて例 2.25 における I_2 より

$$I''_2 = \int \frac{dt}{(t^2+2)^2} = \frac{t}{4(t^2+2)} + \frac{1}{4\sqrt{2}}\arctan\frac{t}{\sqrt{2}} + C$$

$$= \frac{x+1}{4(x^2+2x+3)} + \frac{1}{4\sqrt{2}}\arctan\frac{x+1}{\sqrt{2}} + C.$$

以上により,

$$\int \frac{x^2+x+4}{(x+1)(x^2+2x+3)^2}\,dx = \log|x+1| - \frac{1}{2}\log(x^2+2x+3)$$

$$- \frac{x-1}{4(x^2+2x+3)} - \frac{1}{4\sqrt{2}}\arctan\frac{x+1}{\sqrt{2}} + C. \quad ■$$

●**問 2.14**　次の積分を計算せよ.

(1) $\displaystyle\int_1^2 \frac{11x+4}{(x+1)^2(x^2-2x+4)}\,dx$　　(2) $\displaystyle\int \frac{x-1}{(x^2+2x+2)^3}\,dx$

(3) 分子の次数が分母の次数と比べて等しい，または大きい場合

分子 $g(x)$ を分母 $f(x)$ で割った商を $p(x)$，余りを $r(x)$ とすれば

$$\frac{g(x)}{f(x)} = p(x) + \frac{r(x)}{f(x)}$$

と表せる．$p(x)$ は多項式関数なので積分の計算は容易で，有理関数 $\dfrac{r(x)}{f(x)}$ については分子の次数が分母の次数より小さいので，積分はこれまでに説明した方法で計算できる．

例 2.34 $\displaystyle\int \frac{x^3+1}{x-2}\,dx$ を計算する．

x^3+1 を $x-2$ で割った商は x^2+2x+4，余りは 9 であるから

$$\frac{x^3+1}{x-2} = x^2+2x+4+\frac{9}{x-2}$$

になる．よって，積分は

$$\int \frac{x^3+1}{x-2}\,dx = \int \left(x^2+2x+4+\frac{9}{x-2}\right)dx$$
$$= \frac{1}{3}x^3+x^2+4x+9\log|x-2|+C. \qquad ■$$

例 2.35 $\displaystyle\int_2^3 \frac{x^4-x-3}{x^2+x-2}\,dx$ を計算する．

x^4-x-3 を x^2+x-2 で割った商は x^2-x-3，余りは $-6x+3$ である．さらに余りを分子とした有理関数を部分分数分解すれば

$$\frac{x^4-x-3}{x^2+x-2} = x^2-x+3+\frac{-6x+3}{x^2+x-2} = x^2-x+3-\frac{1}{x-1}-\frac{5}{x+2}$$

になる．よって，積分は

$$\int_2^3 \frac{x^4-x-3}{x^2+x-2}\,dx = \int_2^3 \left(x^2-x+3-\frac{1}{x-1}-\frac{5}{x+2}\right)dx$$
$$= \left[\frac{1}{3}x^3-\frac{1}{2}x^2+3x-\log|x-1|-5\log|x+2|\right]_2^3$$
$$= \frac{41}{6}+9\log 2-5\log 5. \qquad ■$$

●問 2.15 次の積分を計算せよ．

(1) $\displaystyle\int_0^2 \frac{x^3-x+1}{x+2}\,dx$ (2) $\displaystyle\int \frac{x^2+x-3}{x^2-2x+2}\,dx$ (3) $\displaystyle\int_{-1}^2 \frac{x^3-4x-10}{x^2-x-6}\,dx$

2.6　指数関数と三角関数の置換積分

本節と次節は置換積分の続きであるが，被積分関数の特徴から置換積分できるような $t = \varphi(x)$ を特定する方法を紹介する．公式のなかで $f(x)$ が有理関数，あるいは $f(x, y)$ が分子と分母が変数 x, y の多項式関数である 2 変数の有理関数であれば，以下において，～～～で示す被積分関数も有理関数であり，積分が前節のように計算できる．

関数 $f(x)$ に指数関数 e^x を代入した $f(e^x)$ の積分を計算するときに，$t = e^x$ にすれば $\dfrac{dt}{dx} = e^x$ であるが，$e^x = t$ により $dx = \dfrac{dt}{t}$ になるので，

公式 2.7

$t = e^x$ とすれば，

$$\int f(e^x)\,dx = \int \frac{f(t)}{t}\,dt.$$

例 2.36

$$\int \frac{dx}{e^x + 1} = \int \frac{1}{t(t+1)}\,dt = \int \left(\frac{1}{t} - \frac{1}{t+1}\right)dt$$

$$= \log|t| - \log|t+1| + C = \log \frac{e^x}{e^x + 1} + C. \quad ■$$

●問 2.16　積分 $\displaystyle\int_0^1 \frac{dx}{e^{2x} + 1}$ を計算せよ．

三角関数に関して，例 2.15 のように $t = \sin x$ あるいは $t = \cos x$ で置換して多項式関数や有理関数の積分に変換できることはあるが，そうでない場合に適用できる置換積分の方法を紹介する．

2 変数の関数 $f(x, y)$ に対して，$f(\sin^2 x, \cos^2 x)$ の積分は次の公式のように置換積分できる．

公式 2.8

$t = \tan x$ とすれば，

$$\int f(\sin^2 x, \cos^2 x)\,dx = \int f\left(\frac{t^2}{1+t^2}, \frac{1}{1+t^2}\right)\frac{1}{1+t^2}\,dt. \qquad (2.25)$$

証明 $\sin^2 x$ と $\cos^2 x$ を t の式で表すと

$$\cos^2 x = \frac{1}{1+\tan^2 x} = \frac{1}{1+t^2}, \quad \sin^2 x = 1 - \cos^2 x = \frac{t^2}{1+t^2}.$$

また

$$\frac{dt}{dx} = \frac{1}{\cos^2 x} = 1 + \tan^2 x = 1 + t^2$$

になるので

$$dx = \frac{dt}{1+t^2}.$$

以上により (2.25) を得る. ■

例 2.37

$$\int \frac{dx}{\sin^2 x + 4\cos^2 x} = \int \frac{\frac{1}{1+t^2}}{\underset{\sim\sim\sim\sim\sim\sim}{\frac{t^2}{1+t^2} + \frac{4}{1+t^2}}}\, dt = \int \frac{1}{\underset{\sim\sim\sim}{t^2+4}}\, dt$$

$$= \frac{1}{2}\arctan\frac{t}{2} + C = \frac{1}{2}\arctan\frac{\tan x}{2} + C.$$ ■

●**問 2.17** 積分 $\displaystyle\int_0^{\frac{\pi}{4}} \frac{\sin^2 x}{1+2\cos^2 x}\, dx$ を計算せよ.

(2.25) より一般的な $f(\sin x, \cos x)$ の積分に対する置換として, $t = \tan\dfrac{x}{2}$ がある.

公式 2.9

$t = \tan\dfrac{x}{2}$ とすれば,

$$\int f(\sin x, \cos x)\, dx = \int \underset{\sim\sim\sim\sim\sim\sim\sim\sim\sim\sim\sim\sim\sim\sim\sim\sim}{f\left(\frac{2t}{1+t^2}, \frac{1-t^2}{1+t^2}\right)\frac{2}{1+t^2}}\, dt. \quad (2.26)$$

証明 $\sin x$ と $\cos x$ を t の式で表すと

$$\cos x = 2\cos^2\frac{x}{2} - 1 = \frac{2}{1+\tan^2\frac{x}{2}} - 1 = \frac{1-t^2}{1+t^2},$$

$$\sin x = 2\sin\frac{x}{2}\cos\frac{x}{2} = 2\tan\frac{x}{2}\cos^2\frac{x}{2} = \frac{2t}{1+t^2}.$$

さらに

$$\frac{dt}{dx} = \frac{1}{2\cos^2\dfrac{x}{2}} = \frac{1+t^2}{2}$$

になるので

$$dx = \frac{2}{1+t^2}\,dt.$$

以上により (2.26) を得る. ■

公式 2.9 は，これまで紹介した三角関数の積分にも適用できるが，公式 2.9 をむやみに使うのではなく，$t = \sin x$ あるいは $t = \cos x$ で置換したり公式 2.8 を適用しても，有理関数などの計算できる積分に変換できない場合に限定すべきである.

例 2.38 $\tan\dfrac{\pi}{4} = 1$, $\tan\dfrac{\pi}{6} = \dfrac{1}{\sqrt{3}}$ になるので

$$\int_{\frac{\pi}{3}}^{\frac{\pi}{2}} \frac{dx}{3\sin x + 2\cos x + 3} = \int_{\frac{1}{\sqrt{3}}}^{1} \frac{\frac{2}{1+t^2}}{\frac{6t}{1+t^2} + \frac{2-2t^2}{1+t^2} + 3}\,dt = \int_{\frac{1}{\sqrt{3}}}^{1} \frac{2}{t^2+6t+5}\,dt$$

$$= \int_{\frac{1}{\sqrt{3}}}^{1} \frac{2}{(t+1)(t+5)}\,dt = \frac{1}{2}\int_{\frac{1}{\sqrt{3}}}^{1} \left(\frac{1}{t+1} - \frac{1}{t+5}\right)dt$$

$$= \frac{1}{2}\left[\log\left|\frac{t+1}{t+5}\right|\right]_{\frac{1}{\sqrt{3}}}^{1} = \frac{1}{2}\log\frac{7-2\sqrt{3}}{3}.$$ ■

●**問 2.18** 次の積分を計算せよ.

(1) $\displaystyle\int_{\frac{\pi}{3}}^{\frac{\pi}{2}} \frac{dx}{\sin x}$　　(2) $\displaystyle\int \frac{dx}{3 + 2\sin x + 2\cos x}$

2.7 無理関数の置換積分

無理関数とは $\sqrt[n]{\text{整式}}$ を含んだ関数である. $f(x, y)$ を 2 変数有理関数とする. 以下の公式では，〰〰で示した部分の被積分関数が有理関数になるような置換積分の公式[16)]を紹介する.

16) 係数を文字で表しているので公式は煩雑だが，t に置き換える関数だけ覚え，自力で変数 t の積分を導き出せるようにしておいてもよい.

$\sqrt[n]{\quad}$ の中が 1 次式の場合は次のように置換する．

公式 2.10

$t = \sqrt[n]{ax+b}$ とすれば，

$$\int f\left(x,\ \sqrt[n]{ax+b}\right)dx = \int f\left(\frac{t^n - b}{a}, t\right)\frac{nt^{n-1}}{a}\,dt. \qquad (2.27)$$

証明 $t^n = ax + b$ になるので

$$x = \frac{t^n - b}{a}.$$

x を t で微分すれば

$$\frac{dx}{dt} = \frac{nt^{n-1}}{a}.$$

以上により (2.27) を得る． ■

例 2.39 $\displaystyle\int_0^4 \frac{dx}{x + \sqrt{3x+4}}$ を計算する．

$t = \sqrt{3x+4}$ で置換すれば，t の積分区間は $[2, 4]$ になり

$$\int_0^4 \frac{dx}{x + \sqrt{3x+4}} = \int_2^4 \frac{\frac{2t}{3}}{\frac{t^2-4}{3} + t}\,dt = \int_2^4 \frac{2t}{t^2 + 3t - 4}\,dt$$

$$= \int_2^4 \frac{2t}{(t+4)(t-1)}\,dt = \frac{1}{5}\int_2^4 \left(\frac{2}{t-1} + \frac{8}{t+4}\right)dt$$

$$= \frac{1}{5}\Big[2\log|t-1| + 8\log|t+4|\Big]_2^4 = \frac{16}{5}\log 2 - \frac{6}{5}\log 3.$$ ■

例 2.40 $\displaystyle\int \frac{dx}{\sqrt{x+1} - \sqrt[3]{x+1}}$ を計算する．

$t = \sqrt[6]{x+1}$ で置換すれば，

$$\int \frac{dx}{\sqrt{x+1} - \sqrt[3]{x+1}} = \int \frac{6t^5}{t^3 - t^2}\,dt = \int \frac{6t^3}{t-1}\,dt$$

$$= 6\int \left(t^2 + t + 1 + \frac{1}{t-1}\right)dt = 2t^3 + 3t^2 + 6t + 6\log|t-1| + C$$

$$= 2\sqrt{x+1} + 3\sqrt[3]{x+1} + 6\sqrt[6]{x+1} + 6\log\left|\sqrt[6]{x+1} - 1\right| + C.$$ ■

$\sqrt[n]{}$ の中の 1 次関数を少し拡張して，分子と分母が 1 次式の有理関数でもよい．

公式 2.11

$t = \sqrt[n]{\dfrac{ax+b}{px+q}}$ とすれば，

$$\int f\left(x,\ \sqrt[n]{\frac{ax+b}{px+q}}\right)dx = \int f\left(\frac{b-qt^n}{pt^n-a}, t\right)\frac{n(aq-bp)t^{n-1}}{(pt^n-a)^2}\,dt. \tag{2.28}$$

証明　$$t^n = \frac{ax+b}{px+q} = \frac{a}{p}\frac{px+q+\frac{bp}{a}-q}{px+q} = \frac{a}{p} + \frac{b-\frac{aq}{p}}{px+q}$$

になるので

$$x = \frac{1}{p}\left(\frac{b-\frac{aq}{p}}{t^n-\frac{a}{p}} - q\right) = \frac{1}{p}\left(\frac{bp-aq-pqt^n+aq}{pt^n-a}\right) = \frac{b-qt^n}{pt^n-a}.$$

x を t で微分すれば

$$\frac{dx}{dt} = \frac{-nqt^{n-1}(pt^n-a)-npt^{n-1}(b-qt^n)}{(pt^n-a)^2} = \frac{n(aq-bp)\,t^{n-1}}{(pt^n-a)^2}.$$

以上により (2.28) を得る．　■

例 2.41　$\displaystyle\int \frac{1}{x}\sqrt{\frac{x+4}{x+1}}\,dx$ を計算する．

$t = \sqrt{\dfrac{x+4}{x+1}}$ で置換すれば，$x = \dfrac{4-t^2}{t^2-1}$ より $dx = \dfrac{-6t}{(t^2-1)^2}\,dt$．したがって

$$\int \frac{1}{x}\sqrt{\frac{x+4}{x+1}}\,dx = \int \frac{(t^2-1)t\times(-6t)}{(4-t^2)(t^2-1)^2}\,dt = \int \frac{6t^2}{(t^2-1)(t^2-4)}\,dt$$

$$= \int\left(\frac{8}{t^2-4} - \frac{2}{t^2-1}\right)dt = \int\left(\frac{2}{t-2} - \frac{2}{t+2} - \frac{1}{t-1} + \frac{1}{t+1}\right)dt$$

$$= 2\log\left|\frac{t-2}{t+2}\right| + \log\left|\frac{t+1}{t-1}\right| + C$$

$$= \log\left|\frac{\left(\sqrt{x+4}-2\sqrt{x+1}\right)^4\left(\sqrt{x+4}+\sqrt{x+1}\right)^2}{27x^2}\right| + C.$$　■

●問 2.19 次の積分を計算せよ.

(1) $\displaystyle\int \frac{x+1}{1+\sqrt[3]{2x-1}}\,dx$ (2) $\displaystyle\int_0^1 \frac{1}{x+1}\sqrt{\frac{x+2}{x+1}}\,dx$

$n=2$, つまり平方根に限定し根号記号に代入する式が 2 次式[17]の場合, 有理関数の積分に変換する置換の方法がある.

公式 2.12

$a>0$ のとき, $t=\sqrt{a}\,x+\sqrt{ax^2+bx+c}$ とすれば,

$$\int f\left(x, \sqrt{ax^2+bx+c}\right)dx$$
$$= \int f\left(\frac{t^2-c}{2\sqrt{a}\,t+b}, \frac{\sqrt{a}\,t^2+bt+\sqrt{a}\,c}{2\sqrt{a}\,t+b}\right)\frac{2(\sqrt{a}\,t^2+bt+\sqrt{a}\,c)}{(2\sqrt{a}\,t+b)^2}\,dt. \tag{2.29}$$

($\sqrt{a}\,x$ を忘れないように!)

証明 $t-\sqrt{a}\,x=\sqrt{ax^2+bx+c}$ の両辺を 2 乗すれば

$$\left(t-\sqrt{a}\,x\right)^2 = t^2-2\sqrt{a}\,tx+ax^2 = ax^2+bx+c.$$

よって, 両辺から ax^2 を引けば x^2 の項が消えて $bx+c=t^2-2\sqrt{a}\,tx$ になるので[18],

$$x=\frac{t^2-c}{2\sqrt{a}\,t+b}.$$

x を t で微分すれば

$$\frac{dx}{dt}=\frac{2t(2\sqrt{a}\,t+b)-2\sqrt{a}(t^2-c)}{(2\sqrt{a}\,t+b)^2}=\frac{2(\sqrt{a}\,t^2+bt+\sqrt{a}\,c)}{(2\sqrt{a}\,t+b)^2}.$$

さらに

$$\sqrt{ax^2+bx+c}=t-\sqrt{a}\,x=\frac{\sqrt{a}\,t^2+bt+\sqrt{a}\,c}{2\sqrt{a}\,t+b}.$$

以上により, $a>0$ のとき (2.29) を得る. ■

17) 平方根に代入する整式が 3 次以上のとき, 不定積分が初等関数にならないことがある. このような積分を**楕円積分**とよび, 楕円周の長さを求める積分が典型例である.

18) $\sqrt{a}\,x$ がないと移項しても x^2 の項が残り, x を t の式で表すには 2 次方程式の解の公式が必要となり再び無理関数になってしまうことがある.

例 2.42　$\displaystyle\int_0^1 \frac{x}{\sqrt{x^2-x+1}}\,dx$ を計算する．

$t=x+\sqrt{x^2-x+1}$ で置換すれば，$x=\dfrac{t^2-1}{2t-1}$，$\sqrt{x^2-x+1}=\dfrac{t^2-t+1}{2t-1}$ より $dx=\dfrac{2(t^2-t+1)}{(2t-1)^2}\,dt$．また，$t$ の積分区間は $[1,2]$ になり

$$\int_0^1 \frac{x}{\sqrt{x^2-x+1}}\,dx = \int_1^2 \underline{\frac{\frac{t^2-1}{2t-1}}{\frac{t^2-t+1}{2t-1}} \times \frac{2(t^2-t+1)}{(2t-1)^2}}\,dt$$

$$= \int_1^2 \underline{\frac{2(t^2-1)}{(2t-1)^2}}\,dt = \int_1^2 \left(\frac{1}{2}+\frac{4t-5}{2(2t-1)^2}\right)dt$$

$$= \left[\frac{t}{2}\right]_1^2 + \int_1^2 \left(\frac{1}{2t-1}-\frac{3}{2(2t-1)^2}\right)dt$$

$$= \frac{1}{2} + \left[\frac{1}{2}\log|2t-1| + \frac{3}{4(2t-1)}\right]_1^2 = \frac{1}{2}\log 3. \quad ■$$

●**問 2.20**　積分 $\displaystyle\int \frac{dx}{x\sqrt{x^2-2x+4}}$ を計算せよ．

一方，$a<0$ のときは，2 次方程式 $ax^2+bx+c=0$ に実数解がなければ常に $ax^2+bx+c<0$ になる．よって $\sqrt{ax^2+bx+c}$ は虚数になってしまうので実数解が存在しなければならない．また重解であると，解を α とすれば $x\neq\alpha$ のとき $\sqrt{ax^2+bx+c}$ は虚数になるので，実数解は 2 つ必要である．そこで，2 つの実数解を α,β $(\alpha<\beta)$ とすれば

$$ax^2+bx+c=-a(\beta-x)(x-\alpha)$$

になるので，$\alpha<x<\beta$ のとき

$$\sqrt{ax^2+bx+c}=\sqrt{(x-\alpha)^2\frac{-a(\beta-x)}{x-\alpha}}=(x-\alpha)\sqrt{\frac{-a(\beta-x)}{x-\alpha}}$$

に変形できる．よって $t=\sqrt{\dfrac{-a(\beta-x)}{x-\alpha}}$ で置換すれば，公式 2.11 により有理関数の積分に変換できる．

例 2.43 $\displaystyle\int \frac{dx}{\sqrt{x(1-x)}}$ を計算する.

$t = \sqrt{\dfrac{1-x}{x}}$ で置換すれば, $x = \dfrac{1}{t^2+1}$ より $dx = -\dfrac{2t}{\left(t^2+1\right)^2}\,dt$. したがって,

$$\int \frac{dx}{\sqrt{x(1-x)}} = \int \frac{1}{x}\sqrt{\frac{x}{1-x}}\,dx = -\int \frac{t^2+1}{t}\frac{2t}{(t^2+1)^2}\,dt$$
$$= -\int \frac{2}{t^2+1}\,dt = -2\arctan t + C = -2\arctan\sqrt{\frac{1-x}{x}} + C. \quad ■$$

$\sqrt{ax^2+bx+c}$ を含む関数の積分に対して, 有理関数でなく三角関数の積分に置換する方法もある. まず, $\sqrt{}$ の中にある 2 次式を

$$ax^2+bx+c = a\left(x+\frac{b}{2a}\right)^2 + c - \frac{b^2}{4a}$$

に変形して, $x+\dfrac{b}{2a}$ を別の変数に置換すれば, $\sqrt{}$ の中が 1 次の項がない 2 次式になるので $b=0$ とする. さらに $\sqrt{}$ の外から x^2 の係数の絶対値の正の平方根で割れば x^2 の係数は ± 1 になる. このとき, $A>0$ として $\sqrt{}$ の中の 2 次式が $A-x^2$, $A+x^2$, x^2-A の 3 つの場合に分けられるので, 各々に対する置換の方法を紹介する. なお, 置換すれば, 以下の計算において 〰 の被積分関数を三角関数のままで積分してもよい.

公式 2.13-1

$x = \sqrt{A}\sin\theta$ とすれば,

$$\int f\left(x, \sqrt{A-x^2}\right)dx = \int f\left(\sqrt{A}\sin\theta, \sqrt{A}\cos\theta\right)\sqrt{A}\cos\theta\,d\theta. \tag{2.30}$$

ここで θ の範囲は $-\dfrac{\pi}{2} \leq \theta \leq \dfrac{\pi}{2}$.

証明 $-\dfrac{\pi}{2} \leq \theta \leq \dfrac{\pi}{2}$ のとき, $\sin\theta$ が -1 以上 1 以下のすべての実数値になり $\cos\theta \geq 0$ を満たすので

$$\sqrt{A-x^2}=\sqrt{A(1-\sin^2\theta)}=\sqrt{A}\sqrt{\cos^2\theta}=\sqrt{A}\cos\theta.$$

x を θ で微分すれば

$$\frac{dx}{d\theta}=\sqrt{A}\cos\theta.$$

よって，(2.30) を得る．■

この公式は例 2.17 に適用され，三角関数のまま積分を計算している．以下の例もむりして有理関数の積分に変換していない．

公式 2.13-2

$x=\sqrt{A}\tan\theta$ とすれば，

$$\int f\left(x,\sqrt{A+x^2}\right)dx=\int f\left(\sqrt{A}\tan\theta,\frac{\sqrt{A}}{\cos\theta}\right)\frac{\sqrt{A}}{\cos^2\theta}\,d\theta. \quad (2.31)$$

ここで θ の範囲は $-\dfrac{\pi}{2}<\theta<\dfrac{\pi}{2}$.

証明　$-\dfrac{\pi}{2}<\theta<\dfrac{\pi}{2}$ のとき，$\tan\theta$ がすべての実数値になり $\cos\theta>0$ を満たすので

$$\sqrt{A+x^2}=\sqrt{A(1+\tan^2\theta)}=\frac{\sqrt{A}}{\sqrt{\cos^2\theta}}=\frac{\sqrt{A}}{\cos\theta}.$$

x を θ で微分すれば

$$\frac{dx}{d\theta}=\frac{\sqrt{A}}{\cos^2\theta}.$$

よって，(2.31) を得る．■

例 2.44　$\displaystyle\int_1^3\frac{dx}{x^2\sqrt{x^2+3}}$ を計算する．

$x=\sqrt{3}\tan\theta$ と置換すれば，$\sqrt{3}\tan\dfrac{\pi}{6}=1$，$\sqrt{3}\tan\dfrac{\pi}{3}=3$ になるので

$$\int_1^3\frac{dx}{x^2\sqrt{x^2+3}}=\int_{\frac{\pi}{6}}^{\frac{\pi}{3}}\frac{\cos\theta}{3\sqrt{3}\tan^2\theta}\frac{\sqrt{3}}{\cos^2\theta}\,d\theta=\frac{1}{3}\int_{\frac{\pi}{6}}^{\frac{\pi}{3}}\frac{\cos\theta}{\sin^2\theta}\,d\theta$$

$$=\frac{1}{3}\left[-\frac{1}{\sin\theta}\right]_{\frac{\pi}{6}}^{\frac{\pi}{3}}=\frac{6-2\sqrt{3}}{9}.$$

■

公式 2.13-3

$x = \dfrac{\sqrt{A}}{\cos\theta}$ とすれば,

$$\int f\left(x, \sqrt{x^2 - A}\right) dx = \int \underset{\sim\sim\sim\sim\sim\sim\sim\sim\sim\sim\sim\sim\sim\sim}{f\left(\frac{\sqrt{A}}{\cos\theta}, \sqrt{A}\tan\theta\right)\frac{\sqrt{A}\sin\theta}{\cos^2\theta}}\, d\theta. \tag{2.32}$$

ここで θ の範囲は $0 \leq \theta < \dfrac{\pi}{2}$, $\pi \leq \theta < \dfrac{3}{2}\pi$.

証明 $0 \leq \theta < \dfrac{\pi}{2}$, $\pi \leq \theta < \dfrac{3}{2}\pi$ のとき, $\dfrac{1}{\cos\theta}$ が -1 以下または 1 以上のすべての実数値になり $\tan\theta \geq 0$ を満たすので

$$\sqrt{x^2 - A} = \sqrt{\frac{A(1 - \cos^2\theta)}{\cos^2\theta}} = \sqrt{A}\sqrt{\frac{\sin^2\theta}{\cos^2\theta}} = \sqrt{A}\tan\theta.$$

x を θ で微分すれば

$$\frac{dx}{d\theta} = \frac{\sqrt{A}\sin\theta}{\cos^2\theta}.$$

よって, (2.32) を得る. ■

例 2.45 $\displaystyle\int_2^4 \frac{\sqrt{x^2 - 4}}{x}\, dx$ を計算する.

$x = \dfrac{2}{\cos\theta}$ と置換すれば, $\dfrac{2}{\cos 0} = 2$, $\dfrac{2}{\cos\frac{\pi}{3}} = 4$ になるので

$$\int_2^4 \frac{\sqrt{x^2 - 4}}{x}\, dx = \int_0^{\frac{\pi}{3}} \underset{\sim\sim\sim\sim\sim\sim\sim\sim\sim\sim}{\tan\theta\cos\theta\frac{2\sin\theta}{\cos^2\theta}}\, d\theta = 2\int_0^{\frac{\pi}{3}} \frac{\sin^2\theta}{\cos^2\theta}\, d\theta$$

$$= 2\int_0^{\frac{\pi}{3}} \left(\frac{1}{\cos^2\theta} - 1\right) d\theta = 2\Big[\tan\theta - \theta\Big]_0^{\frac{\pi}{3}} = 2\sqrt{3} - \frac{2}{3}\pi. \quad ■$$

●問 2.21 次の積分を計算せよ.

(1) $\displaystyle\int_0^1 x^2\sqrt{2 - x^2}\, dx$ (2) $\displaystyle\int_1^{\sqrt{3}} \frac{\sqrt{x^2 + 1}}{x^2}\, dx$ (3) $\displaystyle\int_2^{2\sqrt{2}} \frac{dx}{\sqrt{(x^2 - 2)^3}}$

2.8 広義積分

これまでの定積分は有限な区間 $[a,b]$ で連続な関数を対象としてきたが，積分区間を無限にしたり，x が a または b に近づいたときに発散するような関数の定積分を計算することもある．このような積分を**広義積分**とよぶ．

(1) 関数 $f(x)$ は区間 $a < x \leq b$ ($(a,b]$ と書く) で連続として，$x \to a+0$ のとき $f(x)$ が発散するならば，$[a+\varepsilon, b]$ 上の定積分 $\displaystyle\int_{a+\varepsilon}^{b} f(x)\,dx$ は定義できて，$\varepsilon \to +0$ のとき収束すれば $[a,b]$ 上の定積分を

$$\int_a^b f(x)\,dx = \lim_{\varepsilon\to+0}\int_{a+\varepsilon}^b f(x)\,dx \quad (2.33)$$

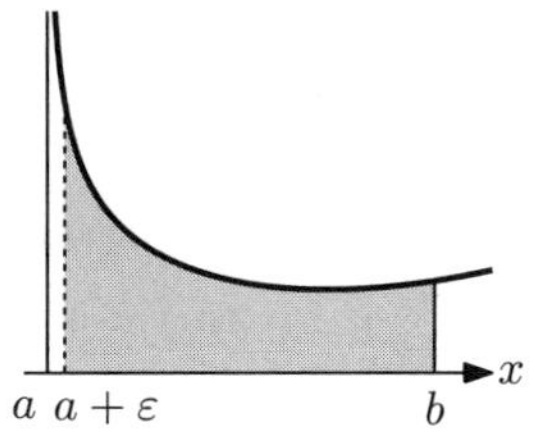

図5

で定義する (図5)．同様に，$f(x)$ は区間 $a \leq x < b$ ($[a,b)$ と書く) で連続として $x \to b-0$ のとき $f(x)$ が発散するならば，$[a, b-\varepsilon]$ 上の定積分 $\displaystyle\int_a^{b-\varepsilon} f(x)\,dx$ は定義できて，$\varepsilon \to +0$ のとき収束すれば $[a,b]$ 上の定積分を

$$\int_a^b f(x)\,dx = \lim_{\varepsilon\to+0}\int_a^{b-\varepsilon} f(x)\,dx \tag{2.34}$$

で定義する．$\varepsilon \to +0$ のとき収束して積分値が定まるとき**広義積分が存在**するという．

例 2.46 $\displaystyle\int_0^1 \frac{dx}{x^\alpha}$ $(\alpha > 0)$ を計算する．

$$\int_\varepsilon^1 \frac{dx}{x^\alpha} = \begin{cases} \left[\dfrac{1}{(1-\alpha)x^{\alpha-1}}\right]_\varepsilon^1 = \dfrac{1-\varepsilon^{1-\alpha}}{1-\alpha} & (\alpha \neq 1) \\ \Big[\log x\Big]_\varepsilon^1 = -\log\varepsilon & (\alpha = 1) \end{cases}$$

であるから，$\alpha \geq 1$ のとき $\displaystyle\lim_{\varepsilon\to+0}\int_\varepsilon^1 \frac{dx}{x^\alpha} = \infty$ なので広義積分は存在せず，$\alpha < 1$ のときは

$$\int_0^1 \frac{dx}{x^\alpha} = \lim_{\varepsilon\to+0}\frac{1-\varepsilon^{1-\alpha}}{1-\alpha} = \frac{1}{1-\alpha}.$$

■

例 2.47 $\displaystyle\int_0^1 \log x\,dx$ を計算する.

例 2.21 において不定積分を計算しており，それを利用すれば

$$\int_0^1 \log x\,dx = \lim_{\varepsilon\to+0}\int_\varepsilon^1 \log x\,dx$$
$$= \lim_{\varepsilon\to+0}\Big[x\log x - x\Big]_\varepsilon^1 = \lim_{\varepsilon\to+0}(-1-\varepsilon\log\varepsilon+\varepsilon).$$

ここで，ロピタルの定理より

$$\lim_{\varepsilon\to+0}\varepsilon\log\varepsilon = \lim_{\varepsilon\to+0}\frac{(\log\varepsilon)'}{\left(\frac{1}{\varepsilon}\right)'} = \lim_{\varepsilon\to+0}(-\varepsilon) = 0.$$

よって，$\displaystyle\int_0^1 \log x\,dx = -1.$ ■

(2) 関数 $f(x)$ は区間 $a < x < b$ ((a,b) と書く) で連続として，$x \to a+0$ と $x \to b-0$ の両方で $f(x)$ が発散するときは，(a,b) 上の定積分を

$$\int_a^b f(x)\,dx = \lim_{\varepsilon\to+0}\lim_{\varepsilon'\to+0}\int_{a+\varepsilon}^{b-\varepsilon'} f(x)\,dx \qquad (2.35)$$

で定義する．もし，$f(x)$ の原始関数 $F(x)$ が求まれば，右辺は

$$\lim_{\varepsilon'\to+0}F(b-\varepsilon') - \lim_{\varepsilon\to+0}F(a+\varepsilon)$$

になり，2 つとも収束すれば広義積分は存在し，2 つの極限値の差である．

広義積分の計算では，積分区間の下端 a または上端 b を不定積分 $F(x)$ に代入できないことがあるが，lim を省いて通常の定積分のように

$$\int_a^b f(x)\,dx = \Big[F(x)\Big]_a^b$$

と書くこともできる．分母が 0 になったり log の真数が 0 になるなどで $x = a$ ($x = b$) を $F(x)$ に代入できない場合は，$x \to a+0$ ($x \to b-0$) のときの極限値に置き換えればよい．広義積分を置換積分で計算するときは通常の定積分のように変換して新しい変数の広義積分になり，場合によっては広義積分でない通常の定積分になったり，逆に通常の定積分が広義積分になることもある．

例 2.48 $\displaystyle\int_0^3 \frac{dx}{\sqrt{x}(x+1)}$ を計算する．

$t=\sqrt{x}$ とすれば，$x=t^2$ より $dx=2t\,dt$，t の積分区間は $[0,\sqrt{3}]$ となり，

$$\int_0^3 \frac{dx}{\sqrt{x}(x+1)} = \int_0^{\sqrt{3}} \frac{2t}{t(t^2+1)}\,dt = 2\int_0^{\sqrt{3}} \frac{dt}{t^2+1}$$

$$= 2\Big[\arctan x\Big]_0^{\sqrt{3}} = \frac{2}{3}\pi.$$

■

●**問 2.22** 次の広義積分を計算せよ．

(1) $\displaystyle\int_0^1 \frac{dx}{\sqrt{1-x^2}}$　　(2) $\displaystyle\int_0^{\frac{\pi}{2}} \frac{\cos x}{\sqrt{\sin x}}\,dx$

(3) 関数 $f(x)$ が有限でない区間 $a \leq x$ ($[a,\infty)$ と書く) で連続として，$A\to\infty$ のとき $\displaystyle\lim_{A\to\infty}\int_a^A f(x)\,dx$ が収束すれば，$[a,\infty)$ 上の定積分を

$$\int_a^\infty f(x)\,dx = \lim_{A\to\infty}\int_a^A f(x)\,dx \quad (2.36)$$

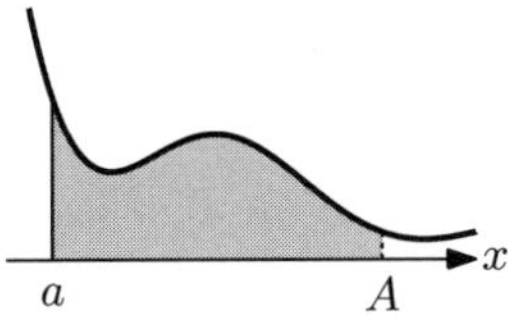

図 6

で定義する (図 6)．同様に，関数 $f(x)$ が区間 $x \leq b$ ($(-\infty,b]$ と書く) で連続として，$B\to-\infty$ のとき $\displaystyle\lim_{B\to-\infty}\int_B^b f(x)\,dx$ が収束すれば，$(-\infty,b]$ 上の定積分を

$$\int_{-\infty}^b f(x)\,dx = \lim_{B\to-\infty}\int_B^b f(x)\,dx \quad (2.37)$$

で定義する．このような積分も広義積分であり，$A\to\infty$ あるいは $B\to-\infty$ のとき収束するときに**広義積分は存在**するという．

例 2.49 $\displaystyle\int_1^\infty \frac{dx}{x^\alpha}$　$(\alpha>0)$ を計算する．

$$\int_1^A \frac{dx}{x^\alpha} = \begin{cases} \left[\dfrac{1}{(1-\alpha)x^{\alpha-1}}\right]_1^A = \dfrac{A^{1-\alpha}-1}{1-\alpha} & (\alpha\neq 1) \\ \Big[\log x\Big]_1^A = \log A & (\alpha=1) \end{cases}$$

であるから，$\alpha \leq 1$ のとき

$$\lim_{A\to\infty}\int_1^A \frac{dx}{x^\alpha} = \infty$$

なので広義積分は存在せず，$\alpha > 1$ のときは

$$\int_1^\infty \frac{dx}{x^\alpha} = \lim_{A\to\infty} \frac{A^{1-\alpha}-1}{1-\alpha} = \frac{1}{\alpha-1}.$$ ■

例 2.50 $\displaystyle\int_0^\infty \frac{dx}{1+x^2}$ を計算する．

$$\int_0^\infty \frac{dx}{1+x^2} = \lim_{A\to\infty} \Big[\arctan x\Big]_0^A = \lim_{A\to\infty} \arctan A = \frac{\pi}{2}.$$ ■

(4) 関数 $f(x)$ が実数全体 ($(-\infty,\infty)$ と書く) で連続として，$(-\infty,\infty)$ 上の定積分を

$$\int_{-\infty}^\infty f(x)\,dx = \lim_{A\to\infty} \lim_{B\to-\infty} \int_B^A f(x)\,dx \tag{2.38}$$

で定義する．もし，$f(x)$ の原始関数 $F(x)$ が求まれば，右辺は

$$\lim_{A\to\infty} F(A) - \lim_{B\to-\infty} F(B)$$

になり，2 つとも収束すれば広義積分は存在し，2 つの極限値の差である．

上記の (3), (4) において，$\pm\infty$ は数でないので不定積分 $F(x)$ に代入できないが，

$$F(\pm\infty) = \lim_{x\to\pm\infty} F(x) \quad (\text{複号同順})$$

と解釈する．この表記を使えば，lim を省略して以下のように表せる．

$$\int_a^\infty f(x)\,dx = \Big[F(x)\Big]_a^\infty.$$

●**問 2.23** 次の広義積分を計算せよ．

(1) $\displaystyle\int_1^\infty \frac{dx}{x(x^2+1)}$　　(2) $\displaystyle\int_0^\infty xe^{-2x}\,dx$

置換積分では積分区間が変わるが，広義積分では有限区間から無限区間，またはその逆が起こる．

例 2.51 $\displaystyle\int_0^1 \frac{dx}{\sqrt{x(1-x)}}$ を計算する．

例 2.43 と同様に $t = \sqrt{\dfrac{1-x}{x}}$ で置換すれば，$x \to +0$ のとき $t \to \infty$，$x \to 1-0$ のとき $t \to +0$ になるので

$$\int_0^1 \frac{dx}{\sqrt{x(1-x)}} = 2\int_0^{\infty} \frac{dt}{t^2+1} = 2\Big[\arctan t\Big]_0^{\infty} = \pi.$$

■

●問 2.24 広義積分 $\displaystyle\int_0^{\frac{1}{e}} \frac{dx}{x(\log x)^2}$ を計算せよ．

広義でない通常の定積分では，不定積分が求まらなくても連続関数の積分値はリーマン和 (2.2) の極限値なので必ず定まる．広義積分については不定積分が求まれば (2.33)～(2.38) の右辺が定積分の極限値になり，収束すれば広義積分は存在する．一方，不定積分が求まらない場合は収束性や極限値がわからないので積分値は不明であるが，収束性のみを示し，広義積分の存在だけを確認する方法がある．

定理 2.3 区間 $(a, b]$ 上の連続関数 $f(x)$ が，

$$|f(x)| \leq \frac{K}{(x-a)^{\alpha}} \tag{2.39}$$

を満たすような正の定数 K と $0 < \alpha < 1$ があれば，広義積分

$$\int_a^b f(x)\,dx = \lim_{\varepsilon \to +0} \int_{a+\varepsilon}^b f(x)\,dx$$

は存在する．

証明 $g(x)$, $h(x)$ を

$$g(x) = \begin{cases} f(x) & (f(x) \geq 0) \\ 0 & (f(x) < 0) \end{cases}, \quad h(x) = \begin{cases} 0 & (f(x) > 0) \\ -f(x) & (f(x) \leq 0) \end{cases} \tag{2.40}$$

で定義すれば

$$0 \leq g(x) \leq |f(x)|, \quad 0 \leq h(x) \leq |f(x)|, \quad f(x) = g(x) - h(x).$$

よって $g(x)$ と $h(x)$ の広義積分が存在すれば，それらの差である $f(x)$ の広義積分は存在する．$g(x)$ については，(2.39) より

$$g(x) \leq \frac{K}{(x-a)^{\alpha}}$$

になるので

$$\begin{aligned}\int_{a+\varepsilon}^{b} g(x)\,dx \leq K\int_{a+\varepsilon}^{b} \frac{dx}{(x-a)^{\alpha}} &= \frac{K}{1-\alpha}\left((b-a)^{1-\alpha}-\varepsilon^{1-\alpha}\right) \\ &< \frac{K(b-a)^{1-\alpha}}{1-\alpha}. \end{aligned} \tag{2.41}$$

また $g(x) \geq 0$ なので，ε が正から 0 に近づくとき $\displaystyle\int_{a+\varepsilon}^{b} g(x)\,dx$ は単調に増加するが (2.41) より発散しないので，収束するしかない[19)]．よって，広義積分 $\displaystyle\int_{a}^{b} g(x)\,dx$ は存在する．同様の方法で $h(x)$ の広義積分も存在することが示せるので，広義積分 $\displaystyle\int_{a}^{b} f(x)\,dx$ は存在する． ■

区間 $[a, b)$ 上の関数 $f(x)$ が $x \to b-0$ のとき発散する場合は，正の定数 K と $0 < \alpha < 1$ があって，$a \leq x < b$ のとき

$$|f(x)| \leq \frac{K}{(b-x)^{\alpha}} \tag{2.42}$$

を満たせば，同様に広義積分

$$\int_{a}^{b} f(x)\,dx = \lim_{\varepsilon\to+0}\int_{a}^{b-\varepsilon} f(x)\,dx$$

の存在も示せる．

不等式 (2.39) と (2.42) を確かめるには，それぞれ

$$\lim_{x\to a+0} f(x)(x-a)^{\alpha}, \qquad \lim_{x\to b-0} f(x)(b-x)^{\alpha}$$

の極限値が有限であることを示す方法がよく用いられる．

例 2.52 広義積分 $\displaystyle\int_{0}^{1} \frac{\sqrt{x}}{\sin(e^{x}-1)}\,dx$ が存在することを示す．

ロピタルの定理を使えば

$$\lim_{x\to+0} \frac{\sqrt{x}}{\sin(e^{x}-1)}\,x^{\frac{1}{2}} = \lim_{x\to+0} \frac{x}{\sin(e^{x}-1)} = \lim_{x\to+0} \frac{1}{e^{x}\cos(e^{x}-1)} = 1.$$

よって，広義積分は存在する． ■

19) この議論は収束する実数があるといっているだけで，極限値は不明のままである．収束性を保証することについては証明するのではなく実数の公理として認めてしまう (A.10 節参照).

●問 2.25 次の広義積分が存在することを確認せよ.

(1) $\displaystyle\int_0^{\pi} \frac{\sqrt{\sin x}}{\sqrt{1+x}-1}\,dx$ (2) $\displaystyle\int_0^{1} \frac{dx}{\sqrt{\arcsin x}}$

不定積分が計算できなくても，巧妙な方法で広義積分の値が求まることがある.

例 2.53 まず，広義積分 $\displaystyle\int_0^{\frac{\pi}{2}} \log\sin x\,dx$ が存在することを示す.

$0<\alpha<1$ のとき，ロピタルの定理より，

$$\lim_{x\to+0}(\log\sin x)\,x^{\alpha} = \lim_{x\to+0}\frac{\log\sin x}{x^{-\alpha}}$$
$$= \lim_{x\to+0}\frac{\frac{\cos x}{\sin x}}{-\alpha x^{-\alpha-1}} = \lim_{x\to+0}\frac{x^{\alpha}\cos x}{-\alpha}\,\frac{x}{\sin x} = 0.$$

よって，広義積分は存在する.

次にその積分値を I として，I を求める．積分区間を

$$I = \int_0^{\frac{\pi}{4}} \log\sin x\,dx + \int_{\frac{\pi}{4}}^{\frac{\pi}{2}} \log\sin x\,dx$$

のように 2 つに分け，右辺の第 2 項の積分を $t=\dfrac{\pi}{2}-x$ で置換すれば，(1.16) より

$$\int_{\frac{\pi}{4}}^{\frac{\pi}{2}} \log\sin x\,dx = \int_0^{\frac{\pi}{4}} \log\sin\left(\frac{\pi}{2}-t\right)dt = \int_0^{\frac{\pi}{4}} \log\cos t\,dt.$$

変数を x に書き直すと，(1.20) と (1.21) より

$$I = \int_0^{\frac{\pi}{4}} \log\sin x\,dx + \int_0^{\frac{\pi}{4}} \log\cos x\,dx = \int_0^{\frac{\pi}{4}} \log(\sin x\cos x)\,dx$$
$$= \int_0^{\frac{\pi}{4}} \log\frac{\sin 2x}{2}\,dx = \int_0^{\frac{\pi}{4}} (\log\sin 2x - \log 2)\,dx.$$

$u=2x$ で置換すれば

$$\int_0^{\frac{\pi}{4}} \log\sin 2x\,dx = \frac{1}{2}\int_0^{\frac{\pi}{2}} \log\sin u\,du = \frac{1}{2}I.$$

よって

$$I = \frac{1}{2}I - \frac{\pi}{4}\log 2.$$

ここで $\dfrac{1}{2}I$ を移項[20)]することにより $\dfrac{1}{2}I=-\dfrac{\pi}{4}\log 2$．したがって

$$\int_0^{\frac{\pi}{2}} \log\sin x\,dx=-\frac{\pi}{2}\log 2. \qquad ■$$

無限区間 $[a,\infty)$ 上の連続関数 $f(x)$ の広義積分の存在は，次の定理で判定できる．

定理 2.4 区間 $[a,\infty)$ 上の連続関数 $f(x)$ が，十分大きい x に対して

$$|f(x)|\leq\frac{K}{x^\alpha} \tag{2.43}$$

を満たすような正の定数 K と $1<\alpha$ があれば，広義積分

$$\int_a^\infty f(x)\,dx=\lim_{A\to\infty}\int_a^A f(x)\,dx$$

は存在する．

証明 $g(x)$ と $h(x)$ を (2.40) のように定め，$g(x)$, $h(x)$ の広義積分の存在性から $f(x)$ の広義積分が存在することを示す．正の数 c を $a<c$ になるように定めると，$f(x)$ の $[a,c]$ 上の定積分は広義でなく，$[c,\infty)$ では (2.43) より

$$g(x)\leq\frac{K}{x^\alpha}$$

になるので

$$\int_c^A g(x)\,dx\leq K\int_c^A\frac{dx}{x^\alpha}=\frac{K}{1-\alpha}\left(A^{1-\alpha}-c^{1-\alpha}\right)<\frac{Kc^{1-\alpha}}{\alpha-1}. \tag{2.44}$$

また $g(x)\geq 0$ なので，A を ∞ に発散させると $\displaystyle\int_c^A g(x)\,dx$ は単調に増加するが，(2.44) より発散しないので，収束するしかない．よって，広義積分

$$\int_a^\infty g(x)\,dx=\int_a^c g(x)\,dx+\int_c^\infty g(x)\,dx$$

は存在する．同様の方法で $h(x)$ の広義積分も存在することが示せるので，$f(x)$ の広義積分 $\displaystyle\int_a^\infty f(x)\,dx$ は存在する． ■

20) この操作は I が有限でなければ意味をなさない．

区間 $(-\infty, b]$ 上の関数 $f(x)$ が，十分小さい x に対して

$$|f(x)| \leq \frac{K}{(-x)^{\alpha}} \tag{2.45}$$

を満たすような正の定数 K と $1 < \alpha$ があれば，同様に広義積分

$$\int_{-\infty}^{b} f(x)\,dx = \lim_{B \to -\infty} \int_{B}^{b} f(x)\,dx$$

の存在も示せる．

不等式 (2.43) と (2.45) を確かめるには，それぞれ

$$\lim_{x \to \infty} f(x)x^{\alpha}, \quad \lim_{x \to -\infty} f(x)(-x)^{\alpha}$$

の極限値が有限であることを示す方法がよく用いられる．

例 2.54 広義積分 $\displaystyle\int_{1}^{\infty} \frac{\sin(e^x)}{x\sqrt{x}}\,dx$ が存在することを示す．

$1 < \alpha < \dfrac{3}{2}$ とすれば

$$0 \leq \left| \frac{\sin(e^x)}{x\sqrt{x}}\,x^{\alpha} \right| = |\sin(e^x)|\,x^{\alpha - \frac{3}{2}} \leq x^{\alpha - \frac{3}{2}}.$$

$x \to \infty$ のとき $x^{\alpha - \frac{3}{2}} \to 0$ であるから $\dfrac{\sin(e^x)}{x\sqrt{x}}\,x^{\alpha} \to 0$ が示せ，広義積分は存在する． ■

●**問 2.26** 次の広義積分が存在することを確認せよ．

(1) $\displaystyle\int_{0}^{\infty} \frac{dx}{\sqrt{1 + x^3}}$　　(2) $\displaystyle\int_{0}^{\infty} \frac{dx}{(e^x + 1)^{0.1}}$

演習問題 A

問題 2.1 次の不定積分を計算せよ．

(1) $\displaystyle\int (2 - x)^7\,dx$　　(2) $\displaystyle\int \frac{dx}{4x + 3}$

(3) $\displaystyle\int \sin(2x + 3)\,dx$　　(4) $\displaystyle\int \sin x \cos 3x\,dx$

(5) $\displaystyle\int \cos 4x \cos 5x\,dx$　　(6) $\displaystyle\int x^2 \sqrt{2 - x^3}\,dx$

(7) $\displaystyle\int \frac{e^{3x}}{e^{3x}+2}\,dx$

(8) $\displaystyle\int \frac{e^{x}}{e^{2x}+9}\,dx$

(9) $\displaystyle\int \frac{dx}{x\log x}$

(10) $\displaystyle\int \frac{\sin 3x}{(2+\cos 3x)^2}\,dx$

(11) $\displaystyle\int x\cos 2x\,dx$

(12) $\displaystyle\int x\log x\,dx$

問題 2.2 次の定積分を計算せよ.

(1) $\displaystyle\int_0^{\pi} \sin\frac{x}{3}\,dx$

(2) $\displaystyle\int_{-1}^{1} \left(37x^{19}-29x^{9}+1\right)dx$

(3) $\displaystyle\int_0^{1} \frac{dx}{\sqrt{2-x^2}}$

(4) $\displaystyle\int_1^{3} \frac{dx}{3+x^2}$

(5) $\displaystyle\int_0^{2} \frac{3x}{x^2+5}\,dx$

(6) $\displaystyle\int_1^{e} x^5\log x\,dx$

(7) $\displaystyle\int_0^{\frac{\pi}{4}} \cos^2 x\,dx$

(8) $\displaystyle\int_0^{\frac{\pi}{3}} \sin 2x\sin 3x\,dx$

(9) $\displaystyle\int_0^{1} x^2e^{2x}\,dx$

(10) $\displaystyle\int_0^{\frac{\pi}{3}} \sin^3 x\,dx$

(11) $\displaystyle\int_{-\frac{\pi}{2}}^{\frac{\pi}{2}} \sin^2 x\cos^2 x\,dx$

(12) $\displaystyle\int_0^{\frac{\pi}{6}} \sin^4 x\,dx$

問題 2.3 次の不定積分を計算せよ.

(1) $\displaystyle\int \frac{dx}{x^2-3x-4}$

(2) $\displaystyle\int \frac{5x-7}{x^2-3x+2}\,dx$

(3) $\displaystyle\int \frac{3x+4}{x^2+4x+4}\,dx$

(4) $\displaystyle\int \frac{dx}{x^2+2x+3}$

(5) $\displaystyle\int \frac{2x+1}{x^2-4x+8}\,dx$

(6) $\displaystyle\int \frac{x^3-5x}{x-2}\,dx$

(7) $\displaystyle\int \frac{x^2-4x-1}{x^2-2x-3}\,dx$

(8) $\displaystyle\int \frac{x^4+3x^3-5}{x^2+2x+3}\,dx$

問題 2.4 次の定積分を計算せよ.

(1) $\displaystyle\int_{-1}^{2} \frac{x+1}{x^2-x-6}\,dx$

(2) $\displaystyle\int_{-1}^{1} \frac{2x+1}{x^2+6x+9}\,dx$

(3) $\displaystyle\int_3^{4} \frac{dx}{x^2-6x+10}$

(4) $\displaystyle\int_0^{2} \frac{x-1}{x^2+2x+4}\,dx$

(5) $\displaystyle\int_{-2}^{2} \frac{x^3-5x^2+5x+4}{x^2-6x+9}\,dx$

(6) $\displaystyle\int_1^{4} \frac{x^4-x^3+7x-9}{x^2-2x+4}\,dx$

問題 2.5 次の不定積分を計算せよ.

(1) $\displaystyle\int \frac{dx}{e^{2x} - 3e^{x}}$　　(2) $\displaystyle\int \frac{e^{x}}{e^{2x} + 1}\,dx$

(3) $\displaystyle\int \frac{\sin x}{\cos x + 2}\,dx$　　(4) $\displaystyle\int \cos^{5} x\,dx$

(5) $\displaystyle\int \frac{dx}{\sin^{2} x - 4\cos^{2} x}$　　(6) $\displaystyle\int \frac{dx}{1 + \sin x}$

(7) $\displaystyle\int \frac{dx}{\cos x}$　　(8) $\displaystyle\int \frac{dx}{1 + 2\sin x + \cos x}$

問題 2.6 次の定積分を計算せよ.

(1) $\displaystyle\int_{\log 2}^{\log 3} \frac{dx}{e^{x} - e^{-x}}$　　(2) $\displaystyle\int_{0}^{\frac{\pi}{6}} \frac{\cos x}{3 - 3\sin x - \cos^{2} x}\,dx$

(3) $\displaystyle\int_{0}^{\frac{\pi}{3}} \frac{\sin x \cos x}{1 + \cos^{2} x}\,dx$　　(4) $\displaystyle\int_{0}^{\frac{\pi}{4}} \frac{dx}{2\cos^{2} x + 1}$

(5) $\displaystyle\int_{0}^{\frac{\pi}{2}} \frac{\cos x}{1 + \cos x}\,dx$　　(6) $\displaystyle\int_{0}^{\frac{\pi}{2}} \frac{dx}{1 + \sin x + \cos x}$

問題 2.7 次の広義積分を計算せよ.

(1) $\displaystyle\int_{3}^{4} \frac{dx}{\sqrt[3]{x - 3}}$　　(2) $\displaystyle\int_{0}^{\infty} \frac{dx}{\sqrt[4]{(x + 1)^{5}}}$

(3) $\displaystyle\int_{-1}^{2} \frac{dx}{\sqrt{4 - x^{2}}}$　　(4) $\displaystyle\int_{1}^{\infty} \frac{dx}{x^{2} - 4x + 7}$

(5) $\displaystyle\int_{0}^{2} \frac{x^{2}}{\sqrt{8 - x^{3}}}\,dx$　　(6) $\displaystyle\int_{0}^{\infty} \frac{3x^{2} - 1}{(x^{3} - x + 2)^{2}}\,dx$

(7) $\displaystyle\int_{1}^{2} \frac{dx}{(x + 2)\sqrt{x - 1}}$　　(8) $\displaystyle\int_{0}^{\infty} \frac{dx}{x^{2} + 3x + 2}$

(9) $\displaystyle\int_{2}^{2\sqrt{2}} \frac{dx}{x^{2}\sqrt{x^{2} - 4}}$　　(10) $\displaystyle\int_{0}^{\infty} \frac{dx}{\left(\sqrt{x^{2} + 1}\right)^{3}}$

演習問題 B

問題 2.8 次の不定積分を計算せよ.

(1) $\displaystyle\int \frac{\cos^{2}\sqrt{x}}{\sqrt{x}}\,dx$　　(2) $\displaystyle\int \cos\sqrt{x}\,dx$

(3) $\displaystyle\int \frac{2^{\tan x}}{\cos^{2} x}\,dx$　　(4) $\displaystyle\int \frac{dx}{3^{x} + 3^{-x}}$

(5) $\displaystyle\int \frac{1 + \log x}{\sqrt{1 - (x\log x)^{2}}}\,dx$　　(6) $\displaystyle\int \frac{x \arcsin x}{\sqrt{1 - x^{2}}}\,dx$

(7) $\displaystyle\int x\sin 3x\cos 2x\,dx$

(8) $\displaystyle\int \cos\log x\,dx$

問題 2.9 次の定積分を計算せよ.

(1) $\displaystyle\int_0^{\frac{\pi}{6}} x\cos^2 x\,dx$

(2) $\displaystyle\int_{-1}^{\sqrt{3}} \frac{\sin\arctan x}{1+x^2}\,dx$

(3) $\displaystyle\int_0^1 \frac{dx}{(1+x^2)(\pi+\arctan x)}$

(4) $\displaystyle\int_0^1 \frac{(x+1)e^x}{e^2+x^2e^{2x}}\,dx$

(5) $\displaystyle\int_1^e x(\log x)^2\,dx$

(6) $\displaystyle\int_0^1 (\arcsin x)^2\,dx$

(7) $\displaystyle\int_0^{\sqrt{3}} x\arctan x\,dx$

(8) $\displaystyle\int_0^{\pi} e^x\sin x\cos 2x\,dx$

問題 2.10 次の不定積分を計算せよ.

(1) $\displaystyle\int \frac{7x-11}{x^3-2x^2-x+2}\,dx$

(2) $\displaystyle\int \frac{4x+1}{x^3+x-2}\,dx$

(3) $\displaystyle\int \frac{x^3+1}{(x-2)^4}\,dx$

(4) $\displaystyle\int \frac{x^3-2x^2+8}{(x^2-4x+6)^2}\,dx$

(5) $\displaystyle\int \frac{x^4+3x^3+x^2+3}{x^3+x^2-x-1}\,dx$

(6) $\displaystyle\int \frac{x^2+9}{x^4+3x^2-4}\,dx$

問題 2.11 次の定積分を計算せよ.

(1) $\displaystyle\int_2^4 \frac{2x^2-2x+3}{x^3-3x^2+6x-4}\,dx$

(2) $\displaystyle\int_0^1 \frac{x^2+8x-2}{x^3-3x-2}\,dx$

(3) $\displaystyle\int_{-1}^3 \frac{x^2}{(x+3)^3}\,dx$

(4) $\displaystyle\int_1^3 \frac{x^5-6x^3-8x^2+7x}{x^3-3x^2+x+5}\,dx$

問題 2.12 次の不定積分を計算せよ.

(1) $\displaystyle\int \frac{dx}{e^{2x}+e^x}$

(2) $\displaystyle\int \frac{\sin^2 x}{2-\sin^2 x}\,dx$

(3) $\displaystyle\int \tan^4 x\,dx$

(4) $\displaystyle\int \frac{\sin x}{1+\sin x+\cos x}\,dx$

問題 2.13 次の定積分を計算せよ.

(1) $\displaystyle\int_0^{\frac{\pi}{3}} \frac{dx}{(1+2\cos^2 x)^2}$

(2) $\displaystyle\int_0^{\frac{\pi}{2}} \frac{1+\sin x}{2+2\sin x+\cos x}\,dx$

問題 2.14 次の不定積分を計算せよ.

(1) $\displaystyle\int \frac{1-\sqrt{x-1}}{x+1}\,dx$

(2) $\displaystyle\int \frac{x}{x+2\sqrt{x-2}}\,dx$

(3) $\displaystyle\int \frac{\left(1+\sqrt{\frac{x-1}{x+1}}\right)^2}{x}\,dx$　　(4) $\displaystyle\int \frac{dx}{(x-1)\sqrt{x^2+2x-3}}$

(5) $\displaystyle\int \frac{dx}{x+1+\sqrt{2+x-x^2}}$　　(6) $\displaystyle\int \frac{dx}{1+\sqrt{x^2-2x-2}}$

問題 2.15　次の定積分を計算せよ.

(1) $\displaystyle\int_4^{12} \frac{2x+3}{x\sqrt{2x+1}}\,dx$　　(2) $\displaystyle\int_0^1 \frac{dx}{(1+x^2)\sqrt{2-x^2}}$

(3) $\displaystyle\int_2^4 \frac{dx}{x+\sqrt{x^2-4}}$　　(4) $\displaystyle\int_0^{\sqrt{3}} \frac{dx}{2x^2+3\sqrt{x^2+1}}$

問題 2.16　次の広義積分を計算せよ.

(1) $\displaystyle\int_{-2}^2 \frac{dx}{(4+x)\sqrt{4-x^2}}$　　(2) $\displaystyle\int_1^\infty \frac{x}{x^3+1}\,dx$

(3) $\displaystyle\int_0^\infty \frac{dx}{(x+1)(x+\sqrt{x^2+1})}$　　(4) $\displaystyle\int_0^\infty \frac{dx}{x^4+1}$

問題 2.17　次の問いに答えよ.

(1) 関数 $f(x)$ に対して次を示せ.

$$\int_0^\pi xf(\sin x)\,dx = \pi\int_0^{\frac{\pi}{2}} f(\sin x)\,dx$$

(2) 次の定積分の値を求めよ.

$$\int_0^\pi \frac{x\sin x}{1+\cos^2 x}\,dx$$

(3) 例 2.53 を用い，次の値を求めよ

$$\int_0^\pi x\log\sin x\,dx$$

問題 2.18　次の問いに答えよ.

(1) $p>0,\ q>0$ に対して，広義積分

$$B(p,q) = \int_0^1 x^{p-1}(1-x)^{q-1}\,dx$$

が存在することを示せ. ($B(p,q)$ を**ベータ関数**とよぶ.)

(2) $\alpha>0$ に対して $x = \dfrac{t^\alpha}{1+t^\alpha}$ とおき，次を示せ.

$$B(p,q) = \alpha\int_0^\infty \frac{t^{\alpha p-1}}{(1+t^\alpha)^{p+q}}\,dt$$

(3) $B\left(\frac{1}{2}, \frac{1}{2}\right), B\left(\frac{1}{3}, \frac{2}{3}\right), B\left(\frac{1}{4}, \frac{3}{4}\right)$ の値を求めよ.

問題 2.19 次の問いに答えよ.

(1) $s > 0$ に対して広義積分

$$\Gamma(s) = \int_0^\infty e^{-x} x^{s-1}\, dx$$

が存在することを示せ. ($\Gamma(s)$ を**ガンマ関数**とよぶ.)

(2) 次を示せ.

$$\Gamma(s+1) = s\Gamma(s)$$

(3) 自然数 n に対して $\Gamma(n)$ の値を求めよ.

(4) 第 4 章で示す公式 4.5 を認めたうえで, 0 以上の整数 n に対して $\Gamma\left(n + \frac{1}{2}\right)$ の値を求めよ.

問題 2.20 数列 A_n, B_n を

$$A_n = \int_0^{\frac{\pi}{2}} \cos^{2n} x\, dx, \qquad B_n = \int_0^{\frac{\pi}{2}} x^2 \cos^{2n} x\, dx$$

で定める. 次の問いに答えよ.

(1) 次を示せ： $A_n = \dfrac{2n-1}{2n} A_{n-1}$.

(2) 次を示せ： $A_n = n(2n-1)B_{n-1} - 2n^2 B_n$.

(3) 次を示せ： $\dfrac{B_n}{A_n} - \dfrac{B_{n-1}}{A_{n-1}} = -\dfrac{1}{2n^2}$.

(4) $0 \leq x \leq \dfrac{\pi}{2}$ のとき, 次を示せ： $x \leq \dfrac{\pi}{2} \sin x$.

(5) 次を示せ： $B_n \leq \dfrac{\pi^2}{8(n+1)} A_n$.

(6) 次を示せ： $1 + \dfrac{1}{2^2} + \cdots + \dfrac{1}{n^2} + \cdots = \dfrac{\pi^2}{6}$.

3 偏微分法

3.1 2変数関数のグラフ

前章までは，変数が実数 x の関数 $y = f(x)$ を対象としてきた．x を動かせば平面上の点 $(x, f(x))$ は曲線を描き，その曲線を関数 $f(x)$ のグラフとよんだ．本章以降では，主に変数が x, y の 2 つの実数になっている関数 $f(x, y)$ を対象にする．f によって x, y が対応する実数を z で表せば $z = f(x, y)$ で関数を表し，x, y は平面上の点の座標 (x, y) と同じにみなされ x, y を動かすと点 $(x, y, f(x, y))$ は図 1 のように曲面を描く．この曲面が関数 $f(x, y)$ のグラフである．また $z = f(x, y)$ は曲面上の点の座標 (x, y, z) が満たす等式なので曲面の方程式であり，グラフを曲面 $z = f(x, y)$ ということもできる．

$f(x, y)$ は変数が 2 つあるので **2 変数関数**とよび，それに対して $f(x)$ を **1 変数関数**とよぶこともある．さらに変数の個数を増やせば 3 変数関数 $f(x, y, z)$ もあり，一般に 2 変数以上の関数を**多変数関数**とよぶ．(ただし，グラフに関しては 4 次元以上の空間の曲面の図示は不可能なので 2 変数関数のグラフの図から推測するしかない.)

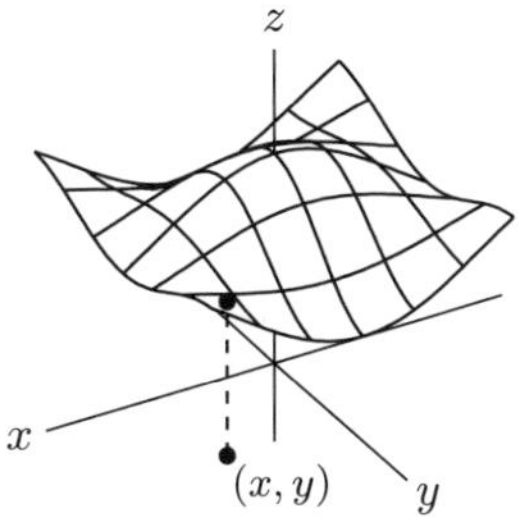

図 1

2 変数関数の連続性については

$$\sqrt{(x-a)^2 + (y-b)^2} \to 0 \quad のとき \quad f(x, y) \to f(a, b) \tag{3.1}$$

であれば $f(x, y)$ は点 (a, b) で**連続**であるといい，すべての点 (x, y) で $f(x, y)$ が連続であれば $f(x, y)$ は**連続関数**という．$\sqrt{(x-a)^2 + (y-b)^2}$ は平面上の 2 点 (x, y) と (a, b) 間の距離で，(x, y) の (a, b) への近づき方は多様で連続性の

判定[1]は1変数関数より難しいが，本書で登場する2変数関数はすべて連続関数であり，連続性の判定は省く．

3.2 接平面と偏微分係数

曲面 $z = f(x, y)$ 上の点を1つ選び，それをPと書き x, y 座標をそれぞれ a, b と書けばPの座標は $(a, b, f(a, b))$ になる．曲面がなめらかであれば，点Pに対して，図2-1のようにPを接点とする接平面がある[2]．点Pを通る平面の方程式は，A, B を定数として

$$z = A\,(x - a) + B\,(y - b) + f(a, b) \quad (3.2)$$

で表される．

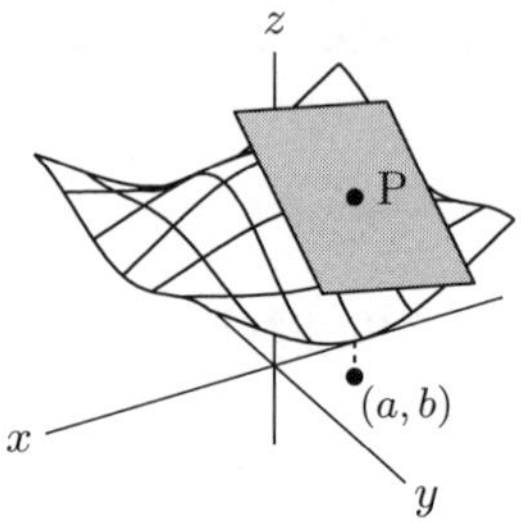

図 2-1

実際，点Pを通る平面の方程式は平面と直交するベクトルの成分を (l, m, n) とすれば

$$l(x - a) + m(y - b) + n(z - f(a, b)) = 0$$

になるが，この平面は z 軸と平行ではない，つまり $n \neq 0$ なので

$$z = -\frac{l}{n}(x - a) - \frac{m}{n}(y - b) + f(a, b).$$

ここで，$A = -\dfrac{l}{n}$, $B = -\dfrac{m}{n}$ にすれば(3.2)を得る．

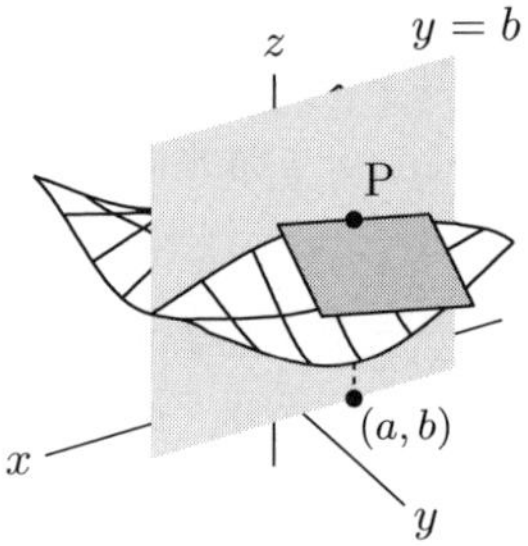

図 2-2

まず定数 A の値を求めるために，図2-2のように点Pを通り，xz 平面に平行な平面 $y = b$ と曲面および接平面を交差させる．図2-3の交線は，$z = f(x, y)$ に $y = b$ を代入した1変数関数 $z = f(x, b)$ のグラフと(3.2)に $y = b$ を

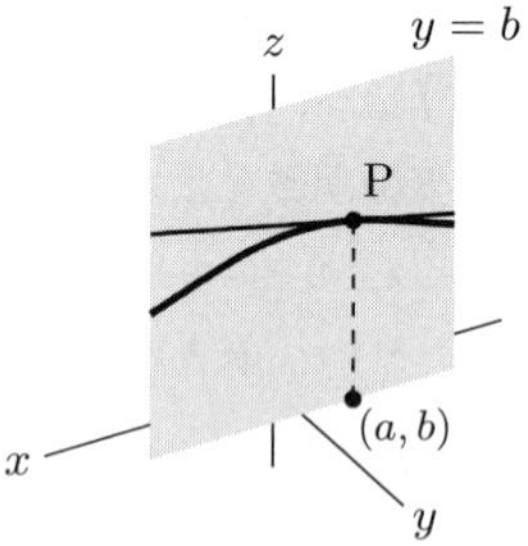

図 2-3

---

1) 2変数以上の連続の定義に関しては，ε–δ 論法が必要不可欠である(A.10節参照)．

2) 1変数では微分可能であれば接線が存在するが，2変数では接平面が存在する条件を**全微分可能**といい，A.9節で説明する．

代入した 1 次関数

$$z = A\,(x-a) + f(a,b)$$

のグラフである直線と点 P で接する．接点の x 座標は a であるから図 2-3 を正面から見た図 2-4 からわかるように，A は接線の傾きなので $f(x,b)$ の $x=a$ における微分係数に等しい．つまり

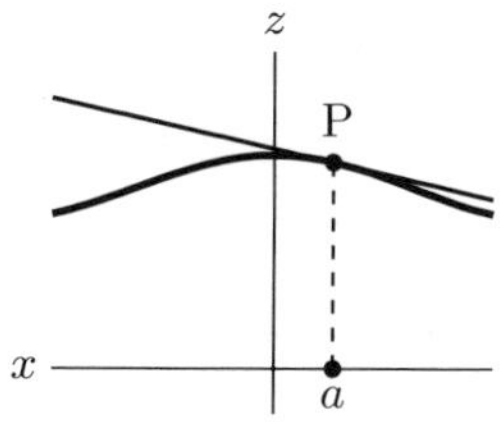

図 2-4

$$A = \lim_{h \to 0} \frac{f(a+h,b) - f(a,b)}{h} \qquad (3.3)$$

になる．(3.3) の右辺が収束するとき x に関して**偏微分可能**という．

次に，点 P を通り，yz 平面に平行な平面 $x=a$ と曲面および接平面を交差させると，$z=f(x,y)$ に $x=a$ を代入した 1 変数関数 $z=f(a,y)$ のグラフと (3.2) に $x=a$ を代入した 1 次関数

$$z = B\,(y-b) + f(a,b)$$

のグラフである直線が点 P で接する．接点の y 座標は b であるから，B は $f(a,y)$ の $y=b$ における微分係数に等しい．つまり

$$B = \lim_{h \to 0} \frac{f(a,b+h) - f(a,b)}{h} \qquad (3.4)$$

になる．(3.4) の右辺が収束するとき y に関して**偏微分可能**という．

また，x と y の両方で偏微分可能のとき単に**偏微分可能**[3)]，A を点 (a,b) における関数 $f(x,y)$ の x に関する**偏微分係数**，B を点 (a,b) における関数 $f(x,y)$ の y に関する**偏微分係数**といい，

$$A = f_x(a,b) = \frac{\partial f}{\partial x}(a,b),$$
$$B = f_y(a,b) = \frac{\partial f}{\partial y}(a,b)$$

で表す[4)]．この記号を使えば，接平面の方程式の公式を得る．

---

3)　1 変数では微分可能ならば連続であるが，2 変数では偏微分可能ならば連続とは限らない．

4)　置換積分で $\frac{dy}{dx}$ を分数のように扱ったが，d を ∂ (“ラウンド d” と読む) にすると分数のような扱いはしない．f の変数を明記しないで $\frac{\partial f}{\partial x}$ と表せば，f は 1 変数でなく x 以外の変数があることになる．

公式 3.1

曲面 $z = f(x, y)$ に対する接点の x, y 座標が (a, b) の**接平面の方程式**は

$$z = f_x(a, b)(x - a) + f_y(a, b)(y - b) + f(a, b).$$

微分係数 $f'(a)$ の a を変数 x に置き換えて関数とみなした $f'(x)$ を関数 $f(x)$ の導関数とよんだが，偏微分係数 $f_x(a, b)$, $f_y(a, b)$ の a, b を変数 x, y に置き換えれば $f_x(x, y)$, $f_y(x, y)$ を 2 変数関数とみなせる．$f_x(x, y)$ を関数 $f(x, y)$ の x に関する**偏導関数**, $f_y(x, y)$ を関数 $f(x, y)$ の y に関する**偏導関数**といい，x (y) に関する偏導関数を求めることを x (y) で**偏微分する**という．関数を $z = f(x, y)$ で表すときは，x (y) に関する偏導関数を z_x (z_y) または $\dfrac{\partial z}{\partial x}$ $\left(\dfrac{\partial z}{\partial y}\right)$ で表記することもある．偏微分は指定した変数以外を定数とみなして微分すればよいので，第 1 章で学んだ微分の公式を利用すれば偏微分の計算もできる．

例 3.1 $f(x, y) = x^3y^4 + xy^5$ の偏導関数を求めると，

$$f_x(x, y) = 3x^2y^4 + y^5, \quad f_y(x, y) = 4x^3y^3 + 5xy^4.$$ ■

例 3.2 $f(x, y) = e^{x+2y}\sin(xy)$ の偏導関数を求めると，

$$\begin{aligned} f_x(x, y) &= e^{x+2y}\sin(xy) + e^{x+2y}y\cos(xy) \\ &= e^{x+2y}\left(\sin(xy) + y\cos(xy)\right), \\ f_y(x, y) &= 2e^{x+2y}\sin(xy) + e^{x+2y}x\cos(xy) \\ &= e^{x+2y}\left(2\sin(xy) + x\cos(xy)\right). \end{aligned}$$ ■

例 3.3 $f(x, y) = x^y$ の偏導関数を求めると，

$$f_x(x, y) = yx^{y-1}, \quad f_y(x, y) = x^y \log x.$$ ■

●問 3.1 次の関数の偏導関数を求めよ．

(1) $f(x, y) = x^2\sin(x + 2y)$　　(2) $f(x, y) = e^{3x-y}\cos(y^3)$

(3) $f(x, y) = \dfrac{x + y^2}{x^3 - 3y}$　　(4) $f(x, y) = (x^2 - y^2)\log(x^3 + x^2y - 2y^3)$

偏導関数を計算してから公式 3.1 を用いて接平面の方程式を求める．

例 3.4 曲面 $z = x^2 \log(x+2y)$ の点 $(3, -1)$ を接点とする接平面の方程式を求める．z を偏微分すれば

$$z_x = \frac{x^2}{x+2y} + 2x \log(x+2y), \quad z_y = \frac{2x^2}{x+2y}.$$

接点の x, y 座標が $x=3$, $y=-1$ であれば，z, z_x, z_y の値は

$$\begin{aligned} &z = 9 \log(3-2) = 0, \\ &z_x = \frac{9}{3-2} + 6 \log 1 = 9, \quad z_y = \frac{18}{3-2} = 18 \end{aligned}$$

になるので，接平面の方程式は

$$z = 9(x-3) + 18(y+1) = 9x + 18y - 9. \qquad ■$$

例 3.5 曲面 $z = (x+2y)\sin(x-y)$ の点 $\left(\frac{\pi}{3}, \frac{\pi}{6}\right)$ を接点とする接平面の方程式を求める．z を偏微分すれば

$$\begin{aligned} z_x &= \sin(x-y) + (x+2y)\cos(x-y), \\ z_y &= 2\sin(x-y) - (x+2y)\cos(x-y). \end{aligned}$$

接点の x, y 座標が $x = \dfrac{\pi}{3}$, $y = \dfrac{\pi}{6}$ であれば，z, z_x, z_y の値は

$$\begin{aligned} z &= \left(\frac{\pi}{3} + \frac{\pi}{3}\right) \sin\frac{\pi}{6} = \frac{\pi}{3}, \\ z_x &= \sin\frac{\pi}{6} + \frac{2}{3}\pi \cos\frac{\pi}{6} = \frac{1}{2} + \frac{\sqrt{3}}{3}\pi, \\ z_y &= 2\sin\frac{\pi}{6} - \frac{2}{3}\pi \cos\frac{\pi}{6} = 1 - \frac{\sqrt{3}}{3}\pi \end{aligned}$$

になるので，接平面の方程式は

$$\begin{aligned} z &= \left(\frac{1}{2} + \frac{\sqrt{3}}{3}\pi\right)\left(x - \frac{\pi}{3}\right) + \left(1 - \frac{\sqrt{3}}{3}\pi\right)\left(y - \frac{\pi}{6}\right) + \frac{\pi}{3} \\ &= \left(\frac{1}{2} + \frac{\sqrt{3}}{3}\pi\right)x + \left(1 - \frac{\sqrt{3}}{3}\pi\right)y - \frac{\sqrt{3}}{18}\pi^2. \qquad ■ \end{aligned}$$

●問 3.2 次の曲面に対し，曲面上の指定した x, y 座標の点を接点とする接平面の方程式を求めよ．

(1) $z = (x+y^2)e^{2x-y}$ $\quad (x=1,\ y=1)$

(2) $z = \sin(2x+y)\cos 2y$ $\quad \left(x = \dfrac{\pi}{4},\ y = \dfrac{\pi}{6}\right)$

3.3　高階偏導関数

関数 $z = f(x, y)$ の偏導関数 $\dfrac{\partial f}{\partial x}$, $\dfrac{\partial f}{\partial y}$ の変数 x あるいは y に関する偏導関数

$$\frac{\partial}{\partial x}\left(\frac{\partial f}{\partial x}\right), \quad \frac{\partial}{\partial x}\left(\frac{\partial f}{\partial y}\right), \quad \frac{\partial}{\partial y}\left(\frac{\partial f}{\partial x}\right), \quad \frac{\partial}{\partial y}\left(\frac{\partial f}{\partial y}\right)$$

も考えられ，以下のように書く．

$$\frac{\partial}{\partial x}\left(\frac{\partial f}{\partial x}\right) = \frac{\partial^2 f}{\partial x^2} = f_{xx} \quad \left(= \frac{\partial^2 z}{\partial x^2} = z_{xx}\right),$$

$$\frac{\partial}{\partial x}\left(\frac{\partial f}{\partial y}\right) = \frac{\partial^2 f}{\partial x \partial y} = f_{yx} \quad \left(= \frac{\partial^2 z}{\partial x \partial y} = z_{yx}\right),$$

$$\frac{\partial}{\partial y}\left(\frac{\partial f}{\partial x}\right) = \frac{\partial^2 f}{\partial y \partial x} = f_{xy} \quad \left(= \frac{\partial^2 z}{\partial y \partial x} = z_{xy}\right),$$

$$\frac{\partial}{\partial y}\left(\frac{\partial f}{\partial y}\right) = \frac{\partial^2 f}{\partial y^2} = f_{yy} \quad \left(= \frac{\partial^2 z}{\partial y^2} = z_{yy}\right).$$

これらを $f(x, y)$ の **2 階偏導関数**とよぶ[5)]．x と y で 1 回ずつ偏微分する場合，変数の順序を変えると 2 つの 2 階偏導関数 $f_{xy}(x, y)$ と $f_{yx}(x, y)$ を得るが，これらが連続であれば等しいことが知られている．本書ではそのような関数のみを扱うので，偏微分する変数の順序は気にしなくてよい．

例 3.6　$f(x, y) = e^{3x-2y}$ の 2 階偏導関数を求める．

1 階偏導関数は

$$f_x(x, y) = 3e^{3x-2y}, \quad f_y(x, y) = -2e^{3x-2y},$$

よって 2 階偏導関数は

$$f_{xx}(x, y) = 9e^{3x-2y}, \ f_{xy}(x, y) = -6e^{3x-2y}, \ f_{yy}(x, y) = 4e^{3x-2y}. \quad ■$$

例 3.7　$f(x, y) = (x + 2y)\sin(x - y)$ の 2 階偏導関数を求める．

1 階偏導関数は

$$f_x(x, y) = \sin(x - y) + (x + 2y)\cos(x - y),$$

$$f_y(x, y) = 2\sin(x - y) - (x + 2y)\cos(x - y),$$

---

5)　$f_x(x, y)$, $f_y(x, y)$ を **1 階偏導関数**とよぶことがある．

よって 2 階偏導関数は

$$\begin{aligned} f_{xx}(x,y) &= \cos(x-y)+\cos(x-y)-(x+2y)\sin(x-y) \\ &= 2\cos(x-y)-(x+2y)\sin(x-y), \\ f_{xy}(x,y) &= -\cos(x-y)+2\cos(x-y)+(x+2y)\sin(x-y) \\ &= \cos(x-y)+(x+2y)\sin(x-y), \\ f_{yy}(x,y) &= -2\cos(x-y)-2\cos(x-y)-(x+2y)\sin(x-y) \\ &= -4\cos(x-y)-(x+2y)\sin(x-y). \end{aligned}$$

■

例 3.8 $f(x,y)=x\log\left(x+y^2\right)$ の 2 階偏導関数を求める.

1 階偏導関数は

$$f_x(x,y)=\log(x+y^2)+\frac{x}{x+y^2}, \quad f_y(x,y)=\frac{2xy}{x+y^2},$$

よって 2 階偏導関数は

$$\begin{aligned} f_{xx}(x,y) &= \frac{1}{x+y^2}+\frac{x+y^2-x}{(x+y^2)^2}=\frac{x+2y^2}{(x+y^2)^2}, \\ f_{xy}(x,y) &= \frac{2y}{x+y^2}-\frac{2xy}{(x+y^2)^2}=\frac{2y^3}{(x+y^2)^2}, \\ f_{yy}(x,y) &= \frac{2x(x+y^2)-2xy\cdot 2y}{(x+y^2)^2}=\frac{2x^2-2xy^2}{(x+y^2)^2}. \end{aligned}$$

■

●**問 3.3** 次の関数の 2 階偏導関数を求めよ.

(1) $f(x,y)=\sin(x^3+y^2)$　　(2) $f(x,y)=\dfrac{y^2}{x^3-y}$

なお，2 階偏導関数の偏導関数は **3 階偏導関数**であるが，2 階と同様に 3 階偏導関数が連続であれば偏微分する変数の順序を変えても 3 階偏導関数は変わらないことが知られているので，3 階偏導関数は

$$f_{xxx}, \quad f_{xxy}, \quad f_{xyy}, \quad f_{yyy}$$

の 4 種類であるといってよい．一般に，n 階偏導関数は偏微分する変数の順序を無視すれば $(n+1)$ 種類ある．2 階以上の偏導関数を**高階偏導関数**という．

3.4 2 変数の合成関数の微分

第 1 章で，関数の変数に関数を代入する合成関数が登場したが，代入される関数 f を 2 変数 x, y にして，変数 x, y にそれぞれ関数 φ，ψ を代入することも考えられる．代入する関数の変数をともに 1 変数 t にすれば合成関数は $f\left(\varphi(t), \psi(t)\right)$ になるが，導関数に関して次の定理がある．

定理 3.1 関数 $f(x, y)$ が x と y に関して偏微分可能で偏導関数 $f_x(x, y)$ と $f_y(x, y)$ が連続であり，関数 $\varphi(t)$ と $\psi(t)$ が微分可能であれば

$$\left(f(\varphi(t), \psi(t))\right)' = f_x(\varphi(t), \psi(t))\, \varphi'(t) + f_y(\varphi(t), \psi(t))\, \psi'(t). \quad (3.5)$$

証明は 1 変数と比べて難しいので，A.9 節にまわす．

例 3.9 $f(x, y) = \sin(xy^2)$，$\varphi(t) = e^{2t}$，$\psi(t) = t^3$ に対して，$f(\varphi(t), \psi(t))$ の導関数を求める．

$f(x, y)$ の偏導関数は

$$f_x(x, y) = y^2 \cos(xy^2), \quad f_y(x, y) = 2xy \cos(xy^2).$$

$\varphi(t)$，$\psi(t)$ の導関数は

$$\varphi'(t) = 2e^{2t}, \quad \psi'(t) = 3t^2.$$

定理 3.1 より，$f(\varphi(t), \psi(t))$ の導関数は[6)]

$$\begin{aligned}\left(f(\varphi(t), \psi(t))\right)' &= \left(t^3\right)^2 \cos\left(e^{2t} \left(t^3\right)^2\right) \times 2e^{2t} + 2e^{2t} t^3 \cos\left(e^{2t} \left(t^3\right)^2\right) \times 3t^2 \\ &= \left(2t^6 + 6t^5\right) e^{2t} \cos\left(t^6 e^{2t}\right).\end{aligned}$$

■

●問 3.4 次の関数 $f(x, y)$，$\varphi(t)$，$\psi(t)$ に対して，定理 3.1 を用いて $f(\varphi(t), \psi(t))$ の導関数を求めよ．

(1) $f(x, y) = e^{x^2 - 2y}$，$\varphi(t) = \sin 3t$，$\psi(t) = \cos(t^2)$

(2) $f(x, y) = xe^{3x + y^2}$，$\varphi(t) = \log t$，$\psi(t) = t^2$

---

6) 導関数を求めるのであれば，定理 3.1 を用いなくても，合成後の変数 t の関数 $f(\varphi(t), \psi(t))$ をそのまま微分してもよい．定理 3.1 は例や問にあるような微分の計算に利用するより，偏微分可能で偏導関数が連続であればあらゆる 2 変数関数に対して成り立つことに意義があり，次節以降で重要な公式や定理が導かれる．

3.5　2 変数のテイラーの定理とマクローリン展開

定理 3.1 の $\varphi(t)$, $\psi(t)$ を 1 次関数

$$\varphi(t) = a + ht, \quad \psi(t) = b + kt$$

にした合成関数を

$$g(t) = f(a + ht, b + kt) \tag{3.6}$$

で表す．$\varphi'(t) = h$, $\psi'(t) = k$ になるので，定理 3.1 より

$$g'(t) = h\frac{\partial f}{\partial x}(a + ht, b + kt) + k\frac{\partial f}{\partial y}(a + ht, b + kt) \tag{3.7}$$

(∂ を用いて偏微分を表している) になるが，$\dfrac{\partial f}{\partial x}$ を形式的に $\dfrac{\partial}{\partial x}$ と f の積 $\left(\dfrac{\partial f}{\partial y}\text{も同様}\right)$ とみなすと f は共通因数になり，(3.7) は

$$g'(t) = \left(h\frac{\partial}{\partial x} + k\frac{\partial}{\partial y}\right) f(a + ht, b + kt)$$

で表せる．さらに t で微分すると，f_x と f_y に定理 3.1 を適用して，$f_{xy} = f_{yx}$ に注意すれば

$$\begin{aligned}
g''(t) &= \big(f_{xx}(a + ht, b + kt)h + f_{yx}(a + ht, b + kt)k\big)h \\
&\qquad + \big(f_{xy}(a + ht, b + kt)h + f_{yy}(a + ht, b + kt)k\big)k \\
&= f_{xx}(a + ht, b + kt)h^2 + 2f_{xy}(a + ht, b + kt)hk + f_{yy}(a + ht, b + kt)k^2 \\
&= h^2\frac{\partial^2 f}{\partial x^2}(a + ht, b + kt) + 2hk\frac{\partial^2 f}{\partial x \partial y}(a + ht, b + kt) \\
&\qquad + k^2\frac{\partial^2 f}{\partial y^2}(a + ht, b + kt)
\end{aligned} \tag{3.8}$$

になる．$\dfrac{\partial}{\partial x}$ $\left(\dfrac{\partial}{\partial y}\right)$ を f に乗じることは f を x (y) で偏微分することなので $\dfrac{\partial^2 f}{\partial x^2}$ $\left(\dfrac{\partial^2 f}{\partial y^2}\right)$ は $\dfrac{\partial}{\partial x}$ $\left(\dfrac{\partial}{\partial y}\right)$ を f に 2 回乗じ，$\dfrac{\partial^2 f}{\partial x \partial y}$ は $\dfrac{\partial}{\partial x}$ と $\dfrac{\partial}{\partial y}$ を f に 1 回ずつ乗じることになる．$\dfrac{\partial}{\partial x}$ や $\dfrac{\partial}{\partial y}$ を変数のように扱いながら展開すれば

$$\left(h\frac{\partial}{\partial x} + k\frac{\partial}{\partial y}\right)^2 = h^2\frac{\partial^2}{\partial x^2} + 2hk\frac{\partial^2}{\partial x \partial y} + k^2\frac{\partial^2}{\partial y^2}$$

になり，(3.8) は

$$g''(t) = \left(h\frac{\partial}{\partial x} + k\frac{\partial}{\partial y}\right)^2 f(a+ht, b+kt)$$

で表せる．3 階以上の導関数についても，$r \geq 3$ のとき

$$g^{(r)}(t) = \left(h\frac{\partial}{\partial x} + k\frac{\partial}{\partial y}\right)^r f(a+ht, b+kt) \tag{3.9}$$

で表せ，$\left(h\frac{\partial}{\partial x} + k\frac{\partial}{\partial y}\right)^r$ を展開[7]すれば f の高階偏導関数の式に直せる．

1 変数のマクローリンの定理を $g(t)$ に適用することにより，以下の**テイラーの定理** (2 変数) が証明できる[8]．

定理 3.2 (テイラーの定理)　関数 $f(x,y)$ と定数 a, b, h, k に対して

$$f(a+h, b+k) = \sum_{i=0}^{n} \frac{1}{i!}\left(h\frac{\partial}{\partial x} + k\frac{\partial}{\partial y}\right)^i f(a,b)$$
$$+ \frac{1}{(n+1)!}\left(h\frac{\partial}{\partial x} + k\frac{\partial}{\partial y}\right)^{n+1} f(a+\theta h, b+\theta k) \tag{3.10}$$

が成り立つような θ $(0 < \theta < 1)$ が存在する．

証明　$g(t)$ にマクローリンの定理を適用して $t = 1$ を代入すれば

$$g(1) = \sum_{i=0}^{n} \frac{g^{(i)}(0)}{i!} + \frac{g^{(n+1)}(\theta)}{(n+1)!}.$$

(3.6) と (3.9) より $f(x,y)$ の式に直せば (3.10) を得る． ■

(3.10) の n を発散させると級数になっていき，特に $a = b = 0$ として，h と k をそれぞれ x と y に書き換えると 2 変数関数 $f(x,y)$ の**マクローリン展開**になる．$\left(x\frac{\partial}{\partial x} + y\frac{\partial}{\partial y}\right)^i$ を展開すれば $\left(x\frac{\partial}{\partial x} + y\frac{\partial}{\partial y}\right)^i f(0,0)$ は各項の次数が i 次のみの x と y の多項式である．(3.7) と (3.8) より，2 次の項までの係数を f の 2 階までの偏導関数で表すと

---

7)　$h\frac{\partial}{\partial x}$ と $k\frac{\partial}{\partial y}$ の和の r 乗として二項定理 (「基礎数学」p.51 参照) で展開できる．

8)　1 変数の定理 1.10 と同様に n は 0 以上の整数であれば何でもよいが，本書では $n = 0, 1$ しか利用しない．

公式 3.2

$$f(x, y) = f(0, 0) + f_x(0, 0)x + f_y(0, 0)y$$
$$+ \frac{1}{2}f_{xx}(0, 0)x^2 + f_{xy}(0, 0)xy + \frac{1}{2}f_{yy}(0, 0)y^2 + (x,\ y \text{ の 3 次以上の項})$$

になる.

2 次までのマクローリン展開の例や問を以下にあげるが，公式 3.2 を利用する.

例 3.10　$f(x, y) = \log(1 + x + y^2)$ に対して

$$f_x(x, y) = \frac{1}{1 + x + y^2},$$

$$f_y(x, y) = \frac{2y}{1 + x + y^2},$$

$$f_{xx}(x, y) = -\frac{1}{(1 + x + y^2)^2},$$

$$f_{xy}(x, y) = -\frac{2y}{(1 + x + y^2)^2},$$

$$f_{yy}(x, y) = \frac{2 + 2x - 2y^2}{(1 + x + y^2)^2}.$$

$x = y = 0$ を代入すれば

$$f(0, 0) = 0, \quad f_x(0, 0) = 1, \quad f_y(0, 0) = 0,$$

$$f_{xx}(0, 0) = -1, \quad f_{xy}(0, 0) = 0, \quad f_{yy}(0, 0) = 2.$$

よって，2 次までのマクローリン展開は

$$\log(1 + x + y^2) = x - \frac{1}{2}x^2 + y^2 + (x,\ y \text{ の 3 次以上の項}).$$ ■

●問 3.5　$f(x, y) = (x + 2y)e^{x-y}$ のマクローリン展開を

$$f(x, y) = A + Bx + Cy + Dx^2 + Exy + Fy^2 + (x,\ y \text{ の 3 次以上の項})$$

で表すとき，定数 A, B, C, D, E, F の値を求めよ.

3.6 極大・極小と鞍点

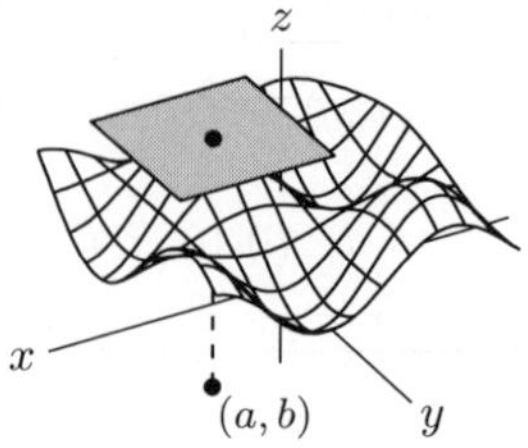

図3 極 大

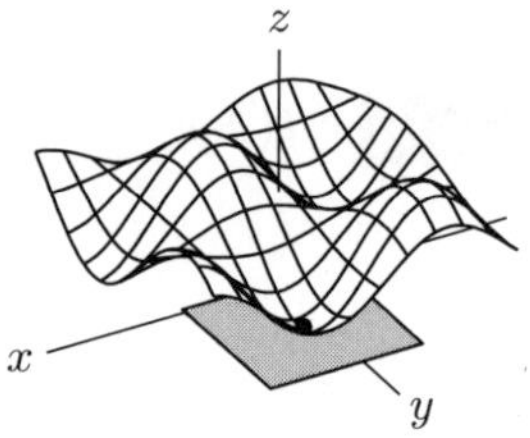

図4 極 小

関数 $f(x, y)$ が点 (a, b) において**極大** (**極小**) とは，$(x, y) \neq (a, b)$ で (x, y) が (a, b) に十分近いときに限って

$$f(x, y) < f(a, b) \quad (f(x, y) > f(a, b))$$

が成り立つことである[9]．このとき $f(a, b)$ を**極大値** (**極小値**) といい，極大あるいは極小となることを**極値**をとるという．

極大または極小となる点 (a, b) を xy 座標とする $f(x, y)$ のグラフ上の点を接点とする接平面は，図3, 4を見てわかるように xy 平面に平行となる．よって，公式3.1における接平面の方程式は $z=$ 定数 なので

$$f_x(a, b) = f_y(a, b) = 0 \tag{3.11}$$

になる．(3.11) を満たす点 (a, b) を関数 $f(x, y)$ の**停留点**という．

点 (a, b) を停留点とすれば，$n=1$ とした定理3.2の (3.10) は，(3.11) より h と k の1次の項がなく

$$f(a+h, b+k) = f(a, b) + \frac{1}{2}\Big(f_{xx}(a+\theta h, b+\theta k)h^2 + 2f_{xy}(a+\theta h, b+\theta k)hk + f_{yy}(a+\theta h, b+\theta k)k^2 \Big) \tag{3.12}$$

になるので，$x = a+h$, $y = b+k$ とすれば，(x, y) が (a, b) でないが十分近いとき右辺の網掛け部分が0より小さ (大き) ければ (a, b) で極大 (極小) である．

ここで $f(x, y)$ の2階導関数と停留点 (a, b) に対して

$$A = f_{xx}(a, b), \quad B = f_{xy}(a, b), \quad C = f_{yy}(a, b) \tag{3.13}$$

と書く．まず，やさしい場合として $f(x, y)$ を2次関数とする．このとき f の2階偏導関数は定数なので，(x, y) が (a, b) でも (3.12) の網掛け部分にある $(a+\theta h, b+\theta k)$ でも f_{xx}, f_{xy}, f_{yy} の値は同じで，(3.12) は

9) 1変数と同様に**狭義の**極大 (極小) ということがあり，$f(x, y) \leq f(a, b)$ $(f(x, y) \geq f(a, b))$ であれば**広義の**極大 (極小) という．

$$f(x,y) = f(a,b) + \frac{1}{2}\Big(A(x-a)^2 + 2B(x-a)(y-b) + C(y-b)^2\Big)$$

になる．$f(x,y)$ のグラフを点 $(a,b,f(a,b))$ が原点にうつるように平行移動すれば，曲面

$$z = \frac{1}{2}(Ax^2 + 2Bxy + Cy^2)$$

になるので，$f(x,y)$ の点 (a,b) における極大・極小に関しては，関数

$$\widetilde{f}(x,y) = Ax^2 + 2Bxy + Cy^2$$

が停留点である原点において，極大または極小になるかを調べればよい．

定理 3.3　A, B, C を定数として，

(i)　$AC - B^2 > 0$ の場合，$A > 0$ のとき $\widetilde{f}(x,y)$ は $(0,0)$ で極小値 0，$A < 0$ のとき $\widetilde{f}(x,y)$ は $(0,0)$ で極大値 0 である．

(ii)　$AC - B^2 < 0$ の場合，$\widetilde{f}(x,y)$ は $(0,0)$ において極大にも極小にもならない．

証明　$A \neq 0$ であれば，

$$\begin{aligned}
&Ax^2 + 2Bxy + Cy^2 \\
&= A\left(x^2 + \frac{2B}{A}xy\right) + Cy^2 \\
&= A\left(x^2 + \frac{2B}{A}xy + \left(\frac{B}{A}y\right)^2\right) + Cy^2 - \frac{B^2}{A}y^2 \\
&= A\left(x + \frac{B}{A}y\right)^2 + \frac{AC - B^2}{A}y^2
\end{aligned}$$

に変形できる．

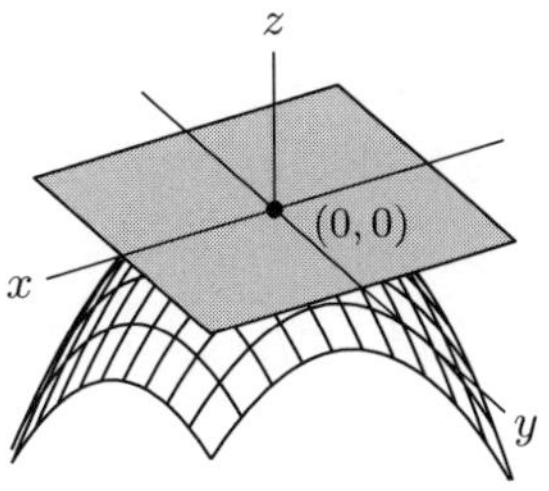

図 5　極 大

もし $AC - B^2 > 0$ かつ $A < 0$ $(A > 0)$ であれば，$(x,y) \neq (0,0)$ のとき，同時に $x + \dfrac{B}{A}y = 0$ と $y = 0$ にならず，

$$\frac{AC - B^2}{A} < 0 \ (> 0)$$

であるから

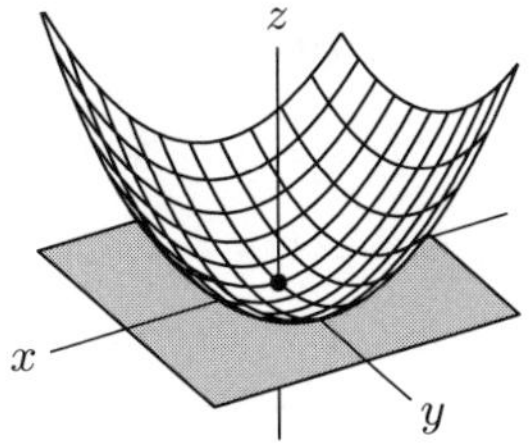

図 6　極 小

$$Ax^2 + 2Bxy + Cy^2 < 0 \ (> 0)$$

になる．

ここで $AC - B^2 > 0$ であれば $AC > B^2 \geq 0$ になるので $A \neq 0$ である．よって $x = y = 0$ において関数 $\widetilde{f}(x, y)$ は必ず極値になり，$A < 0$ であれば極大 (図 5)，$A > 0$ であれば極小 (図 6) になる．

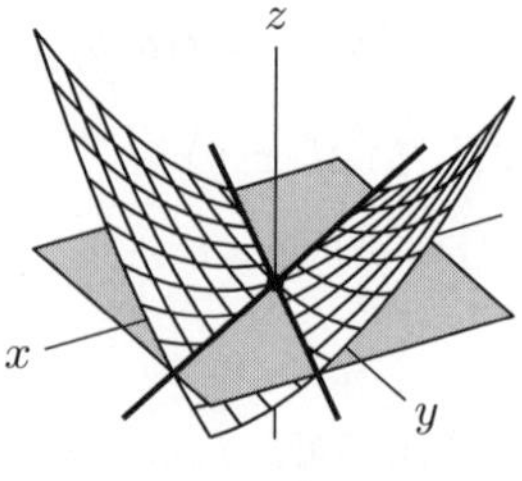

図 7 鞍 点

もし $A > 0\,(A < 0)$, $AC - B^2 < 0$ であれば，原点で接する曲面 $z = \widetilde{f}(x, y)$ の接平面は図 7 のように原点以外でも曲面と交差する．$y = 0$ に制限すれば曲面は $z = Ax^2$ になり $x = 0$ で極小 (極大)．$x = -\dfrac{B}{A}y$ に制限すれば[10] $z = \dfrac{AC - B^2}{A}y^2$ になり $y = 0$ で極大 (極小)．つまり，原点を通る直線に (x, y) を制限して，直線の選び方によって原点で極大にも極小にもなる (図 8-1, 8-2)．このとき原点で接する関数 $\widetilde{f}$ のグラフの接平面は水平であるが，$\widetilde{f}$ は $x = y = 0$ において極値をとらない．

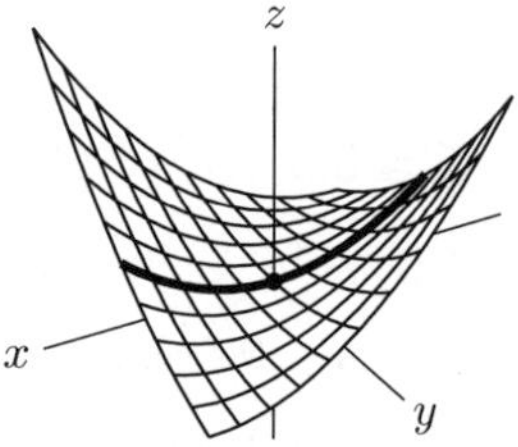

図 8-1 極小になる曲線

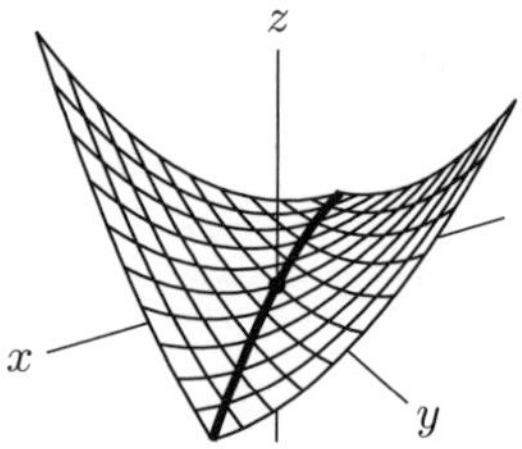

図 8-2 極大になる曲線

もし $A = 0$, $AC - B^2 < 0$ であれば $B \neq 0$ になり，

$$\begin{aligned} Ax^2 + 2Bxy + Cy^2 &= 2Bxy + Cy^2 \\ &= 2By\left(x + \frac{C}{2B}y\right). \end{aligned}$$

$B > 0$ のとき $x + \dfrac{C}{2B}y = y$ に制限すれば曲面 $z = \widetilde{f}(x, y)$ は $z = 2By^2$ になり $y = 0$ で極小．$x + \dfrac{C}{2B}y = -y$ に制限すれば $z = -2By^2$ になり $y = 0$ で極大．$B < 0$ のときは極大と極小が入れ替わる．よって，この場合も $\widetilde{f}(x, y)$ は $x = y = 0$ において極大にも極小にもならない．

以上により，定理 3.3 が証明できた． ■

10) 図 8-2 において $x = 0$ に制限しないのは，$AC < B^2$ が条件なので $B \neq 0$ のとき $C > 0$ もあり，$z = Cy^2$ は $y = 0$ で極大にならないからである．

もとの 2 次関数 $f(x,y)$ に対しては, (3.13) で定めた A, B, C に対する定理 3.3 における $(0,0)$ を停留点 (a,b), 極大値・極小値を 0 から $f(a,b)$ に置き換えればよい. 定理 3.3 より, 停留点において極大にも極小にもならない場合もあるが, 一般に停留点 (a,b) に対して, 中心が (a,b) である円の半径をいくら小さくしても $f(x,y) > f(a,b)$ を満たす点 (x,y) と $f(x,y) < f(a,b)$ を満たす点 (x,y) がそれぞれの円中に存在するとき, (a,b) (または xyz 空間の点 $(a,b,f(a,b))$) を**鞍《あん》点**とよぶ. $\widetilde{f}(x,y)$ に対して $AC - B^2 < 0$ のとき, 図 8-1 (8-2) を見ると, 原点を中心とした円に制限しても必ず $\widetilde{f}$ の値が正 (負) になる原点以外の曲線の点が存在するので原点は鞍点である.

2 変数関数 $f(x,y)$ の停留点 (a,b) に対して

$$H(a,b) = f_{xx}(a,b)f_{yy}(a,b) - f_{xy}(a,b)^2$$

と書き, **ヘッシアン** (Hessian)[11] とよぶ. このとき, 定理 3.3 は次のようにいい換えることができる. $f(x,y)$ が 2 次関数の場合しか証明していないが, あとで一般の場合も証明する (p.117 参照).

定理 3.4　点 (a,b) が $f_x(a,b) = f_y(a,b) = 0$ を満たすならば,

(I)　$H(a,b) > 0$ の場合,

　(a)　$f_{xx}(a,b) > 0$ のとき $f(a,b)$ は極小値.

　(b)　$f_{xx}(a,b) < 0$ のとき $f(a,b)$ は極大値.

(II)　$H(a,b) < 0$ の場合, $(a,b,f(a,b))$ は鞍点[12].

2 変数関数 $f(x,y)$ の極値や鞍点を求めるには, まず (3.11) を満たす a, b を求める. つまり, 連立方程式

$$f_x(x,y) = 0, \quad f_y(x,y) = 0 \tag{3.14}$$

を解き, その解を a, b とする. 次に 2 階偏導関数に a, b を代入して, 定理 3.4

11)　ヘッシアンは 2 階偏導関数を成分とするヘッセ行列の行列式で, ヘッセ行列の固有値がすべて正 (負) であれば極小 (極大) である. 2 変数であればヘッセ行列は 2 次正方行列で定理 3.4 よりヘッシアンの符号で判定できるが, 変数が増えるとすべての固有値の計算が必要で判定が難しくなる.

12)　$H(a,b) = 0$ の場合の鞍点にはグラフが図 7 のような "鞍" になっていない状態もあるので (例 3.13, 3.14 参照), 2 変数であれば $H(a,b) < 0$ のみを鞍点とする定義もある.

を適用して極大・極小あるいは鞍点かを判定する.

これから 2 変数関数の極大・極小あるいは鞍点の例を紹介していくが，関数のグラフである曲面の図も載せる．$\bullet$点は停留点で，座標を計算してヘッシアンで判定するだけでなく，実際に極大・極小あるいは鞍点になっていることを確かめてほしい.

$f(x, y)$ が 2 次関数であれば (3.14) は連立 1 次方程式で，ヘッシアンは定数である.

例 3.11 $f(x,y) = x^2 - xy + y^2 - 3y + 1$ の極値を求める.

1 階偏導関数は

$$f_x(x,y) = 2x - y,$$

$$f_y(x,y) = -x + 2y - 3.$$

$f_x(x,y) = f_y(x,y) = 0$ を満たせば, $(x,y) = (1,2)$．このとき $f(1,2) = -2$.

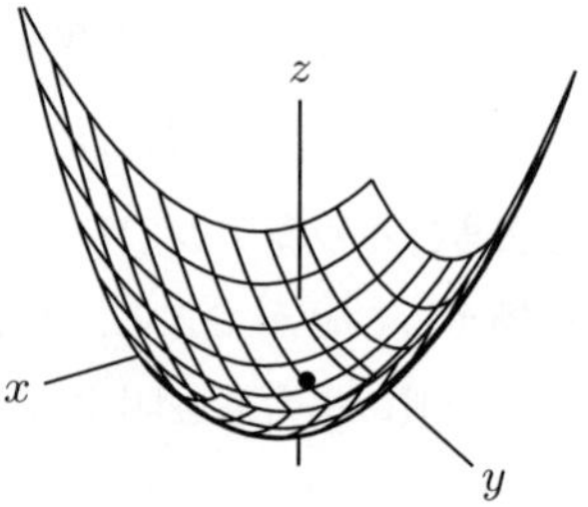

図 9

f の 2 階偏導関数は

$f_{xx}(x,y) = 2,\ f_{xy}(x,y) = -1,\ f_{yy}(x,y) = 2$

であるから，ヘッシアンは

$$H = 2 \times 2 - (-1)^2 = 3 > 0.$$

$f_{xx} > 0$ なので，$(x,y) = (1,2)$ のとき極小値 -2. ■

図 9 は曲面 $z = x^2 - xy + y^2 - 3y + 1$ であり，右辺の 2 次の項だけ残した曲面 $z = x^2 - xy + y^2$ を平行移動したものである．2 変数の 2 次関数のグラフはすべて図 5~7 のいずれかの曲面を平行移動したものである．これらの図の曲面を**放物面**とよび，xy 平面と平行で停留点を通らない平面との交線の形状により区別し，図 5 と図 6 を**楕円放物面**，図 7 を**双曲放物面**とよぶ[13].

●**問 3.6** 次の関数にもし極値と鞍点があれば求めよ.

(1) $f(x,y) = x^2 - 3xy + 5y^2 - x - 4y + 2$

(2) $f(x,y) = 2x^2 - 2xy - 3y^2 + 8x + 10y - 5$

13) 放物面のように，方程式が x, y, z の 2 次式の曲面を **2 次曲面**という．座標軸の回転により 2 次関数のグラフになる曲面も放物面であるが，そうならない 2 次曲面として楕円面や双曲面がある.

$f(x, y)$ が 2 次関数とは限らない一般の場合も定理 3.4 が成り立つ.

f が一般の場合の定理 3.4 の証明 (3.12) に対して

$$\widetilde{A} = f_{xx}(a + \theta h, b + \theta k),$$
$$\widetilde{B} = f_{xy}(a + \theta h, b + \theta k),$$
$$\widetilde{C} = f_{yy}(a + \theta h, b + \theta k)$$

とすれば,

$$f(a + h, b + k) = f(a, b) + \frac{1}{2}\left(\widetilde{A}h^2 + 2\widetilde{B}hk + \widetilde{C}k^2\right). \qquad (3.15)$$

(I) の (a) の場合, (h, k) が $(0, 0)$ に十分近ければ $(a + \theta h, b + \theta k)$ における f の 2 階偏導関数の値は (a, b) における値に十分近いので

$$\widetilde{A}\widetilde{C} - \widetilde{B}^2 > 0, \quad \widetilde{A} > 0$$

を満たし, $f(x, y)$ が 2 次関数の場合の議論にならえば[14] $f(a+h, b+k) > f(a, b)$ になるので, $f(a, b)$ は極小値である. 同様に (I) の (b) の場合は $f(a, b)$ が極大値であることも示せる.

(II) の場合, (a, b) を中心とした円を D とする. $k = 0$ に制限すると (3.15) より

$$f(a + h, b) - f(a, b) = \frac{\widetilde{A}}{2}h^2.$$

もし $f_{xx}(a, b) > 0$ であれば[15], (h, k) が $(0, 0)$ に十分近いとき $\widetilde{A} > 0$ になるので, $h \neq 0$ で h が十分 0 に近ければ $(a+h, b) \in D$ であり, $f(a+h, b) > f(a, b)$ になる. また (h, k) が

$$h = -\frac{B}{A}k$$

を満たせば, (3.15) は

$$f(a + h, b + k) = f(a, b) + \frac{1}{2}\left(\frac{\widetilde{A}B^2}{A^2}k^2 - 2\frac{B\widetilde{B}}{A}k^2 + \widetilde{C}k^2\right)$$
$$= f(a, b) + \frac{\widetilde{A}B^2 - 2AB\widetilde{B} + A^2\widetilde{C}}{2A^2}k^2$$

---

14) A, B, C をそのまま $\widetilde{A}, \widetilde{B}, \widetilde{C}$ に置き換える.

15) $f_{xx}(a, b) < 0$ の場合も同様な議論になるが, $f_{xx}(a, b) = 0$ の場合は座標軸を回転させて $f_{xx}(a, b) \neq 0$ に直せばよい.

になる．$\widetilde{A}, \widetilde{B}, \widetilde{C}$ は h, k を変数とするが $(h,k) \to (0,0)$ のときそれぞれ A, B, C に近づくので，$H(a,b) = AC - B^2 < 0$ より

$$\frac{\widetilde{A}B^2 - 2AB\widetilde{B} + A^2\widetilde{C}}{2A^2} \to \frac{AC - B^2}{2A} < 0.$$

よって，$k \neq 0$ で k が十分 0 に近ければ $\left(a - \frac{B}{A}k, b + k\right) \in D$ であり $f\left(a - \frac{B}{A}k, b + k\right) < f(a,b)$ になる．D の半径を小さくしても，それに応じて k をより 0 に近くとればよいので，$(a, b, f(a,b))$ は鞍点である． ■

f が 2 次関数でないと連立方程式 $f_x(x,y) = f_y(x,y) = 0$ は 1 次ではないので一般的な解き方はない．2 次以上の方程式になるので解が 2 つ以上で虚数解を含むこともあるが，関数の変数は実数に限定しているので虚数解は除外する．まず，$f_x = 0$ と $f_y = 0$ がそれぞれ未知数が 1 個の方程式になっている例を紹介する．

例 3.12 $f(x,y) = 2x^3 - y^3 + 6x^2 - 18x + 12y - 3$ の極値と鞍点を求める．

1 階偏導関数は

$$f_x(x,y) = 6x^2 + 12x - 18,$$
$$f_y(x,y) = -3y^3 + 12.$$

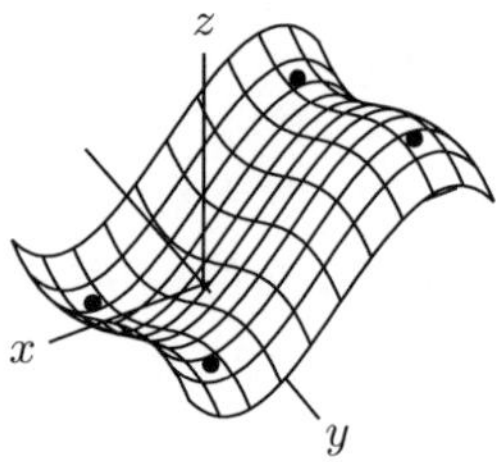

図 10

$f_x = 0$ から x の値が求まるが，f_x の因数分解より

$$x^2 + 2x - 3 = (x-1)(x+3) = 0$$

になるので $x = 1, -3$．

$f_y = 0$ から y の値が求まるが，f_y の因数分解より

$$y^2 - 4 = (y-2)(y+2) = 0$$

になるので $y = \pm 2$．

x と y の値はそれぞれ 2 個あるが，1 個ずつ選べば停留点の座標 (x,y) になるので，停留点は $(1,2)$，$(1,-2)$，$(-3,2)$，$(-3,-2)$ の 4 点である．

f の 2 階偏導関数は

$$f_{xx}(x,y) = 12x + 12, \quad f_{xy}(x,y) = 0, \quad f_{yy}(x,y) = -6y.$$

停留点におけるヘッシアンの値と f の値から極値または鞍点を求める．

$(x,y) = (1,2)$ のとき $f_{xx}(1,2) = 24$，$f_{yy}(1,2) = -12$ なので

$$H(1,2) = 24 \times (-12) = -288 < 0.$$

$f(1,2) = 3$ より $(1,2,3)$ は鞍点.

$(x,y) = (1,-2)$ のとき $f_{xx}(1,-2) = 24,\ f_{yy}(1,-2) = 12$ なので

$$H(1,-2) = 24 \times 12 = 288 > 0.$$

$f_{xx}(1,-2) > 0,\ f(1,-2) = -29$ より極小値 -29.

$(x,y) = (-3,2)$ のとき $f_{xx}(-3,2) = -24,\ f_{yy}(-3,2) = -12$ なので

$$H(-3,2) = -24 \times (-12) = 288 > 0.$$

$f_{xx}(-3,2) < 0,\ f(-3,2) = 67$ より極大値 67.

$(x,y) = (-3,-2)$ のとき $f_{xx}(-3,-2) = -24,\ f_{yy}(-3,-2) = 12$ なので

$$H(-3,-2) = -24 \times 12 = -288 < 0.$$

$f(-3,-2) = 35$ より $(-3,-2,35)$ は鞍点. ■

f_x と f_y に変数 x と y が含まれていれば, x または y を消去して未知数 1 つの方程式に帰着させる.

例 3.13 $f(x,y) = x^3 - 3xy + y^3$ の極値と鞍点を求める.

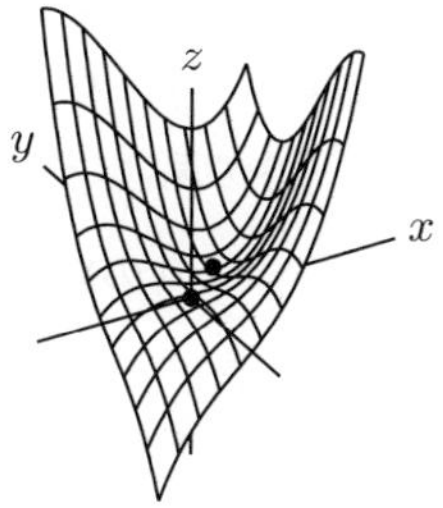

図 11

1 階偏導関数は

$$f_x(x,y) = 3x^2 - 3y,$$
$$f_y(x,y) = -3x + 3y^2.$$

$f_x(x,y) = 0$ を満たせば $y = x^2$. $f_y(x,y) = 0$ に代入すれば, 未知数 x の方程式

$$3x^4 - 3x = 3x(x-1)(x^2+x+1) = 0$$

になる. ここで x は実数なので $x^2 + x + 1 \neq 0$ になり $x = 0, 1$. $y = x^2$ に代入すれば 2 組の解 $(x,y) = (0,0), (1,1)$ を得る. よって, 停留点は $(0,0), (1,1)$ の 2 点である.

f の 2 階偏導関数は

$$f_{xx}(x,y) = 6x, \quad f_{xy}(x,y) = -3, \quad f_{yy}(x,y) = 6y.$$

停留点におけるヘッシアンの値と f の値から極値または鞍点を求める.

$(x,y)=(0,0)$ のとき $f_{xx}(0,0)=0$, $f_{yy}(0,0)=0$ なので

$$H(0,0)=0\times 0-(-3)^2=-9<0.$$

$f(0,0)=0$ より $(0,0,0)$ は鞍点.

$(x,y)=(1,1)$ のとき $f_{xx}(1,1)=6$, $f_{yy}(1,1)=6$ なので

$$H(1,1)=6\times 6-(-3)^2=27>0.$$

$f_{xx}(1,1)>0$, $f(1,1)=-1$ より極小値 -1. ■

因数分解により場合分けすると代入する式がやさしくなり，未知数 1 つの方程式へ帰着しやすくなる.

例 3.14 $f(x,y)=2x^3-3x^2y+6y^2-9y$ の極値と鞍点を求める.

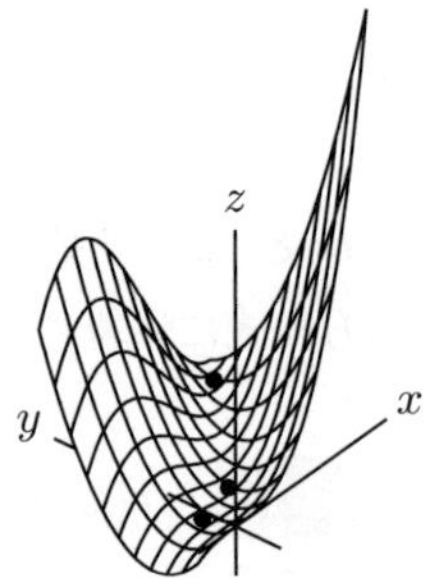

図 12

1 階偏導関数は

$$f_x(x,y)=6x^2-6xy,$$

$$f_y(x,y)=-3x^2+12y-9.$$

$f_x(x,y)$ は因数分解でき, $6x(x-y)=0$ より $x=0$ または $x-y=0$ の 2 つの場合に分ける.

$x=0$ の場合, $f_y(x,y)=12y-9=0$ より $y=\dfrac{3}{4}$.

$x-y=0$ の場合, $x=y$ を $f_y(x,y)=0$ に代入すれば

$$-3y^2+12y-9=-3(y-1)(y-3)=0$$

より $y=1,\ 3$. $x=y$ に代入すれば $(x,y)=(1,1),\ (3,3)$.

以上により，停留点は $\left(0,\dfrac{3}{4}\right)$, $(1,1)$, $(3,3)$ の 3 点である.

f の 2 階導関数は

$$f_{xx}(x,y)=12x-6y,\quad f_{xy}(x,y)=-6x,\quad f_{yy}(x,y)=12.$$

停留点におけるヘッシアンの値と f の値から極値または鞍点を求める.

$(x,y)=\left(0,\dfrac{3}{4}\right)$ のとき $f_{xx}\left(0,\dfrac{3}{4}\right)=-\dfrac{9}{2}$, $f_{xy}\left(0,\dfrac{3}{4}\right)=0$ なので

$$H\left(0,\frac{3}{4}\right)=-\frac{9}{2}\times 12-0^2=-54<0.$$

$f\left(0, \dfrac{3}{4}\right) = -\dfrac{27}{8}$ より $\left(0, \dfrac{3}{4}, -\dfrac{27}{8}\right)$ は鞍点．

$(x, y) = (1, 1)$ のとき $f_{xx}(1, 1) = 6,\ f_{xy}(1, 1) = -6$ なので

$$H(1, 1) = 6 \times 12 - (-6)^2 = 36 > 0.$$

$f_{xx}(1, 1) > 0,\ f(1, 1) = -4$ より極小値 -4．

$(x, y) = (3, 3)$ のとき $f_{xx}(3, 3) = 36,\ f_{xy}(3, 3) = -36$ なので

$$H(3, 3) = 36 \times 12 - (-36)^2 = -864 < 0.$$

$f(3, 3) = 0$ より $(3, 3, 0)$ は鞍点．■

ヘッシアンが 0 になる停留点 (a, b) には定理 3.4 は適用できないので，極値や鞍点の判定には別の方法が必要である．以下の例は鞍点であることを示すが，曲面の形状が図 7 と異なる．

例 3.15　$f(x, y) = x^3 - 3xy^2 + 3y^4$ の極値と鞍点を求める．

1 階偏導関数は

$$f_x(x, y) = 3x^2 - 3y^2, \quad f_y(x, y) = -6xy + 12y^3.$$

$f_x(x, y)$ は因数分解でき，

$$3(x^2 - y^2) = 3(x - y)(x + y) = 0$$

より，$x = y$ または $x = -y$．

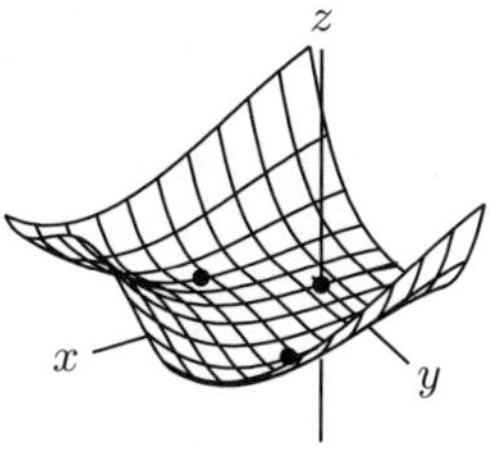

図 13

$x = \pm y$ として $f_y(x, y) = 0$ に代入すれば

$$\mp 6y^2 + 12y^3 = 6y^2(2y \mp 1) = 0$$

より $y = 0, \pm\dfrac{1}{2}$．$x = \pm y$ (複号同順) に代入すれば

$(x, y) = (0, 0), \left(\dfrac{1}{2}, \pm\dfrac{1}{2}\right)$．

以上により，停留点は $\left(\dfrac{1}{2}, \pm\dfrac{1}{2}\right)$, $(0, 0)$ の 3 点である．

f の 2 階導関数は

$$f_{xx}(x, y) = 6x, \quad f_{xy}(x, y) = -6y, \quad f_{yy}(x, y) = -6x + 36y^2.$$

停留点におけるヘッシアンの値と f の値から極値または鞍点を求める．

$(x, y) = \left(\dfrac{1}{2}, \pm\dfrac{1}{2}\right)$ のとき $f_{xx}\left(\dfrac{1}{2}, \pm\dfrac{1}{2}\right) = 3,\ f_{xy}\left(\dfrac{1}{2}, \pm\dfrac{1}{2}\right) = \mp 3,$

$f_{yy}\left(\dfrac{1}{2}, \pm\dfrac{1}{2}\right) = 6$ なので

$$H\left(\frac{1}{2}, \pm\frac{1}{2}\right) = 3 \times 6 - (\mp 3)^2 = 9 > 0 \quad (\text{複号同順}).$$

$f_{xx}\left(\dfrac{1}{2}, \pm\dfrac{1}{2}\right) > 0,\ f\left(\dfrac{1}{2}, \pm\dfrac{1}{2}\right) = -\dfrac{1}{16}$ より極小値 $-\dfrac{1}{16}$.

$(x, y) = (0, 0)$ のとき $f_{xx}(0,0) = f_{xy}(0,0) = f_{yy}(0,0) = 0$ なので

$$H(0,0) = 0 \times 0 - 0^2 = 0.$$

これでは定理 3.4 を適用できないので，$f(0,0) = 0$ と $f(x,y)$ を比べる．$y = 0$ にすれば $f(x,0) = x^3$ になるので

$$x > 0 \text{ のとき } f(x,0) > f(0,0), \quad x < 0 \text{ のとき } f(x,0) < f(0,0).$$

原点を中心とする円を D として，D の半径をいくら小さくしてもそれぞれの不等式を満たす点 $(x, 0) \in D$ がともに存在するので，$(0,0,0)$ は鞍点である． ■

例 3.16　$f(x,y) = \dfrac{1}{4}x^4 + \dfrac{1}{3}y^3 + \dfrac{1}{2}x^2y^2 - 2x^2 - y^2$ の極値と鞍点を求める．

1 階偏導関数は

$$f_x(x,y) = x^3 + xy^2 - 4x, \quad f_y(x,y) = y^2 + x^2y - 2y.$$

$f_x(x,y)$ は因数分解でき，

$$x(x^2 + y^2 - 4) = 0$$

より，$x = 0$ または $x^2 = 4 - y^2$ の 2 つの場合に分ける．

$x = 0$ の場合，$f_y(x,y) = 0$ に代入すれば

$$y^2 - 2y = y(y-2) = 0$$

より $y = 0,\ 2$.

$x^2 = 4 - y^2$ の場合，$f_y(x,y) = 0$ に代入すれば

$$\begin{aligned} y^2 + (4 - y^2)y - 2y &= -y^3 + y^2 + 2y \\ &= -y(y^2 - y - 2) = -y(y+1)(y-2) = 0 \end{aligned}$$

より $y = 0,\ 2,\ -1$．したがって，

$y = 0$ のとき $x^2 = 4$ より $x = \pm 2$.

$y = 2$ のとき $x^2 = 0$ より $x = 0$.

$y=-1$ のとき $x^2=3$ より $x=\pm\sqrt{3}$.

以上により，停留点は $(0,0)$, $(\pm 2,0)$, $\left(\pm\sqrt{3},-1\right)$, $(0,2)$ の 6 点である.

f の 2 階導関数は

$$f_{xx}(x,y)=3x^2+y^2-4,\quad f_{xy}(x,y)=2xy,\quad f_{yy}(x,y)=2y+x^2-2.$$

停留点におけるヘッシアンの値と f の値から極値または鞍点を求める.

$(x,y)=(0,0)$ のとき $f_{xx}(0,0)=-4$, $f_{xy}(0,0)=0$, $f_{yy}(0,0)=-2$ なので

$$H(0,0)=-4\times(-2)-0^2=8>0.$$

$f_{xx}(0,0)<0$, $f(0,0)=0$ より極大値 0.

$(x,y)=(\pm 2,0)$ のとき $f_{xx}(\pm 2,0)=8$, $f_{xy}(\pm 2,0)=0$, $f_{yy}(\pm 2,0)=2$ なので

$$H(\pm 2,0)=8\times 2-0^2=16>0.$$

$f_{xx}(\pm 2,0)>0$, $f(\pm 2,0)=-4$ より極小値 -4.

$(x,y)=\left(\pm\sqrt{3},-1\right)$ のとき $f_{xx}\left(\pm\sqrt{3},-1\right)=6$, $f_{xy}\left(\pm\sqrt{3},-1\right)=\mp 2\sqrt{3}$, $f_{yy}\left(\pm\sqrt{3},-1\right)=-1$ なので

$$H\left(\pm\sqrt{3},-1\right)=6\times(-1)-(\mp 2\sqrt{3}\,)^2=-18<0 \text{ (複号同順)}.$$

$f\left(\pm\sqrt{3},-1\right)=-\dfrac{43}{12}$ より $\left(\pm\sqrt{3},-1,-\dfrac{43}{12}\right)$ は鞍点.

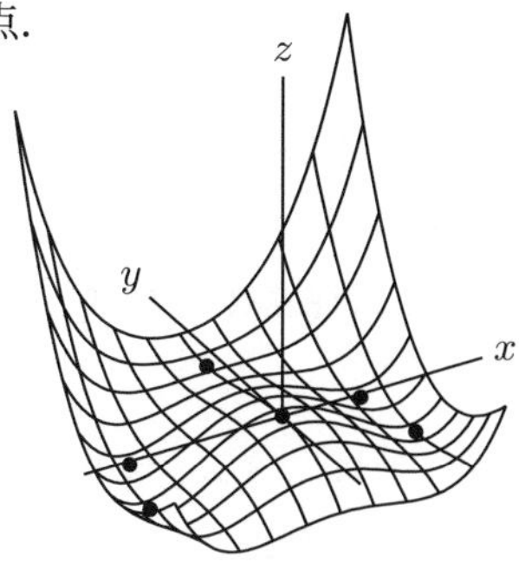

図 14

$(x,y)=(0,2)$ のとき $f_{xx}(0,2)=0$, $f_{xy}(0,2)=0$, $f_{yy}(0,2)=2$ なので

$$H(0,2)=0\times 2-0^2=0.$$

これでは定理 3.4 を適用できないので，中心が $(0,2)$ の円を D とし，$f(0,2)=-\dfrac{4}{3}$ と $f(x,y)$ を比べる．式を見やすくするために $y=u+2$ とおけば

$$f(x,u+2)=x^2\left(\frac{1}{4}x^2+\frac{1}{2}u^2+2u\right)+\frac{1}{3}u^3+u^2-\frac{4}{3}$$

$u=0$, $x\neq 0$ で x が十分 0 に近ければ $(x,2)\in D$ になり

$$f(x,2)=\frac{1}{4}x^4-\frac{4}{3}>f(0,2)$$

を満たす.

$x^2 = -u^2 - 4u$ のとき $(x, u+2)$ は $(0,2)$ を通る円周上の点であり，$u \neq 0$ で u が 0 に十分近ければ $(x, u+2) \in D$ になり

$$f(x, u+2) = -\frac{1}{4}u^2\left(u^2 + \frac{20}{3}u + 12\right) - \frac{4}{3} < f(0,2)$$

を満たす.

D の半径をいくら小さくしてもよいので $\left(0, 2, -\frac{4}{3}\right)$ は鞍点である. ■

●**問 3.7** 次の関数にもし極値と鞍点があれば求めよ.

(1) $f(x,y) = x^3 + 2y^3 - 6x^2 + 3y^2 + 9x - 12y + 5$

(2) $f(x,y) = x^2 - 4xy^2 + 8y^2$

(3) $f(x,y) = x^3 - 3x^2y + 3y^2 + 6y$

(4) $f(x,y) = x^3 - 3xy^2 + 2y^3 - 18y^2 + 24y$

(5) $f(x,y) = x^4 - 2x^2y + y^3 - 2y^2$

3.7 陰関数

2 変数関数 $f(x,y)$ に対して座標 (x,y) が

$$f(x,y) = 0 \tag{3.16}$$

を満たす平面上の点を集めれば曲線になることが多い．2 変数関数が両辺にあれば右辺の関数を左辺に移項すればよい．曲線が (3.16) で定義されるとき，(3.16) は**曲線の方程式**である．例えば

$$f(x,y) = x^2 + y^2 - 1$$

とすれば，(3.16) は中心が原点で半径が 1 の円周を表す．(a,b) をその円周上の点の座標とすると

$$b = \pm\sqrt{1-a^2}$$

を得る．これより，円周上には同じ x 座標をもつ点が 2 つありうる．1 変数関数のグラフは平面上の曲線であるが，関数のグラフ上の 2 点の x 座標が等しくなることはないので，円周全体は関数のグラフではない．ところが円周の上半分だけ取り出せば，関数

$$y = \sqrt{1-x^2} \tag{3.17}$$

のグラフとなる．つまり，曲線全体は関数のグラフでなくても，一部だけは関数のグラフとなっていることがある．円に限らず一般的な曲線に対しても，次の定理により一部が関数のグラフになっている．

定理 3.5 (陰関数定理) 2 変数関数 $f(x,y)$ が y に関して偏微分可能で偏導関数 $f_y(x,y)$ が連続であるとき，$f(x_0,y_0)=0$ を満たす点 (x_0,y_0) に対して $f_y(x_0,y_0)\neq 0$ であれば

$$y_0=\varphi(x_0), \tag{3.18}$$

$$f(x,\varphi(x))=0 \tag{3.19}$$

を満たす関数 $\varphi(x)$ が $x=x_0$ の近くに存在する．

証明 $f_y(x_0,y_0)>0$ の場合，点 (x,y) が (x_0,y_0) に十分近いとき f_y が連続であるから $f_y(x,y)>0$．よって，x が x_0 に十分近ければ $f(x,y)$ は変数 y の関数として y_0 の近くで単調増加である．また，$y_1<y_0<y_2$ を満たす y_1,y_2 に対して

$$f(x_0,y_1)<f(x_0,y_0)=0,\quad f(x_0,y_2)>f(x_0,y_0)=0$$

になるので，x が x_0 に十分近いとき

$$f(x,y_1)<0,\quad f(x,y_2)>0.$$

よって，中間値の定理より $f(x,y)=0$ を満たす y が $y_1<y<y_2$ において 1 つ存在する．この y を $\varphi(x)$ で表すと (3.19) が成り立つ．また，$f(x_0,y)=0$ になる y は，$f(x_0,y)$ の y に関する単調性より $y_1<y<y_2$ においては y_0 のみなので (3.18) が成り立つ．

$f_y(x_0,y_0)<0$ の場合も同様の議論で，(3.18) と (3.19) を満たす $\varphi(x)$ が存在することがわかる． ■

$\varphi(x)$ を $f(x,y)=0$ で定められる**陰関数**といい，陰関数の存在を主張する定理 3.5 を**陰関数定理**とよぶ．$f(x,y)$ が 2 次以下の多項式関数でないと，(3.16) を変形して陰関数を (3.17) のように具体的に表すのが困難な場合が多い．しかし陰関数 $\varphi(x)$ を具体的な関数で表せなくても，$f(x,y)=0$ から $\varphi(x)$ が特徴づけされる．

まず，陰関数の微分可能性や導関数に関して次の定理がある．

定理 3.6　2 変数関数 $f(x,y)$ が偏微分可能で偏導関数 $f_x(x,y)$, $f_y(x,y)$ が連続であるとき，$f_y(x,y) \neq 0$ のとき $f(x,y) = 0$ で定まる陰関数 $y = \varphi(x)$ は微分可能で

$$\varphi'(x) = -\frac{f_x(x,\varphi(x))}{f_y(x,\varphi(x))} \tag{3.20}$$

を満たす.

証明　実数 a に対して $b = \varphi(a)$ とする．$n = 0$ としたテイラーの定理 (3.10) は

$$f(a+h,b+k) = f(a,b) + hf_x(a+\theta h, b+\theta k) + kf_y(a+\theta h, b+\theta k) \tag{3.21}$$

である．$k = \varphi(a+h) - \varphi(a)$ とすれば，点 (a,b) と点 $(a+h,b+k)$ は曲線 $y = \varphi(x)$ 上の点であり，(3.19) より

$$f(a,b) = f(a+h,b+k) = 0.$$

よって，(3.21) は

$$hf_x(a+\theta h, \varphi(a)+\theta k) + (\varphi(a+h) - \varphi(a))\, f_y(a+\theta h, \varphi(a)+\theta k) = 0$$

になる．もし $f_y(a,\varphi(a)) \neq 0$ であれば，h が 0 に十分近いとき k も 0 に十分近く $f_y(a+\theta h, \varphi(a)+\theta k) \neq 0$ になるので

$$\frac{\varphi(a+h) - \varphi(a)}{h} = -\frac{f_x(a+\theta h, \varphi(a)+\theta k)}{f_y(a+\theta h, \varphi(a)+\theta k)}.$$

$h \to 0$ のとき $(a+\theta h, \varphi(a)+\theta k) \to (a, \varphi(a))$ なので，f_x, f_y の連続性より $x = a$ において $\varphi(x)$ は微分可能で，微分係数は

$$\varphi'(a) = -\lim_{h\to 0} \frac{f_x(a+\theta h, \varphi(a)+\theta k)}{f_y(a+\theta h, \varphi(a)+\theta k)} = -\frac{f_x(a,\varphi(a))}{f_y(a,\varphi(a))}.$$

a を変数 x にすれば $\varphi(x)$ は微分可能で，導関数は (3.20) を満たす.　■

陰関数の導関数を求めるときは，(3.20) を書き直した

$$\frac{dy}{dx} = -\frac{f_x(x,y)}{f_y(x,y)}$$

にあてはめればよい.

例 3.17 $x^3-3xy+y^3=0$ (図 15)[16)] から定まる変数 x の陰関数の導関数を求める.

$$\frac{dy}{dx}=-\frac{3x^2-3y}{-3x+3y^2}=\frac{y-x^2}{y^2-x}.$$ ■

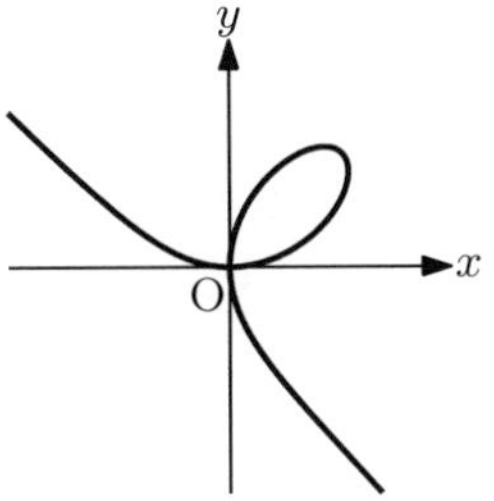

図 15

例 3.18 $\log(x^2+y^2)-\arctan\dfrac{y}{x}=0$ (図 16) から定まる変数 x の陰関数の導関数を求める.

$$\frac{dy}{dx}=-\frac{\dfrac{2x}{x^2+y^2}+\dfrac{y}{x^2\left(1+\left(\frac{y}{x}\right)^2\right)}}{\dfrac{2y}{x^2+y^2}-\dfrac{1}{x\left(1+\left(\frac{y}{x}\right)^2\right)}}=\frac{2x+y}{x-2y}.$$

■

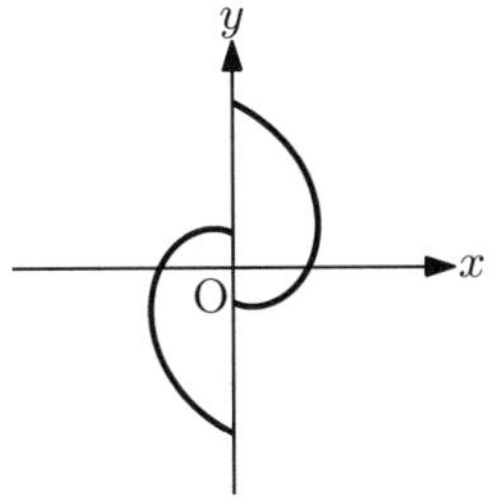

図 16

●**問 3.8** 次の関係式から定まる変数 x の陰関数の導関数を求めよ.

(1) $x+y^2+x\cos y=0$

(2) $x^2y-e^x\sin y=0$

陰関数が存在するための条件は $f_y(a,b)\neq 0$ であるが，偏微分する変数を替えて $f_x(a,b)\neq 0$ のとき，曲線 $f(x,y)=0$ は点 (a,b) の十分近くで変数 y の関数のグラフとみなせる．結局，$f(x,y)$ が偏微分可能で偏導関数が連続であれば，$f_x(a,b)\neq 0$ また $f_y(a,b)\neq 0$ のとき点 (a,b) の十分近くでは接線が引ける 1 本のなめらかな曲線である．一方，$f_x(a,b)=f_y(a,b)=0$ のとき点 (a,b) でそのようにならないことがある．例えば例 3.17 では $f_x(0,0)=f_y(0,0)=0$ であるが，図 15 を見てわかるように原点は 2 本の曲線の交点である．このように，曲線上の点を接点とする接線が 1 本の場合，その点を**正則点**とよび，正則点でない曲線上の点を**特異点**とよぶ．$f(a,b)=0$ で $f_x(a,b)\neq 0$ または $f_y(a,b)\neq 0$ は，点 (a,b) が正則点になる条件である．

$f_y(a,b)\neq 0$ のとき $\varphi(a)=b$ であり，(3.20) より接線の方程式は

$$y=-\frac{f_x(a,b)}{f_y(a,b)}(x-a)+b$$

となるが，この式を

16) この曲線を**デカルト** (Descartes) **の正葉線**とよぶ.

$$f_x(a,b)(x-a)+f_y(a,b)(y-b)=0 \tag{3.22}$$

に変形すれば，$f_x(a,b)\neq 0$, $f_y(a,b)=0$ のときも適用できる．よって (3.22) は，正則点を接点とする曲線 $f(x,y)=0$ の接線の方程式である．

$x=a$ のとき $\varphi(x)$ が極値をとれば $\varphi'(a)=0$ になるが，$f_y(a,\varphi(a))\neq 0$ のとき，(3.20) より $f_x(a,\varphi(a))=0$ と同値である．$b=\varphi(a)$ とすれば，$(x,y)=(a,b)$ は連立方程式

$$f(x,y)=0,\quad f_x(x,y)=0$$

を満たすので，a だけではなく b も未知数として連立方程式の解として求める．ただし $f_y(a,b)\neq 0$ が条件である．

極値の判定のために，1.9 節のように $\varphi'(x)=0$ のときの 2 階導関数 $\varphi''(x)$ を調べる．f_x, f_y が偏微分可能で偏導関数が連続であれば次の公式がある．

公式 3.3

$\varphi'(a)=0$ のとき，

$$\varphi''(a)=-\frac{f_{xx}(a,\varphi(a))}{f_y(a,\varphi(a))}. \tag{3.23}$$

証明 (3.5) において $\varphi(t)=x$, $\psi(t)=\varphi(x)$, f を f_x または f_y に置き換えると

$$\big(f_x(x,\varphi(x))\big)'=f_{xx}(x,\varphi(x))+f_{xy}(x,\varphi(x))\,\varphi'(x),$$
$$\big(f_y(x,\varphi(x))\big)'=f_{xy}(x,\varphi(x))+f_{yy}(x,\varphi(x))\,\varphi'(x).$$

(3.20) の両辺を x で微分すれば

$$\begin{aligned}
\varphi''(x)&=\left(-\frac{f_x(x,\varphi(x))}{f_y(x,\varphi(x))}\right)'\\
&=-\frac{\big(f_{xx}(x,\varphi(x))+f_{xy}(x,\varphi(x))\,\varphi'(x)\big)f_y(x,\varphi(x))}{\big(f_y(x,\varphi(x))\big)^2}\\
&\quad+\frac{f_x(x,\varphi(x))\,\big(f_{xy}(x,\varphi(x))+f_{yy}(x,\varphi(x))\,\varphi'(x)\big)}{\big(f_y(x,\varphi(x))\big)^2}\\
&=-\frac{\left(f_{xx}(x,\varphi(x))-f_{xy}(x,\varphi(x))\,\frac{f_x(x,\varphi(x))}{f_y(x,\varphi(x))}\right)f_y(x,\varphi(x))}{\big(f_y(x,\varphi(x))\big)^2}
\end{aligned}$$

$$
+\frac{f_x(x,\varphi(x))\left(f_{xy}(x,\varphi(x))-f_{yy}(x,\varphi(x))\,\frac{f_x(x,\varphi(x))}{f_y(x,\varphi(x))}\right)}{\bigl(f_y(x,\varphi(x))\bigr)^2}
$$

$$
=-\frac{f_{xx}(x,\varphi(x))}{f_y(x,\varphi(x))}+\frac{R(x)}{\bigl(f_y(x,\varphi(x))\bigr)^3}.
$$

ここで

$$
R(x)=2f_{xy}(x,\varphi(x))\,f_x(x,\varphi(x))\,f_y(x,\varphi(x)) - f_{yy}(x,\varphi(x))\bigl(f_x(x,\varphi(x))\bigr)^2
$$

とする．$\varphi''(x)$ を f の偏導関数で表した式は非常に煩雑であるが，もし $\varphi'(a) = 0$ であれば，$f_y(a,\varphi(a)) \neq 0$ のとき (3.20) より $f_x(a,\varphi(a)) = 0$ と同値である．よって $R(a) = 0$ になるので $\varphi''(a)$ は (3.23) を満たす． ■

陰関数 $\varphi(x)$ の極大・極小を $\varphi''(x)$ の符号により判定でき，

$$
\varphi''(a) = -\frac{f_{xx}(a,b)}{f_y(a,b)} < 0\ (>0)
$$ [17)]

であれば，$x = a$ のとき $b = \varphi(a)$ は極大値 (極小値) であることがわかる．

まず，例 3.17 と例 3.18 の極値から求める．極大・極小になる点で接する接線は x 軸に平行である．

例 3.19 例 3.17 の極値を求めるために，$f(x,y) = x^3 + y^3 - 3xy$ とすれば

$$
f_x(x,y) = 3x^2 - 3y,\quad f_y(x,y) = -3x + 3y^2,\quad f_{xx}(x,y) = 6x.
$$

$f_x(x,y) = 0$ のとき $y = x^2$ になり，$f(x,y) = 0$ に代入すれば

$$
x^3 + x^6 - 3x^3 = x^3(x^3 - 2) = 0.
$$

よって，$x = 0, \sqrt[3]{2}$. $y = x^2$ に代入すれば，$x = 0$ のとき $y = 0$，$x = \sqrt[3]{2}$ のとき $y = \sqrt[3]{4}$.

$x = y = 0$ のとき，$f_y(0,0) = 0$ であるから除外する．

$x = \sqrt[3]{2}$, $y = \sqrt[3]{4}$ のとき

$$
f_y\bigl(\sqrt[3]{2}, \sqrt[3]{4}\bigr) = 3\bigl(\sqrt[3]{2^4} - \sqrt[3]{2}\bigr) > 0,\quad f_{xx}\bigl(\sqrt[3]{2}, \sqrt[3]{4}\bigr) = 6\sqrt[3]{4} > 0
$$

---

17) $f_{xx}(a,b) = 0$ の場合は，f の 3 階以上の x に関する高階偏導関数の $(x,y) = (a,b)$ における値が 0 にならない最小の階数を n とすれば，$0 < k < n$ のとき $\varphi^{(k)}(a) = 0$ で $\varphi^{(n)}(a) = -\frac{\partial^n f}{\partial x^n}(a,b)\Big/ f_y(a,b) \neq 0$ になる．問題 1.19 を適用すれば極値の判定ができる．

より $-\dfrac{f_{xx}\left(\sqrt[3]{2}, \sqrt[3]{4}\right)}{f_y\left(\sqrt[3]{2}, \sqrt[3]{4}\right)} < 0$．よって，$f(x, y) = 0$ から定まる変数 x の陰関数は，$x = \sqrt[3]{2}$ のとき極大値 $\sqrt[3]{4}$ をとる． ■

例 3.20　例 3.18 の極値を求めるために，$f(x, y) = \log(x^2 + y^2) - \arctan\dfrac{y}{x}$ とすれば

$$f_x(x, y) = \frac{2x + y}{x^2 + y^2}, \quad f_y(x, y) = \frac{2y - x}{x^2 + y^2}, \quad f_{xx}(x, y) = \frac{2(y^2 - xy - x^2)}{(x^2 + y^2)^2}.$$

$f_x(x, y) = 0$ のとき $y = -2x$ になり，$f(x, y) = 0$ に代入すれば

$$\log\left(5x^2\right) - \arctan(-2) = 0$$

になるので，$x = \pm\dfrac{1}{\sqrt{5e^{\arctan 2}}}$，$y = \mp\dfrac{2}{\sqrt{5e^{\arctan 2}}}$ (複号同順)．このとき

$$f_y\left(\pm\frac{1}{\sqrt{5e^{\arctan 2}}}, \mp\frac{2}{\sqrt{5e^{\arctan 2}}}\right) = \mp 1,$$

$$f_{xx}\left(\pm\frac{1}{\sqrt{5e^{\arctan 2}}}, \mp\frac{2}{\sqrt{5e^{\arctan 2}}}\right) = 2 > 0.$$

よって，$f(x, y) = 0$ から定まる変数 x の陰関数は，$x = \dfrac{1}{\sqrt{5e^{\arctan 2}}}$ のとき極小値 $-\dfrac{2}{\sqrt{5e^{\arctan 2}}}$，$x = -\dfrac{1}{\sqrt{5e^{\arctan 2}}}$ のとき極大値 $\dfrac{2}{\sqrt{5e^{\arctan 2}}}$ をとる． ■

例 3.21　$2x^4 - 8xy^3 + y^4 = -5$ (図 17) から定まる変数 x の陰関数の極値を求めるために，$f(x, y) = 2x^4 - 8xy^3 + y^4 + 5$ とすれば，

$$f_x(x, y) = 8x^3 - 8y^3, \quad f_y(x, y) = -24xy^2 + 4y^3, \quad f_{xx}(x, y) = 24x^2.$$

$f_x(x, y) = 0$ のとき，

$$x^3 - y^3 = (x - y)\left(x^2 + xy + y^2\right) = 0.$$

$x^2 + xy + y^2 = 0$ であれば

$$\left(x + \frac{y}{2}\right)^2 + \frac{3}{4}y^2 = 0$$

になるので $x + \dfrac{y}{2} = y = 0$，つまり $x = y = 0$．

このとき $f_y(0, 0) = 0$ なので除外する．

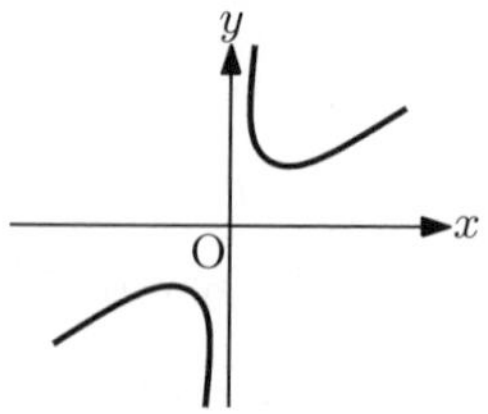

図 17

$x-y=0$ のとき，$y=x$ を $f(x,y)$ に代入して

$$f(x,x)=-5x^4+5=-5(x-1)(x+1)(x^2+1)=0$$

より $x=y=\pm 1$．このとき

$$f_y(\pm 1,\pm 1)=\mp 20,\quad f_{xx}(\pm 1,\pm 1)=24>0\ (\text{複号同順}).$$

よって，$f(x,y)=0$ から定まる変数 x の陰関数は，$x=1$ のとき極小値 1，$x=-1$ のとき極大値 -1 をとる． ■

例 3.22 $\left(x^2+y^2\right)^2=2\left(x^2-y^2\right)$ (図 18)[18] から定まる変数 x の陰関数の極値を求めるために，$f(x,y)=\left(x^2+y^2\right)^2-2\left(x^2-y^2\right)$ とすれば，

$$f_x(x,y)=4x\left(x^2+y^2-1\right),$$
$$f_y(x,y)=4y\left(x^2+y^2+1\right),$$
$$f_{xx}(x,y)=12x^2+4y^2-4.$$

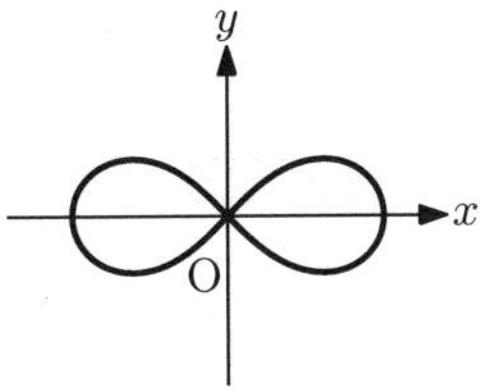

図 18

$f_x(x,y)=0$ のとき，$x=0$ または $x^2+y^2=1$．

$x=0$ のとき

$$f(0,y)=y^4+2y^2=y^2(y^2+2)=0$$

より $y=0$．このとき $f_y(0,0)=0$ になるので除外する．

$x^2+y^2=1$ のとき

$$f(x,y)=1-2(x^2-y^2)=0$$

より $x^2=\dfrac{3}{4}$，$y^2=\dfrac{1}{4}$ になるので $x=\pm\dfrac{\sqrt{3}}{2}$，$y=\pm\dfrac{1}{2}$ (複号同順でない)．このとき，

$$f_y\left(\pm\frac{\sqrt{3}}{2},\underset{\sim\sim}{\pm\frac{1}{2}}\right)=\underset{\sim}{\pm 4}\ (\ \sim\ \text{部のみ複号同順}),\quad f_{xx}\left(\pm\frac{\sqrt{3}}{2},\pm\frac{1}{2}\right)=6.$$

よって，$f(x,y)=0$ から定まる変数 x の陰関数は，$x=\pm\dfrac{\sqrt{3}}{2}$ のとき極大値 $\dfrac{1}{2}$，極小値 $-\dfrac{1}{2}$ をとる． ■

●**問 3.9** $f(x,y)=0$ で定まる変数 x の陰関数の極値を求めよ．ただし $f_y(x,y)=0$ は除く．

(1) $f(x,y)=x^2-2xy^2+y^3+2y^2$　　(2) $f(x,y)=x^3-3xy^2+2y^6$

---

18) この曲線を**レムニスケート** (lemniscate) または**連珠形**とよぶ．

陰関数の極値の問題では $f_y(x,y) \neq 0$ を条件としているが，$f_y(a,b)=0$ で $f_x(a,b) \neq 0$ の場合，曲線上の点 (a,b) で接する接線は (3.22) より $x=a$ で y 軸に平行であるので，点 (a,b) の近くでは変数 x の関数のグラフになっていないことがある．実際に図 15〜18 を見ると，接線が y 軸に平行になる接点の近くでは，x 座標が等しい 2 つの点が曲線上にある．

3.8 条件付き極値

点 (x,y) が曲線 $g(x,y)=0$ 上だけを動くことに限定されているとき，関数 $f(x,y)$ の極値を求める方法を考える．

定理 3.7 (ラグランジュの乗数法) $g(x,y)=0$ を条件とするとき，曲線 $g(x,y)=0$ 上の正則点 (a,b) において $f(x,y)$ が極大または極小であるとする．このとき，a, b が x, y を未知数とする連立方程式

$$f_x(x,y) + \lambda\, g_x(x,y) = 0, \tag{3.24}$$

$$f_y(x,y) + \lambda\, g_y(x,y) = 0 \tag{3.25}$$

の解になるような定数 λ が存在する．

証明 点 (a,b) が正則点であれば $g_x(a,b) \neq 0$ または $g_y(a,b) \neq 0$ であるが，まずは $g_y(a,b) \neq 0$ とする．このとき陰関数定理より，$x=a$ の近くで $g(x,y)=0$ は陰関数 $\varphi(x)$ を定める．よって (x,y) を点 (a,b) に十分近い，曲線 $g(x,y)=0$ 上の点の座標とすれば，関数 $f(x,y)$ は $f(x,\varphi(x))$ になるので，x が a に十分近ければ，変数が x だけの関数

$$h(x) = f(x,\varphi(x))$$

の極値を調べればよい．ここで $\varphi(x)$ は定理 3.6 より

$$\varphi'(x) = -\frac{g_x(x,\varphi(x))}{g_y(x,\varphi(x))}.$$

よって，定理 3.1 より $h(x)$ の導関数は

$$h'(x) = f_x(x,\varphi(x)) - f_y(x,\varphi(x))\,\frac{g_x(x,\varphi(x))}{g_y(x,\varphi(x))}.$$

もし $x = a$ で極値になれば

$$h'(a) = f_x(a,b) - f_y(a,b)\frac{g_x(a,b)}{g_y(a,b)} = 0$$

より

$$-\frac{f_x(a,b)}{f_y(a,b)} = -\frac{g_x(a,b)}{g_y(a,b)}. \tag{3.26}$$

ここで

$$\lambda = -\frac{f_y(a,b)}{g_y(a,b)}$$

とすれば，$(x,y) = (a,b)$ は (3.24) と (3.25) を満たす．

$g_x(a,b) \neq 0$ の場合は，これまでの議論で x と y を入れ替えればよい． ■

$g(x,y) = 0$ のときの $f(x,y)$ が極値になるならば，x, y は (3.24), (3.25) と $g(x,y) = 0$　の 3 つの等式を満たすが，λ も未知数とした連立方程式として解くことにより x と y の値を求める．このように解く方法を**ラグランジュ** (Lagrange) **の乗数法**という．

ラグランジュの乗数法によって求まった x の値 a については，$h(x)$ の 1 階導関数が $x = a$ のとき 0 になっているが，これだけでは $h(a) = f(a,b)$ が極大値または極小値であるかを判定することはできない．判定には $h(x)$ の 2 階導関数の符号を調べる方法あるが，以下のように，$h''(x)$ の公式は f と g の偏導関数が 0 にならないので複雑になり，ここでは使わない．

$$h''(x) = \frac{f_{xx}g_y^3 - 2f_{xy}g_xg_y^2 + f_{yy}g_x^2g_y - f_y\left(g_{xx}g_y^2 - 2g_{xy}g_xg_y + g_{yy}g_x^2\right)}{g_y^3}$$

しかし，$g(x,y) = 0$ に制限すれば $f(x,y)$ の最大値と最小値の存在がわかっており，ラグランジュの乗数法によって求めた解 (x,y) が有限個しかなければ，それらの (x,y) に対応する $f(x,y)$ の値のうちで最大 (最小) なものが $f(x,y)$ の $g(x,y) = 0$ における最大値 (最小値) になる．(ただし，最大値にも最小値にもならない $f(x,y)$ の値が極大値または極小値であるかは $h''(x)$ をみる必要がある．)

例 3.23　$x^2 - xy + y^2 = 1$ における $x^2 + y^2$ の最大値と最小値を求める．

$$f(x,y) = x^2 + y^2, \quad g(x,y) = x^2 - xy + y^2 - 1$$

とすれば,

$$f_x(x,y) = 2x, \qquad f_y(x,y) = 2y,$$

$$g_x(x,y) = 2x - y, \quad g_y(x,y) = -x + 2y.$$

よって，x, y は適当な λ に対して

$$2x + \lambda(2x - y) = 0,$$

$$2y + \lambda(2y - x) = 0,$$

$$x^2 - xy + y^2 - 1 = 0$$

を満たす．

$\lambda = 0$ のとき，$x = y = 0$ になり第 3 式は成り立たない．

$\lambda \neq 0$ のとき, 第 1 式より $y = \dfrac{2(\lambda+1)}{\lambda}x$. 第 2 式に代入すれば $x = \dfrac{4(\lambda+1)^2}{\lambda^2}x$．$x = 0$ とすれば $y = 0$ になり，第 3 式は成り立たない．よって $x \neq 0$ であり，λ は

$$4(\lambda+1)^2 - \lambda^2 = (\lambda+2)(3\lambda+2) = 0$$

を満たすので $\lambda = -\dfrac{2}{3}$, -2.

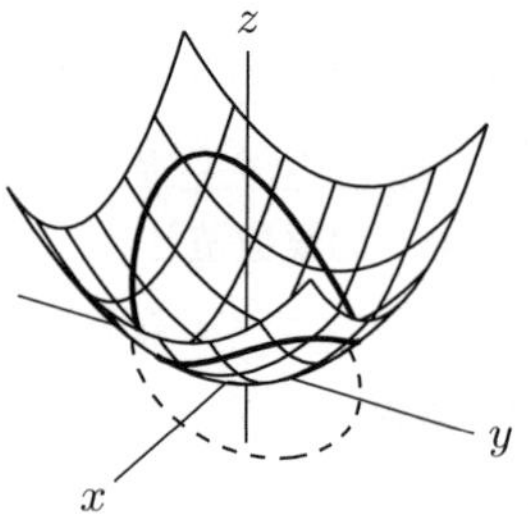

図 19-1

$\lambda = -\dfrac{2}{3}$ のとき $y = -x$．第 3 式に代入すれば

$$x^2 - xy + y^2 - 1 = 3x^2 - 1 = 0$$

より $x = \pm\dfrac{1}{\sqrt{3}}$, $y = \mp\dfrac{1}{\sqrt{3}}$ (複号同順)．このとき $f\left(\pm\dfrac{1}{\sqrt{3}}, \mp\dfrac{1}{\sqrt{3}}\right) = \dfrac{2}{3}$.

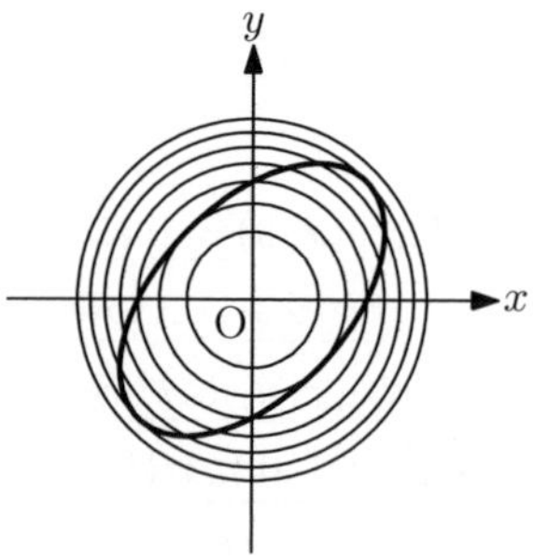

図 19-2

$\lambda = -2$ のとき $y = x$．第 3 式に代入すれば

$$x^2 - xy + y^2 - 1 = x^2 - 1 = 0$$

より $x = \pm 1$, $y = \pm 1$ (複号同順)．このとき $f(\pm 1, \pm 1) = 2$.

以上により，$(x,y)=\left(\pm\frac{1}{\sqrt{3}},\mp\frac{1}{\sqrt{3}}\right)$ のとき最小値 $\frac{2}{3}$，$(x,y)=(\pm 1,\pm 1)$ のとき最大値 2. ■

図 19-1 は，(x,y) が $x^2-xy+y^2=1$ を満たすときの点 $\left(x,y,x^2+y^2\right)$ が描く曲面 $z=x^2+y^2$ 上の曲線である．図 19-2 は，関数 x^2+y^2 の等高線と曲線 $x^2-xy+y^2=1$ である．x^2+y^2 が最大と最小になる点では接線を共有している，つまり (3.26) が成り立っていることがわかる．

●**問 3.10** $x^2+4y^2=2$ における xy の最大値と最小値を求めよ．

●**問 3.11** $2x^2+y^2=1$ における $x+y^2$ の最大値と最小値を求めよ．

演習問題 A

問題 3.1 次の関数の偏導関数を求めよ．

(1) $f(x,y)=x^4+2x^2y^2+y^4-2x^2+2y^2$　(2) $f(x,y)=\sin(x-2y)$

(3) $f(x,y)=\cos(xy)$　(4) $f(x,y)=e^{2x}\sin y$

(5) $f(x,y)=\sqrt{x^2+2y^3}$　(6) $f(x,y)=\dfrac{y}{x}$

(7) $f(x,y)=\sin(x-2y+xy)$　(8) $f(x,y)=\dfrac{x^2+y}{x-2y}$

(9) $f(x,y)=\log(x^3-3x^2y+y^2)$　(10) $f(x,y)=y\,e^{x^2+y^2}$

問題 3.2 次の曲面に対し，曲面上の指定した x, y 座標の点を接点とする接平面の方程式を求めよ．

(1) $z=x+y^3$　$(x=1,\ y=1)$　(2) $z=\sin(xy)$　$(x=\pi,\ y=0)$

(3) $z=\sqrt{9-x^2-y^2}$　$(x=2,\ y=2)$　(4) $z=e^{x^2-2y}$　$(x=2,\ y=2)$

問題 3.3 次の関数の 2 階偏導関数を求めよ．

(1) $f(x,y)=2x^2y^5+3x^4y^3$　(2) $f(x,y)=e^{4x+3y}$

(3) $f(x,y)=\sin(xy)$　(4) $f(x,y)=\log(x^2+2y)$

(5) $f(x,y)=e^{x^2+2y^2}$　(6) $f(x,y)=e^{x-2y}\sin x$

問題 3.4 次の関数 $f(x,y)$，$\varphi(t)$，$\psi(t)$ に対して，定理 3.1 を用いて $f\left(\varphi(t),\psi(t)\right)$ の導関数を求めよ．

(1) $f(x,y)=\sin 2x\sin(x-y^3)$，$\varphi(t)=t^3$，$\psi(t)=e^{2t}$

(2) $f(x,y)=\log(x^2-xy+y),\ \varphi(t)=t^2,\ \psi(t)=e^{t^3}$

(3) $f(x,y)=e^{x+2y}\log(1+x^2),\ \varphi(t)=\sin 2t,\ \psi(t)=\cos 3t$

問題 3.5 関数 $f(x,y)$ のマクローリン展開を

$$f(x,y)=A+Bx+Cy+Dx^2+Exy+Fy^2+(x,\ y \text{ の 3 次以上の項})$$

で表すとき，次の関数に対する定数 $A,\ B,\ C,\ D,\ E,\ F$ の値を求めよ．

(1) $f(x,y)=\cos(x-2y)+e^{x+3y}$

(2) $f(x,y)=\log(1-4x+y)+\sin(2x-y)$

(3) $f(x,y)=\sqrt{1-x^2+2y}$

(4) $f(x,y)=e^{x+2y}\sin(3x-y^2)$

問題 3.6 次の関数にもし極値と鞍点があれば求めよ．

(1) $f(x,y)=x^2-4xy+2y^2-8x+12y$

(2) $f(x,y)=2x^2-3xy+4y^2+5x+2y+1$

(3) $f(x,y)=3x^2+xy+2y^2-11x+2y-2$

(4) $f(x,y)=x^3-y^3-9x^2-3y^2+24x+9y+2$

(5) $f(x,y)=x^2-2xy^2+4y$

(6) $f(x,y)=x^2-2x^2y+4y^3-4y^2$

(7) $f(x,y)=x^3-3xy^2+3y^3-3y$

(8) $f(x,y)=x^4-4xy+2y^2$

(9) $f(x,y)=x^4-4xy+y^4$

(10) $f(x,y)=x^2-2xy^2+2y^4-2y^2$

問題 3.7 $f(x,y)=0$ で定まる変数 x の陰関数の極値を求めよ．ただし $f_y(x,y)=0$ は除く．

(1) $f(x,y)=x^4+x^2y-y^3$

(2) $f(x,y)=2x^5+3y^4-5x^2y^3$

(3) $f(x,y)=x^4-4xy+3y^4$

(4) $f(x,y)=x^3y^3+2y-3x$

(5) $f(x,y)=x^4-4x^2y^3+y^4$

問題 3.8 $2x^2+3y^2=30$ における $x-y$ の最大値と最小値を求めよ．

問題 3.9 $x^2+2y^2=1$ における $x^2+6xy+5y^2$ の最大値と最小値を求めよ．

演習問題 B

問題 3.10 次の関数の偏導関数を求めよ.

(1) $f(x,y) = x^2 \sin(x^3 + y^2)$　(2) $f(x,y) = \cos^3(x + y^2)$

(3) $f(x,y) = e^{xy - x^2 \log y}$　(4) $f(x,y) = \dfrac{3^x}{x - 2^y}$

(5) $f(x,y) = \log_{x+y}(x^3 - y^2)$　(6) $f(x,y) = x \arctan(x^2 - xy)$

(7) $f(x,y) = xy \arcsin(x + 2y)$　(8) $f(x,y) = \sin(xy) \arccos(x^2 + y)$

問題 3.11 次の曲面に対し，曲面上の指定した x, y 座標の点を接点とする接平面の方程式を求めよ.

(1) $z = (x^2 - y)\sqrt{3 - 2x + y^2}$　$(x = 1,\ y = -1)$

(2) $z = (x + y)e^{x^2 - 4y}$　$(x = 2,\ y = 1)$

(3) $z = e^{x-y} \tan\left(\dfrac{\pi}{6}xy\right)$　$(x = 2,\ y = 2)$

問題 3.12 次の関数の 2 階偏導関数を求めよ.

(1) $f(x,y) = \dfrac{x^2 + 2y}{2x - y}$　(2) $f(x,y) = e^{x-y}(x + y^2)$

(3) $f(x,y) = \sin^2(xy^2)$　(4) $f(x,y) = (3x - y^3)\log(x^2 + y)$

問題 3.13 次の関数にもし極値と鞍点があれば求めよ.

(1) $f(x,y) = 3x^4 - 12xy^2 + 8y^3$

(2) $f(x,y) = x^3 - 3xy^2 + \dfrac{1}{5}y^5 - y^3$

(3) $f(x,y) = x^2 - 2xy^2 + y^4 - y^5$

(4) $f(x,y) = x^3 + y^3 - x^2 - y^2 + xy$

(5) $f(x,y) = (x^2 + y^2)^2 - 2(x^2 - y^2)$

(6) $f(x,y) = x^4 + y^4 - 2x^2 + 4xy - 2y^2$

(7) $f(x,y) = xy + \dfrac{1}{x} + \dfrac{1}{y}$

(8) $f(x,y) = x^2 + xy + y^2 + \dfrac{3}{x} + \dfrac{3}{y}$

(9) $f(x,y) = (x + y)e^{-(x^2 + y^2)}$

(10) $f(x,y) = \sin x + \sin y - \sin(x + y)$　$(0 < x < \pi,\ 0 < y < \pi)$

問題 3.14 $y^4 - y^2 + x^2 = 0$ における xy の最大値と最小値を求めよ.

4
重 積 分 法

4.1　長方形の分割と重積分

2 変数関数 $f(x,y)$ の (定) 積分を考える．D を平面上の領域とする．まず，D を次のような辺が座標軸に平行な長方形にする．

$$D : a \leq x \leq b,\ c \leq y \leq d.$$

区間 $[a,b]$ と $[c,d]$ を分割する．

$$a = x_0 < x_1 < \cdots < x_{n-1} < x_n = b,$$
$$c = y_0 < y_1 < \cdots < y_{m-1} < y_m = d.$$

それに応じて図 1 のように D を mn 個の小さい長方形 D_{ij} $(i = 1, \cdots, n;\ j = 1, \cdots, m)$ に分割できる．

$$D_{ij} : x_{i-1} \leq x \leq x_i,\ y_{j-1} \leq y \leq y_j.$$

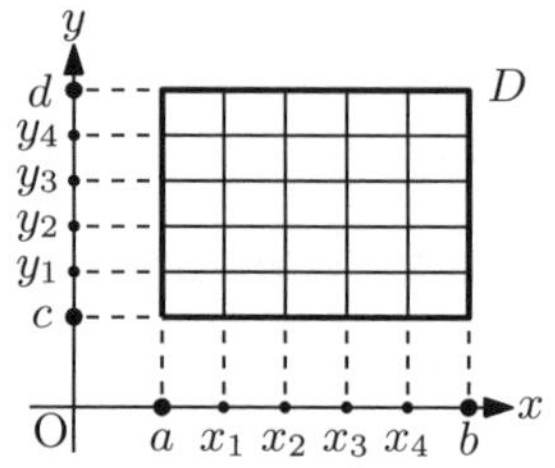

図 1

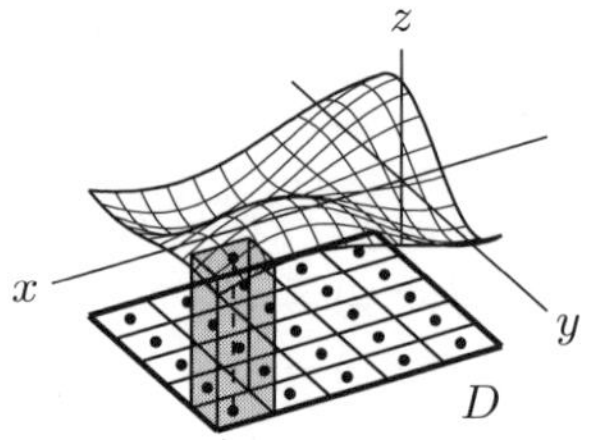

図 2

各 D_{ij} より点を 1 つずつとり，その座標を (ξ_{ij}, η_{ij}) とする．$(x,y) \in D$ のとき $f(x,y) > 0$ を満たす関数に対して底面が D_{ij}，高さ $f(\xi_{ij}, \eta_{ij})$ の直方体を K_{ij} と書くと (図 2)，K_{ij} の体積は

$$f(\xi_{ij}, \eta_{ij})(x_i - x_{i-1})(y_j - y_{j-1})$$

になるので，mn 個の K_{ij} を集めた図形を $K_{n,m}$，その体積を $V_{n,m}$ と書けば

$$V_{n,m} = \sum_{i=1}^{n} \sum_{j=1}^{m} f(\xi_{ij}, \eta_{ij})(x_i - x_{i-1})(y_j - y_{j-1}) \tag{4.1}$$

である．これは 2 変数関数の**リーマン和**である．n, m を同時に発散させると $V_{n,m}$ はある実数 V へ収束し，区間 $[a,b]$ と $[c,d]$ の分割や点 (ξ_{ij},η_{ij}) の選び方とは無関係に，極限値 V は一定の値になることが証明できる．この V を

$$V=\iint_D f(x,y)\,dxdy$$

で表し，関数 $f(x,y)$ の領域 D 上の**重積分**，または 2 変数なので **2 重積分**ということもある．また D を**積分領域**という．

$V_{n,m}$ は直方体 K_{ij} の体積の総和なので図 3-1, 3-2 を見ればわかるように，n, m を同時に増やすと $V_{n,m}$ は図 4 の体積に近づく．ここで図 4 は空間領域

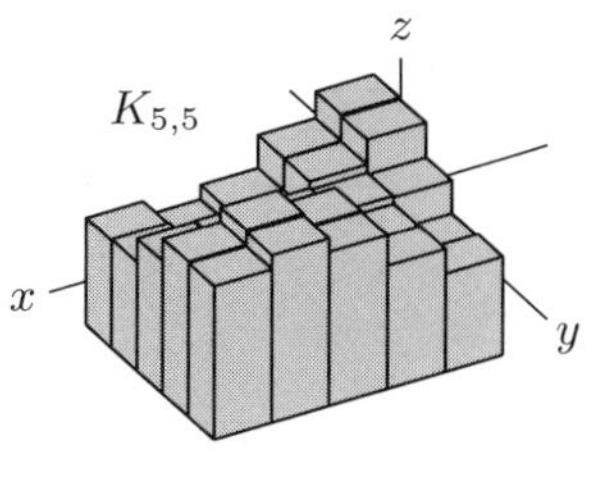

図 3-1

$$K:(x,y)\in D,\ 0\leq z\leq f(x,y) \qquad (4.2)$$

である．つまり K の体積は，$f(x,y)$ の領域 D 上の重積分である．

$f(x,y)\leq 0$ になることがあっても $f(x,y)$ の重積分はリーマン和 (4.1) の極限値で定義できるが，図形の体積にならない．D を

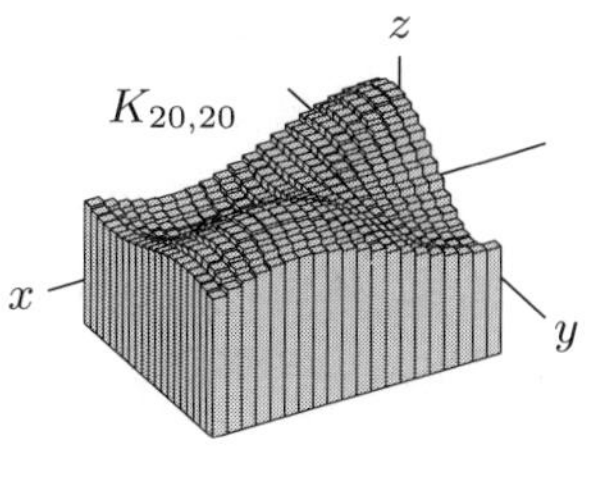

図 3-2

$$D_+:f(x,y)\geq 0,\quad D_-:f(x,y)\leq 0$$

の 2 つに分け，

$$(x,y)\in D_+,\quad 0\leq z\leq f(x,y)$$

の体積と

$$(x,y)\in D_-,\quad 0\leq z\leq -f(x,y)$$

の体積になっているそれぞれの領域上の重積分の差

$$\iint_{D_+} f(x,y)\,dxdy-\iint_{D_-}(-f(x,y))\,dxdy$$

が D 上の重積分である．ただし D_+, D_- は D を曲線 $f(x,y)=0$ で区切った領域で，長方形でない領域上の重積分については 4.3 節で説明する．

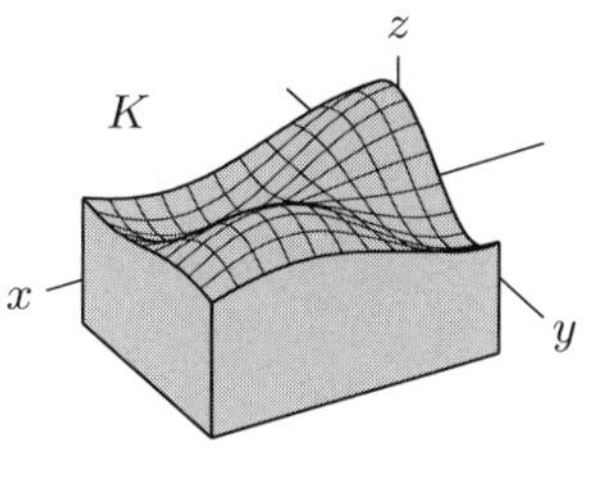

図 4

4.2 累次積分 (長方形領域)

1 変数では，定積分をリーマン和の極限値でなく微分の逆演算で求まる原始関数で計算したが，重積分も 2 変数のリーマン和 $V_{n,m}$ の極限値で計算することはほとんどない．実際は，次の公式を用いて 1 変数の積分を 2 回行うことで重積分の計算ができる．厳密な証明は難しいので，重積分を図形の体積に置き換えて概略を述べる．$f(x,y) > 0$ を仮定するが，$f(x,y)$ の値が 0 以下になることがあっても公式 4.1 が正しいことは証明できる．

公式 4.1 (累次積分)

$$\iint_D f(x,y)\,dxdy = \int_a^b \left(\int_c^d f(x,y)\,dy \right) dx \tag{4.3}$$

$$\iint_D f(x,y)\,dxdy = \int_c^d \left(\int_a^b f(x,y)\,dx \right) dy \tag{4.4}$$

証明の概略 前節では n と m を同時に発散させたときの極限値で重積分を定義したが，今度は，n を固定して m のみを増やしていく．このとき，体積が $V_{n,m}$ になる $K_{n,m}$ の様子は，図 3-1 から図 5-1 のように変化して図 5-2 に近づく．よって，図 5-2 の図形を $K_{n,\infty}$ で表すと，$m \to \infty$ のとき $V_{n,m}$ は $K_{n,\infty}$ の体積に近づいていくと考えられる．つまり，

$$\lim_{m\to\infty} V_{n,m} = V_{n,\infty}$$

と書けば，$V_{n,\infty}$ は $K_{n,\infty}$ の体積である．

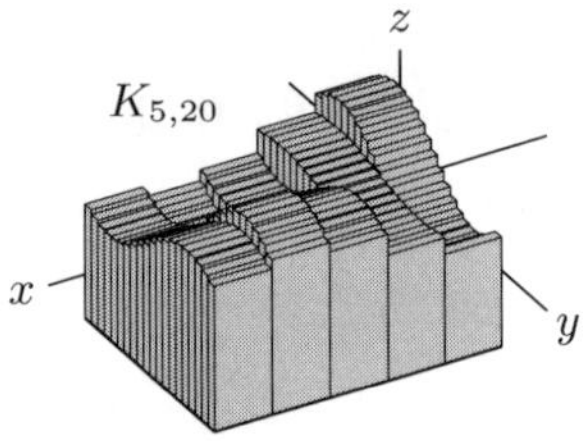

図 5-1

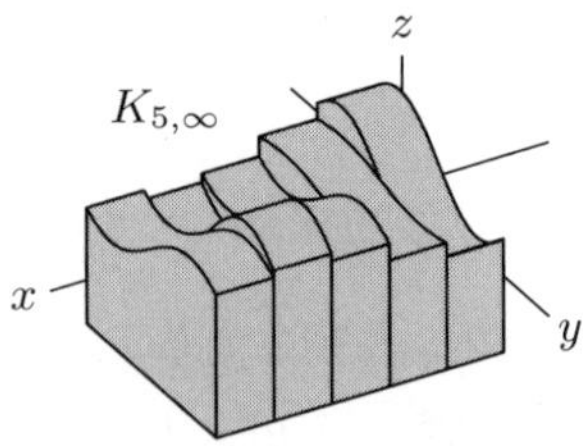

図 5-2

重積分を定義する際に D_{ij} から点を 1 つずつ選んだが，今度は区間 $[a,b]$ と $[c,d]$ の分割に対して

$$x_{i-1} \leq \xi_i \leq x_i, \quad y_{j-1} \leq \eta_j \leq y_j$$

を満たすように ξ_i と η_j を選び，D_{ij} から選ばれる点を (ξ_i, η_j) とする．

図 3-1 において i に対して y 軸に平行に並んでいる $K_{i1}, \cdots, K_{im}$ を集めると図 6-1 のようになり，m だけ増やすと図 6-1 は図 6-2 のように変化していき，図 6-3 に近づいていく．図 6-1〜6-3 を x 軸方向から見た側面はそれぞれ図 7-1〜7-3 であり，図 7-1 と図 7-2 の面積は

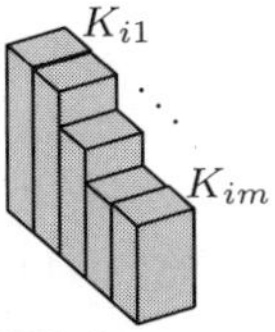

図 6-1

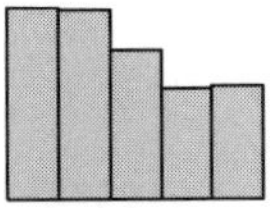
図 7-1

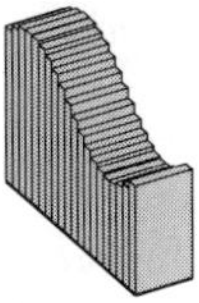
図 6-2

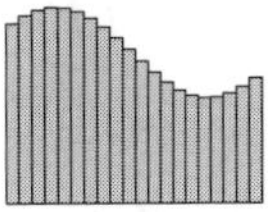
図 7-2

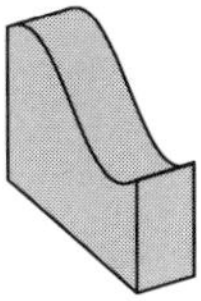
図 6-3

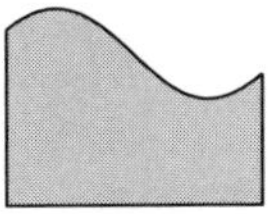
図 7-3

$$\sum_{j=1}^{m} f(\xi_i, \eta_j)(y_j - y_{j-1})$$

で表される．これは変数 y の関数 $f(\xi_i, y)$ のリーマン和であるから，$m \to \infty$ のときの極限値である図 7-3 の面積は $f(\xi_i, y)$ の定積分

$$\int_c^d f(\xi_i, y)\, dy$$

である．よって，図 6-3 は厚みが $x_i - x_{i-1}$ なので体積は

$$\int_c^d f(\xi_i, y)\, dy\, (x_i - x_{i-1})$$

である．ここで関数 $g(x)$ を

$$g(x) = \int_c^d f(x, y)\, dy$$

とすれば，図 6-3 の体積は $g(\xi_i)(x_i - x_{i-1})$ で，図 5-2 の $K_{n,\infty}$ の体積は

$$V_{n,\infty} = \sum_{i=1}^{n} g(\xi_i)(x_i - x_{i-1}) \tag{4.5}$$

で表せる．つまり，$g(x)$ のリーマン和である．

n を増やせば $K_{n,\infty}$ は図 8 のように変化して図 4 の K に近づくので，K の体積は $n \to \infty$ のときの (4.5) の極限値

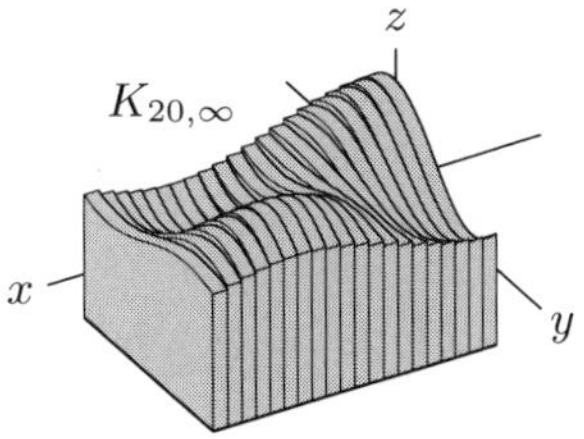

図 8

$$\int_a^b g(x)\, dx = \int_a^b \left(\int_c^d f(x, y)\, dy \right) dx$$

である．ここで，$f(x, y)$ の D 上の重積分は K の体積 V であるから (4.3) を得る．

順序を変えて，先に $n \to \infty$ として，次に $m \to \infty$ とすれば (4.4) も得られる． ■

重積分を (4.3) や (4.4) のように 1 変数ずつ積分する方法を**累次積分**とよぶ．累次積分の表記として，括弧を外した

$$\iint_D f(x,y)\,dxdy = \int_a^b \int_c^d f(x,y)\,dydx = \int_c^d \int_a^b f(x,y)\,dxdy$$

がよく用いられ，内側の積分区間と積分変数の組合せから積分を計算する．また，次のような累次積分の右端にある dx または dy を左端にある $\int$ の右隣りに移し，対応する積分区間と積分変数を接近させた表記もある[1)]．

$$\iint_D f(x,y)\,dxdy = \int_a^b dx \int_c^d f(x,y)\,dy = \int_c^d dy \int_a^b f(x,y)\,dx.$$

例 4.1 $\displaystyle\iint_D xy^2\,dxdy$ を計算する．ただし，$D: 0 \leq x \leq 1,\ 0 \leq y \leq 2$.

$$\iint_D xy^2\,dxdy = \int_0^2 \int_0^1 xy^2\,dxdy = \int_0^2 \left[\frac{1}{2}x^2y^2\right]_{x=0}^{x=1} dy \ ^{2)}$$

$$= \int_0^2 \frac{1}{2}y^2\,dy = \left[\frac{1}{6}y^3\right]_0^2 = \frac{4}{3}.$$ ■

例 4.2 $\displaystyle\iint_D \frac{dxdy}{(x+y)^2}$ を計算する．ただし，$D: 1 \leq x \leq 2,\ 1 \leq y \leq 3$.

$$\iint_D \frac{dxdy}{(x+y)^2} = \int_1^3 dy \int_1^2 \frac{dx}{(x+y)^2} = \int_1^3 dy \left[-\frac{1}{x+y}\right]_{x=1}^{x=2}$$

$$= \int_1^3 \left(-\frac{1}{2+y} + \frac{1}{1+y}\right) dy = \Big[-\log(2+y) + \log(1+y)\Big]_1^3$$

$$= -\log 5 + \log 4 + \log 3 - \log 2 = \log \frac{6}{5}.$$ ■

●**問 4.1** 次の重積分を計算せよ．

(1) $\displaystyle\iint_D (x^2y^2 - x^4)\,dxdy, \quad D: 0 \leq x \leq 1,\ 1 \leq y \leq 4$

---

1) 以下の例の解答では問題ごとに表記を変えているが，別の表記に変えてもよい．使いやすい表記を選ぶとよい．

2) [ ] の中の関数の変数が 1 個でないとき，$x = \cdots$ のように代入される変数を明記する．

(2) $\displaystyle\iint_D \cos(x+2y)\,dxdy, \quad D: 0 \le x \le \frac{\pi}{2},\ 0 \le y \le \frac{\pi}{3}$

(3) $\displaystyle\iint_D y^2 e^{xy}\,dxdy, \quad D: 0 \le x \le 1,\ 0 \le y \le 2$

4.3　一般領域の分割と重積分

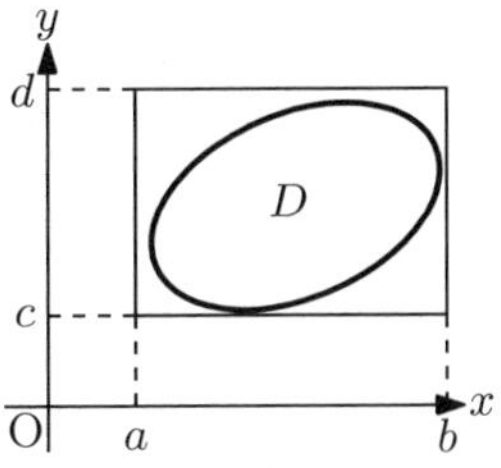

図 9

積分領域 D が長方形でなければ, 図 9 のように D を含むように長方形 $a \le x \le b$, $c \le y \le d$ を選び, 図 10-1, 10-2 のように小さい長方形に分割して, D に含まれる小さい長方形だけを集め $D_1, D_2, \cdots, D_N$ のように番号を付ける.

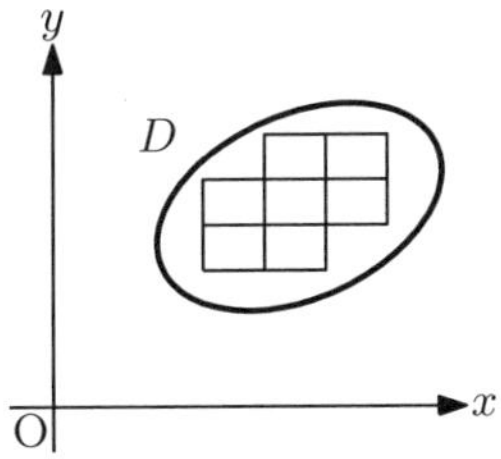

図 10-1

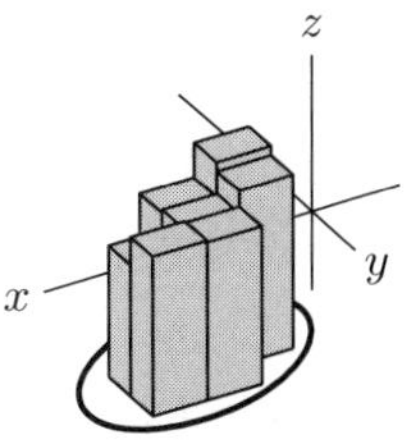

図 11-1

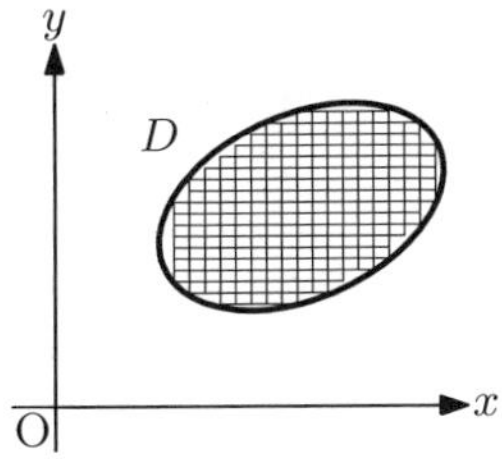

図 10-2

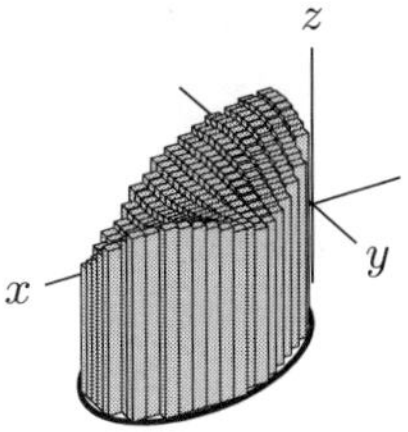

図 11-2

$D_1, D_2, \cdots, D_N$ をあわせても境界線の近くに隙間がありDと一致しないが, 図 10-1 と図 10-2 を見比べると, 長方形の分割を細かくすれば隙間は狭くなっていくことがわかる. 各 D_i から点を 1 つずつ選び, 座標を (ξ_i, η_i) とする. D が長方形の場合と同様に, $x \in D$ のとき $f(x,y) > 0$ であれば, 底面が D_i で高さが $f(\xi_i, \eta_i)$ の直方体を並べた図形は図 11-1, 11-2 である.
(底面はそれぞれ図 10-1, 10-2 である.)

このとき図 11-1, 11-2 の体積は

$$\sum_{i=1}^{N} f(\xi_i, \eta_i)(D_i \text{ の面積}) \tag{4.6}$$

で表される. (4.2) が表す領域 K は図 12 であり, 図 11-1, 11-2 を見ればわかるように, 分割を細かくしてい

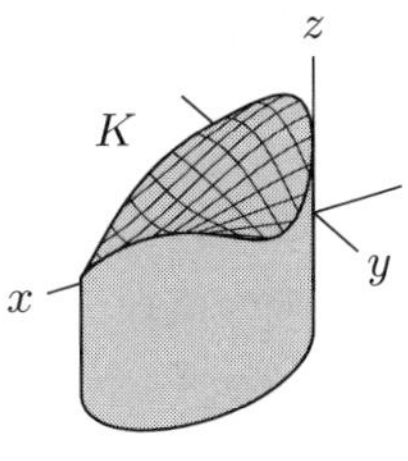

図 12

けば図 12 の K に近づくので，(4.6) はリーマン和であり K の体積に近づく．分割を細かくしていくときの (4.6) の極限値を，一般領域 D 上の重積分とする．

4.4 累次積分 (一般領域)

長方形上の重積分は公式 4.1 より累次積分で計算できるが，長方形でない領域でも累次積分で計算できる．領域の表し方として領域 D を

$$D : a \leq x \leq b,\ \psi(x) \leq y \leq \varphi(x) \qquad (4.7)$$

とする．ここで 2 つの関数 $\varphi(x)$, $\psi(x)$ は区間 $[a, b]$ 上の連続関数で，D を図示すれば図 13 のようになる．左右の境界が y 軸に平行な線分になっているので前節の図 9 のような領域は含まれないと思うかもしれないが，$\varphi(a) = \psi(a)$, $\varphi(b) = \psi(b)$ を満たせば線分はなくなり図 9 の場合も含まれる．ただし，凹みがある領域は (4.7) で表せないことがあり，その場合は領域を (4.7) で表されるような領域に分割して，それぞれの領域上の重積分の和をとればよい．

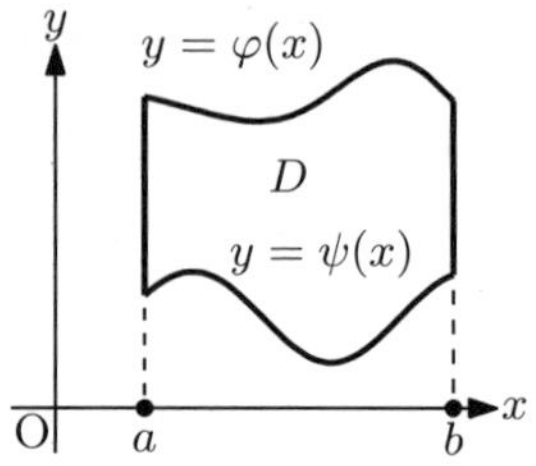

図 13

領域 (4.7) に対しても累次積分の公式が成り立つが．y に関する積分の区間が一定でないことに注意する．公式 4.1 と同様に $f(x, y) > 0$ を仮定して議論を進めるが，実際は $f(x, y)$ の値が 0 以下であっても正しい．

公式 4.2 (累次積分)

$$\iint_D f(x,y)\,dxdy = \int_a^b \left(\int_{\psi(x)}^{\varphi(x)} f(x,y)\,dy \right) dx \qquad (4.8)$$

証明の概略 区間 $[a, b]$ を

$$a = x_0 < x_1 < x_2 < \cdots < x_{n-1} < x_n = b$$

に分割して，ξ_i を $x_{i-1} \leq \xi_i \leq x_i$ を満たすように選ぶ．図 14 のように，y 軸に平行な直線 $x = x_i$ で D を n 個の細い領域に分割する．$f(x, y) > 0$ のとき，立体図形

$$K:\ a \leq x \leq b, \quad \psi(x) \leq y \leq \varphi(x), \quad 0 \leq z \leq f(x, y)$$

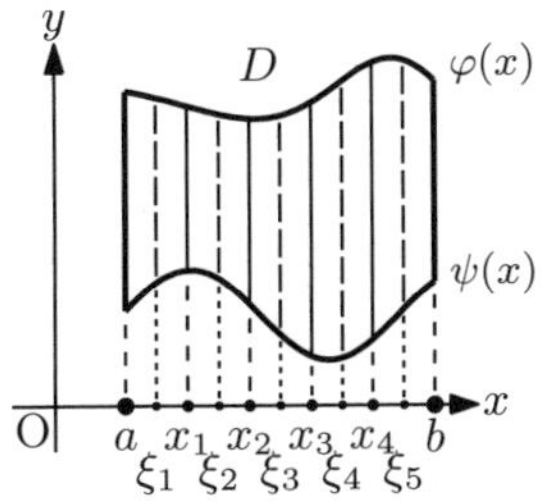

図 14

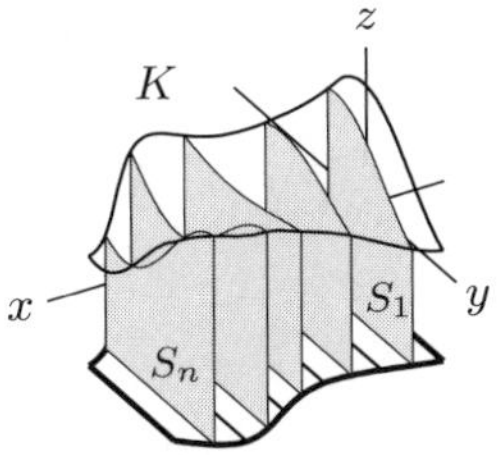

図 15

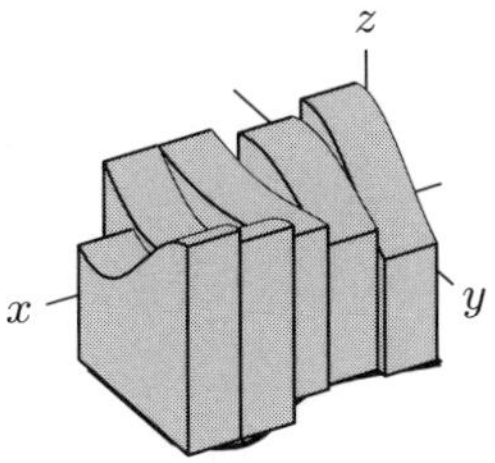

図 16-1

に対して，平面 $x = \xi_i$ による K の断面を S_i と書く．図 15 は $S_1, \cdots, S_n$ を並べた図である．また，側面が S_i で図 6-3 のような立体図形を並べたものが図 16-1 である．$a \leq x \leq b$ に対して，関数 $g(x)$ を

$$g(x) = \int_{\psi(x)}^{\varphi(x)} f(x, y)\, dy$$

とすれば，図 16-1 の各々の図形の側面 S_i の面積は $g(\xi_i)$ で厚みが $(x_i - x_{i-1})$ なので，体積は $g(\xi_i)(x_i - x_{i-1})$ である．よって，図 16-1 の体積は $g(x)$ のリーマン和

$$\sum_{i=1}^{n} g(\xi_i)\,(x_i - x_{i-1})$$

である．よって，$n \to \infty$ のとき $g(x)$ の定積分

$$\int_a^b g(x)\, dx = \int_a^b \left(\int_{\psi(x)}^{\varphi(x)} f(x, y)\, dy \right) dx \quad (4.9)$$

に収束する．

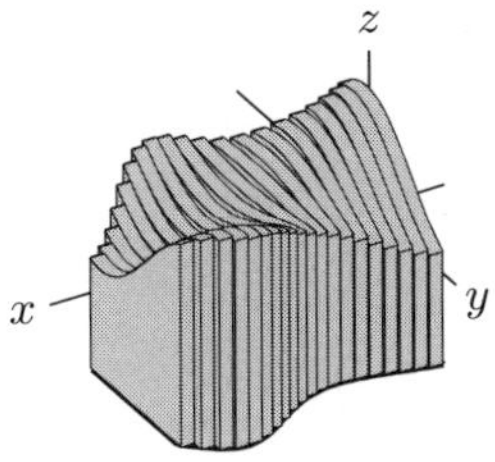

図 16-2

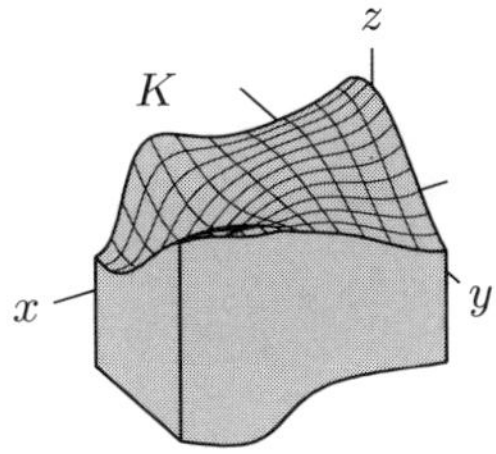

図 16-3

n が増えると図 16-1 は図 16-2 のように変化して図 16-3 の K に近づいていくので，K の体積は (4.9) に等しいが，この図形の体積は D を (4.7) とする重積分 $\iint_D f(x, y)\, dxdy$ なので (4.8) を得る．■

積分領域は 2 つの関数のグラフで挟まれた形で定義されていないことがありえるので，公式 4.2 を適用するまえに積分領域の図を描き，(4.7) のように表せる φ と ψ を探すことが必要である．

なお，公式 4.2 で累次積分に直すとき右辺の括弧をとるだけでなく

$$\int_a^b dx \int_{\psi(x)}^{\varphi(x)} f(x,y)\,dy$$

で表すこともできる.

例 4.3 $\displaystyle\iint_D xy(1-x-y)\,dxdy$ を計算する．ただし，$D: x \geq 0,\ y \geq 0,\ x+y \leq 1$．図 17 より，$D: 0 \leq x \leq 1,\ 0 \leq y \leq 1-x$.

$$\iint_D xy(1-x-y)\,dxdy$$
$$= \int_0^1 \int_0^{1-x} xy(1-x-y)\,dydx$$
$$= \int_0^1 \left[\frac{1}{2}xy^2(1-x) - \frac{1}{3}xy^3\right]_{y=0}^{y=1-x} dx$$
$$= \frac{1}{6}\int_0^1 x(1-x)^3\,dx = \frac{1}{6}\left[\frac{1}{2}x^2 - x^3 + \frac{3}{4}x^4 - \frac{1}{5}x^5\right]_0^1 = \frac{1}{120}. \quad ■$$

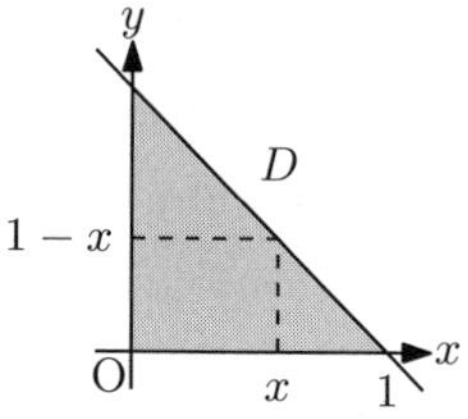

図 17

例 4.4 $\displaystyle\iint_D \sqrt{x}\,dxdy$ を計算する．ただし，$D: x^2 - x + y^2 \leq 0$.

図 18 より，$D: 0 \leq x \leq 1,\ -\sqrt{x-x^2} \leq y \leq \sqrt{x-x^2}$.

$$\iint_D \sqrt{x}\,dxdy = \int_0^1 dx \int_{-\sqrt{x-x^2}}^{\sqrt{x-x^2}} \sqrt{x}\,dy$$
$$= \int_0^1 dx \left[\sqrt{x}y\right]_{y=-\sqrt{x-x^2}}^{y=\sqrt{x-x^2}}$$
$$= 2\int_0^1 x\sqrt{1-x}\,dx = 2\int_0^1 (1-t)\sqrt{t}\,dt$$
$$= 2\left[\frac{2}{3}t^{\frac{3}{2}} - \frac{2}{5}t^{\frac{5}{2}}\right]_0^1 = \frac{8}{15}. \quad ■$$

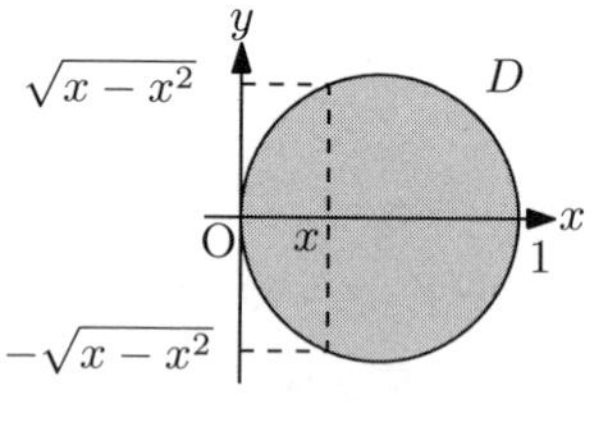

図 18

例 4.5 $\displaystyle\iint_D \frac{x^2}{y^2}\,dxdy$ を計算する．ただし，D は $x=2,\ y=x,\ xy=1$ で囲まれた領域.

図 19 より，$D: 1 \leq x \leq 2,\ \dfrac{1}{x} \leq y \leq x.$

$$\iint_D \frac{x^2}{y^2}\,dxdy = \int_1^2 \int_{\frac{1}{x}}^{x} \frac{x^2}{y^2}\,dydx$$

$$= \int_1^2 \left[-\frac{x^2}{y}\right]_{y=\frac{1}{x}}^{y=x} dx = \int_1^2 \left(-x + x^3\right) dx$$

$$= \left[-\frac{1}{2}x^2 + \frac{1}{4}x^4\right]_1^2 = \frac{9}{4}. \qquad ■$$

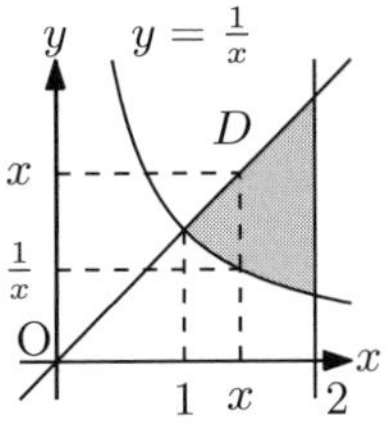

図 19

●問 4.2　次の重積分を計算せよ．

(1) $\displaystyle\iint_D (x-y)^2\,dxdy, \quad D: 0 \leq y \leq 3x \leq 3$

(2) $\displaystyle\iint_D xy\,dxdy, \quad D: x^2 + y^2 \leq 1,\ x \geq 0,\ y \geq 0$

(3) $\displaystyle\iint_D \frac{\log x}{y}\,dxdy, \quad D: 1 \leq x \leq e,\ 1 \leq y \leq e^x$

変数 x, y を交換して，領域 D が

$$D: c \leq y \leq d, \quad \widetilde{\psi}(y) \leq x \leq \widetilde{\varphi}(y) \tag{4.10}$$

で定義されると

公式 4.2′ (累次積分)

$$\iint_D f(x,y)\,dxdy = \int_c^d \left(\int_{\widetilde{\psi}(y)}^{\widetilde{\varphi}(y)} f(x,y)\,dx\right) dy \tag{4.11}$$

も得られる．

領域 D が (4.7) と (4.10) の 2 通りで表されるとき，D 上の重積分は (4.8) と (4.11) の両方で計算できる．実際計算するときは計算しやすいほうを選ぶが，場合によっては不定積分ができないから，積分する変数の順序を交換しなければならないことがある．累次積分からはじめる場合は (4.8) $\big($(4.11)$\big)$ の右辺の式から領域 (4.7) $\big($(4.10)$\big)$ の図を描き，それを見ながら領域 (4.10) $\big($(4.7)$\big)$ の形に直し，(4.11) $\big($(4.8)$\big)$ の右辺の累次積分を計算する．

例 4.6 $\displaystyle\int_0^1\left(\int_y^1 e^{x^2}\,dx\right)dy$ を計算する．

$D: 0 \le y \le 1,\ y \le x \le 1$ は図 20 より，$0 \le x \le 1,\ 0 \le y \le x$ で表せる．よって，

$$\int_0^1\left(\int_y^1 e^{x^2}\,dx\right)dy = \int_0^1\int_0^x e^{x^2}\,dydx$$

$$= \int_0^1 \left[ye^{x^2}\right]_{y=0}^{y=x} dx = \int_0^1 xe^{x^2}\,dx$$

$$= \left[\frac{1}{2}e^{x^2}\right]_0^1 = \frac{1}{2}(e-1).$$

■

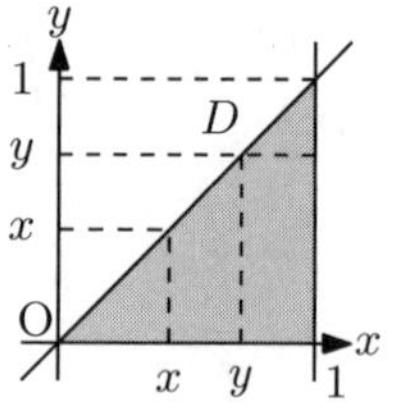

図 20

例 4.7 $\displaystyle\int_0^1\left(\int_{\sqrt{x}}^1 \frac{dy}{y+2}\right)dx$ を計算する．

$D: 0 \le x \le 1,\ \sqrt{x} \le y \le 1$ は図 21 より，$0 \le y \le 1,\ 0 \le x \le y^2$ で表せる．よって，

$$\int_0^1\left(\int_{\sqrt{x}}^1 \frac{dy}{y+2}\right)dx\ {}^{3)} = \int_0^1 dy \int_0^{y^2} \frac{dx}{y+2}$$

$$= \int_0^1 dy \left[\frac{x}{y+2}\right]_{x=0}^{x=y^2} = \int_0^1 \frac{y^2}{y+2}\,dy$$

$$= \int_0^1 \frac{y^2-4+4}{y+2}\,dy = \int_0^1 \left(y-2+\frac{4}{y+2}\right)dy$$

$$= \left[\frac{1}{2}y^2 - 2y + 4\log(y+2)\right]_0^1 = -\frac{3}{2} + 4\log\frac{3}{2}.$$

■

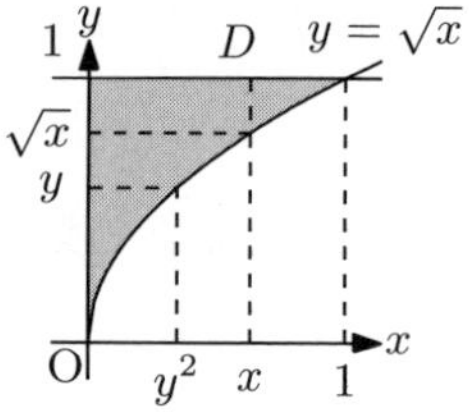

図 21

●問 4.3 次の累次積分を計算せよ．

(1) $\displaystyle\int_0^{\frac{\pi}{4}}\left(\int_{2y}^{\frac{\pi}{2}} \cos\frac{x^2}{\pi}\,dx\right)dy$

(2) $\displaystyle\int_0^1\left(\int_0^{\sqrt{y}} e^x\,dx\right)dy$

---

3) そのまま y で積分できるが，次に x で積分しようとしても不定積分が求まらない．

4.5　変数変換とヤコビアン

2 つの 2 変数関数 $\varphi(u,v), \psi(u,v)$ に対して

$$x = \varphi(u,v), \quad y = \psi(u,v)$$

で定まる点 (x,y) が D の点の座標になるような点 (u,v) を集めた領域を $\widetilde{D}$ と書く．D 上の関数 $f(x,y)$ の変数を u,v に変換した $f(\varphi(u,v),\psi(u,v))$ は領域 $\widetilde{D}$ 上の関数である．φ, ψ に対して

$$J(u,v) = \frac{\partial\varphi}{\partial u}(u,v)\frac{\partial\psi}{\partial v}(u,v) - \frac{\partial\varphi}{\partial v}(u,v)\frac{\partial\psi}{\partial u}(u,v) \qquad (4.12)$$

と書き，$J(u,v)$ を**ヤコビアン** (Jacobian) とよぶ．ヤコビアンを用いれば，次の公式が得られる．証明は公式 4.1, 4.2 と同様に，厳密なものでなく図を用いながら概略を述べる．

定理 4.1

$$\iint_D f(x,y)\, dxdy = \iint_{\widetilde{D}} f(\varphi(u,v),\psi(u,v))\, |J(u,v)|\, dudv \qquad (4.13)$$

証明の概略　もし u だけ動かしたとき，D の点 $(\varphi(u,v),\psi(u,v))$ は u を媒介変数とした曲線になり，v だけを動かしたときも同様である．よって，$\widetilde{D}$ を u 軸と v 軸に平行な直線で分割すれば，φ, ψ が 1 次関数でないかぎり，u 軸および v 軸に平行な直線は φ, ψ によって D 上の曲線にうつされるので，$\widetilde{D}$ の分割に対応して D は直線でなく曲線で分割される．

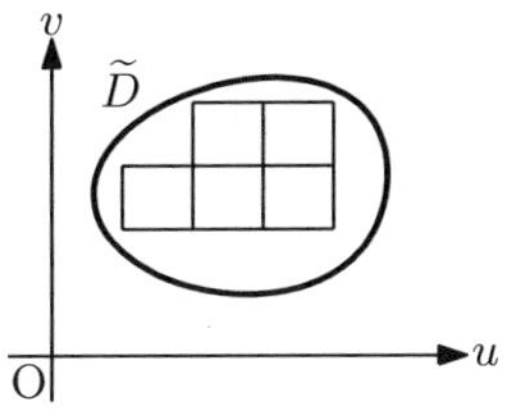

図 22-1

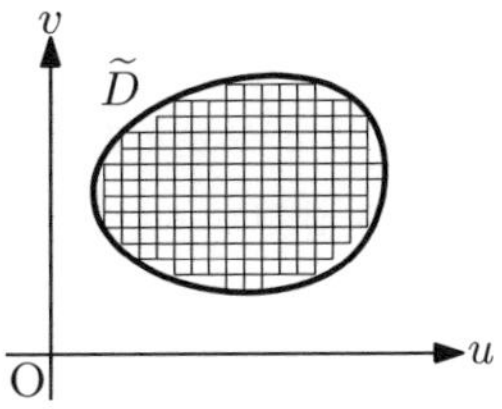

図 22-2

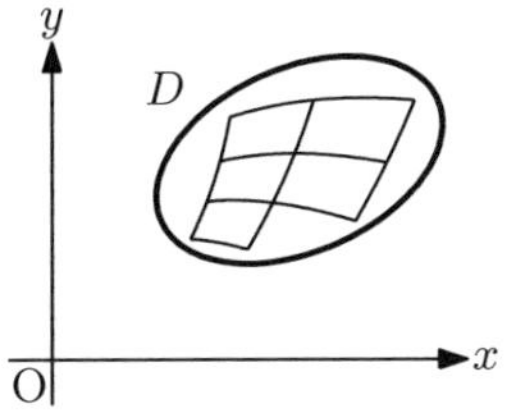

図 23-1

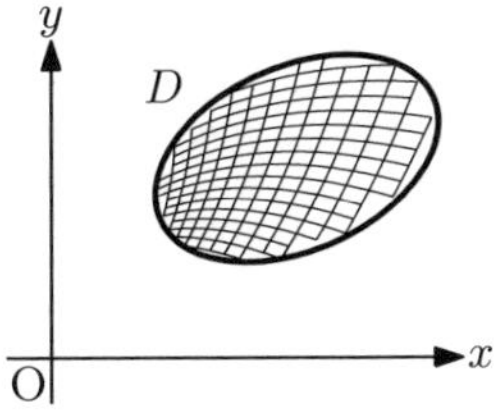

図 23-2

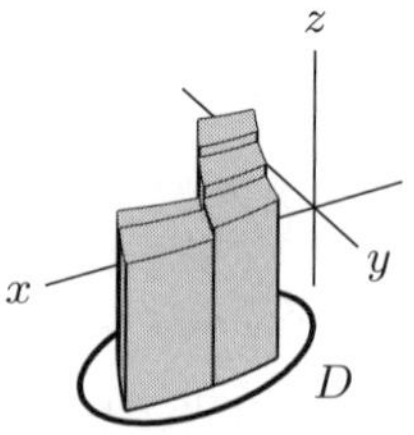

図 24-1

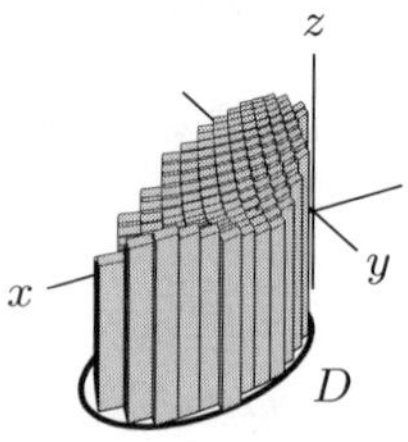

図 24-2

$\widetilde{D}$ を分割するとき，図 22-1 のように $\widetilde{D}$ に含まれる長方形だけ残し，それに対応して分割後の小さい長方形の点がうつる領域を集めると図 23-1 のようになる．図 22-2 のように $\widetilde{D}$ の分割を細かくしていくと，D においても図 23-2 のように分割が細かくなり，D と $\widetilde{D}$ の境界線付近の隙間が狭くなっていく．D と $\widetilde{D}$ の分割後の小さい領域を番号付けし，$D_1, \cdots, D_N$ および $\widetilde{D}_1, \cdots, \widetilde{D}_N$ と書き，

$$(u, v) \in \widetilde{D}_i \Longleftrightarrow (\varphi(u, v), \psi(u, v)) \in D_i$$

になるように D_i と $\widetilde{D}_i$ を対応させる．D_i から点を 1 つずつ選び，座標を (ξ_i, η_i) と書く．底面が D_i で高さが $f(\xi_i, \eta_i)$ である柱状の立体図形を集めると図 24-1 や図 24-2 のようになる．体積はリーマン和 (4.6) で表されるが，図 24-1 と図 24-2 の底面はそれぞれ領域の分割の図 23-1 と図 23-2 であり，分割を細かくすると，(4.6) は図 12 の K の体積である D 上の $f(x, y)$ の重積分 $\displaystyle\iint_D f(x, y)\, dxdy$ に近づくといえる．

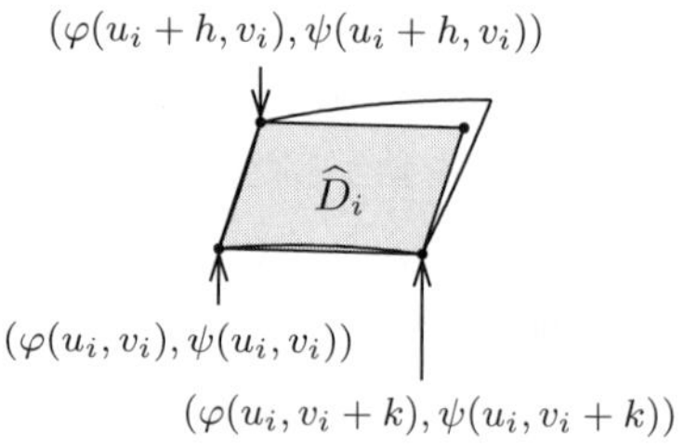

図 25

D_i は曲線で囲まれているので正確に面積を計算することは難しい．そこで，D_i に形状が近く面積の計算が容易な領域に置き換える．$\widetilde{D}_i$ は辺が u 軸，v 軸に平行なので，左下の頂点の座標を (u_i, v_i) として u 軸に平行な辺の長さを h，v 軸に平行な辺の長さを k とすれば

$$\widetilde{D}_i : u_i \leq u \leq u_i + h,\ v_i \leq v \leq v_i + k$$

になる．4 つの頂点のうち 3 つの頂点 (u_i, v_i), $(u_i + h, v_i)$, $(u_i, v_i + k)$ を φ, ψ でうつした D 内の 3 点を頂点とする平行四辺形を $\widehat{D}_i$ (図 25) とする．図 23-1 と図 23-2 の各 D_i $(i = 1, \cdots, N)$ を $\widehat{D}_i$ に替えると，それぞれ図 26-1 と図 26-2 になるが，D の分割を細かくすれば D_i を $\widehat{D}_i$ に替えても違いが目立たなく

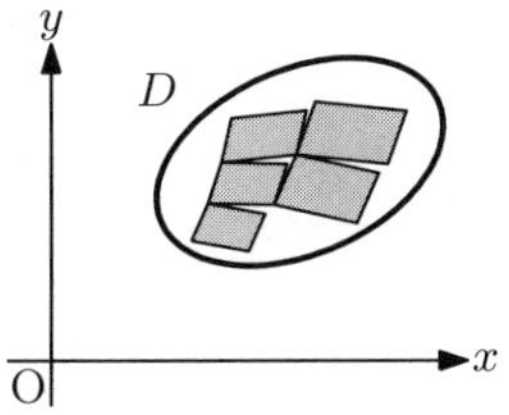

図 26-1

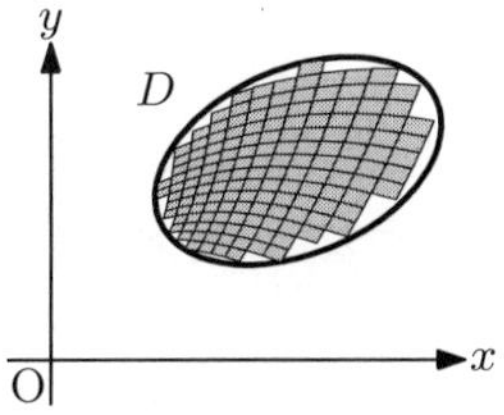

図 26-2

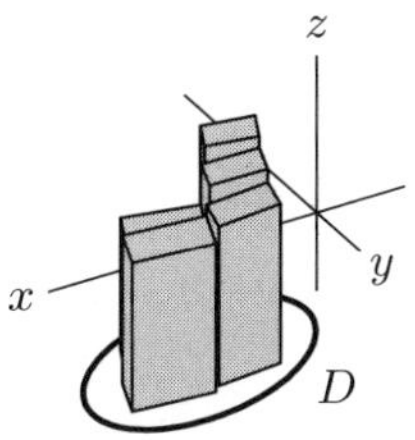

図 27-1

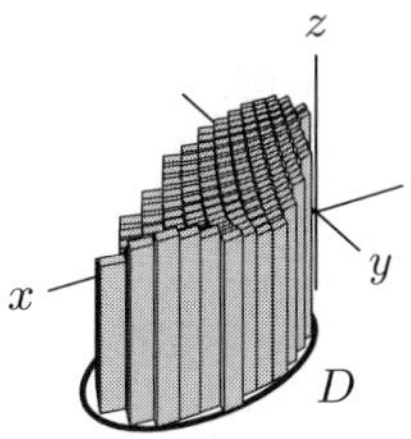

図 27-2

なる．図 24-1 と図 24-2 の柱形の底面をそれぞれ図 26-1 と図 26-2 に替えると図 27-1 と図 27-2 になる．図 26-1 を見てわかるように，図 27-1 の柱形の間には隙間があり図 24-1 との違いもわかるが，図 26-2 は図 23-2 と比べてほとんど違いはないように見え，図 27-2 と図 24-2 も同様である．さらに，D の分割を際限なく細かくしていけば図 12 の K に近づいていくことがうなづける．(4.6) における D_i の面積を $\widehat{D}_i$ に替えた

$$\sum_{i=1}^{N} f(\xi_i, \eta_i)\,(\widehat{D}_i \text{ の面積}) \tag{4.14}$$

は図 27-1, 27-2 の体積を表すが，D の分割を細かくしていけば図 12 の K の体積 $\displaystyle\iint_D f(x,y)\,dxdy$ に近づく．

ここで $\widehat{D}_i$ は平行四辺形であるから，面積は

$$\Big|(\varphi(u_i+h, v_i) - \varphi(u_i, v_i))\,(\psi(u_i, v_i+k) - \psi(u_i, v_i)) \\ - (\varphi(u_i, v_i+k) - \varphi(u_i, v_i))\,(\psi(u_i+h, v_i) - \psi(u_i, v_i))\Big|.$$

φ, ψ に平均値の定理を適用すれば

$$\varphi(u_i+h, v_i) - \varphi(u_i, v_i) = h\frac{\partial \varphi}{\partial u}(u_i + \theta_1 h, v_i),$$

$$\varphi(u_i, v_i+k) - \varphi(u_i, v_i) = k\frac{\partial \varphi}{\partial v}(u_i, v_i + \theta_2 k),$$

$$\psi(u_i+h, v_i) - \psi(u_i, v_i) = h\frac{\partial \psi}{\partial u}(u_i + \theta_3 h, v_i),$$

$$\psi(u_i, v_i + k) - \psi(u_i, v_i) = k\frac{\partial \psi}{\partial v}(u_i, v_i + \theta_4 k)$$

が成り立ち，$0 < \theta_j < 1$ $(j = 1, 2, 3, 4)$ を満たす θ_1, θ_2, θ_3, θ_4 がある．（θ は一律でないので番号を付けて区別した．）よって

$$\widehat{D}_i \text{の面積} = hk\left|\frac{\partial \varphi}{\partial u}(u_i + \theta_1 h, v_i)\frac{\partial \psi}{\partial v}(u_i, v_i + \theta_4 k) - \frac{\partial \varphi}{\partial v}(u_i, v_i + \theta_2 k)\frac{\partial \psi}{\partial u}(u_i + \theta_3 h, v_i)\right|. \quad (4.15)$$

D_i で選ばれた (ξ_i, η_i) に対応して，$\widetilde{D}_i$ の点 $(\widetilde{\xi}_i, \widetilde{\eta}_i)$ を

$$\varphi(\widetilde{\xi}_i, \widetilde{\eta}_i) = \xi_i, \quad \psi(\widetilde{\xi}_i, \widetilde{\eta}_i) = \eta_i$$

になるように選ぶ．(4.15) において $\dfrac{\partial \varphi}{\partial u}, \dfrac{\partial \varphi}{\partial v}, \dfrac{\partial \psi}{\partial u}, \dfrac{\partial \psi}{\partial v}$ に代入している $(u_i + \theta_1 h, v_i)$, $(u_i, v_i + \theta_2 k)$, $(u_i + \theta_3 h, v_i)$, $(u_i, v_i + \theta_4 k)$ を座標とする 4 点は長方形 $\widetilde{D}_i$ の辺上にある．$\widetilde{D}$ の分割を細かくすれば，これら 4 つの点と $\widetilde{D}_i$ 内にある点 $(\widetilde{\xi}_i, \widetilde{\eta}_i)$ との間の距離は 0 になっていく．よって，φ, ψ の偏導関数の変数に $(\widetilde{\xi}_i, \widetilde{\eta}_i)$ を代入したものに替えることによる差異は分割を細かくすればなくなっていくので，この関係を近似を意味する記号 ≒ を用いて

$$\widehat{D}_i \text{の面積} \fallingdotseq hk\left|\frac{\partial \varphi}{\partial u}(\widetilde{\xi}_i, \widetilde{\eta}_i)\frac{\partial \psi}{\partial v}(\widetilde{\xi}_i, \widetilde{\eta}_i) - \frac{\partial \varphi}{\partial v}(\widetilde{\xi}_i, \widetilde{\eta}_i)\frac{\partial \psi}{\partial u}(\widetilde{\xi}_i, \widetilde{\eta}_i)\right|$$

で表す．hk は長方形 $\widetilde{D}_i$ の面積であるから，(4.14) は

$$\sum_{i=1}^{N} f(\xi_i, \eta_i)(\widehat{D}_i \text{の面積}) \fallingdotseq \sum_{i=1}^{N} f(\varphi(\widetilde{\xi}_i, \widetilde{\eta}_i), \psi(\widetilde{\xi}_i, \widetilde{\eta}_i)) \times \left|\frac{\partial \varphi}{\partial u}(\widetilde{\xi}_i, \widetilde{\eta}_i)\frac{\partial \psi}{\partial v}(\widetilde{\xi}_i, \widetilde{\eta}_i) - \frac{\partial \varphi}{\partial v}(\widetilde{\xi}_i, \widetilde{\eta}_i)\frac{\partial \psi}{\partial u}(\widetilde{\xi}_i, \widetilde{\eta}_i)\right|(\widetilde{D}_i \text{の面積}) \quad (4.16)$$

になるが，両辺の差異は分割を細かくすれば 0 に近づく[4]．D の分割を細かくしていけば同時に $\widetilde{D}$ の分割も細かくなり，(4.16) の左辺は $f(x, y)$ の D 上の重積分になっていき，右辺は関数

4）(4.16) の同じ i の項の差が 0 でないだけでなく，分割を細かくすれば N が増えるので，(4.16) の差が 0 に近づくことは明らかでなく，厳密な証明には両辺の差異を不等式で評価する必要がある．

$$f(\varphi(u,v),\psi(u,v))\left|\frac{\partial\varphi}{\partial u}(u,v)\frac{\partial\psi}{\partial v}(u,v)-\frac{\partial\varphi}{\partial v}(u,v)\frac{\partial\psi}{\partial u}(u,v)\right|$$

の $\widetilde{D}$ 上の重積分になっていく．以上により (4.13) が示せた．■

例 4.8　$x=u^2-v^2,\ y=4uv$ に対するヤコビアンは $J(u,v)=8(u^2+v^2)$ になるので

$$\iint_D f(x,y)\,dxdy=8\iint_{\widetilde{D}} f(u^2-v^2,4uv)(u^2+v^2)\,dudv.$$ ■

●**問 4.4**　$x=u+v,\ y=u^2-uv+v^2$ に対するヤコビアンを求めよ．

4.6　1 次変換と重積分

置換積分の計算においては，公式 2.2-1 または 2.2-2 における $\varphi(x)$ をみつけることまで要求される場合が多いが，重積分において変数変換するとき，計算がうまくいくように定理 4.1 における $\varphi(x)$, $\psi(x)$ を探すことは非常に難しい．本節と次節で，重積分の計算でよく利用される典型的な変数変換を紹介する．

a,b,c,d を定数として

$$\begin{cases} s=ax+by \\ t=cx+dy \end{cases} \tag{4.17}$$

により点 (x,y) を点 (s,t) にうつす変換を定める．右辺は x,y に関して 1 次式なので **1 次変換**とよぶ．$ad-bc\neq 0$ のとき (4.17) を x,y を s,t の 1 次式で表すことができ，以下のようになる[5)]．

$$\begin{cases} x=\dfrac{1}{ad-bc}(ds-bt) \\ y=\dfrac{1}{ad-bc}(-cs+at). \end{cases} \tag{4.18}$$

このとき，変数を u, v の代わりに s, t にしてヤコビアンの公式 (4.12) を適用すると，

5)　係数は行列 $\begin{bmatrix} a & b \\ c & d \end{bmatrix}$ の逆行列の成分で，$ad-bc$ は行列式である．

$$\varphi(s,t) = \frac{1}{ad-bc}(ds-bt), \quad \psi(s,t) = \frac{1}{ad-bc}(-cs+at)$$

に対して

$$J(s,t) = \frac{ad-bc}{(ad-bc)^2} = \frac{1}{ad-bc} \tag{4.19}$$

になり，定数である．また (4.19) により直接 (4.17) からヤコビアン $J(s,t)$ が求まり，これは定数なので $|J(s,t)|$ を積分の前に移せる．よって，積分領域 D の点が (4.17) により $\widetilde{D}$ の点にうつるとすれば，以下の公式が得られる．

公式 4.3

$$\iint_D f(ax+by, cx+dy)\, dxdy = \frac{1}{|ad-bc|} \iint_{\widetilde{D}} f(s,t)\, dsdt$$

積分領域 D が図 28, 29 のような平行四辺形で，(4.17) のような 1 次変換により長方形 $\widetilde{D}$ にうつれば，公式 4.1 が適用できて重積分が計算しやすくなる．

例 4.9 $\displaystyle\iint_D \frac{(2x-3y)^2}{4x-y}\, dxdy$ を計算する．ただし，$D: 1 \leq 4x-y \leq 7$, $-5 \leq 2x-3y \leq -1$ (図 28).

$$s = 4x-y, \qquad t = 2x-3y$$

により変数 s, t の重積分に変換すれば，積分領域は

$$\widetilde{D}: 1 \leq s \leq 7, \ -5 \leq t \leq -1.$$

(4.19) より，ヤコビアンは

$$\frac{1}{4 \times (-3) - (-1) \times 2} = -\frac{1}{10}.$$

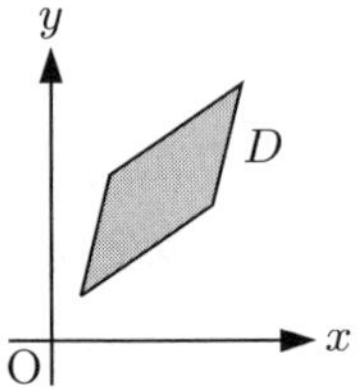

図 28

したがって

$$\iint_D \frac{(2x-3y)^2}{4x-y}\, dxdy = \frac{1}{10} \iint_{\widetilde{D}} \frac{t^2}{s}\, dsdt$$

$$= \frac{1}{10} \int_{-5}^{-1} \int_1^7 \frac{t^2}{s}\, dsdt = \frac{1}{10} \int_{-5}^{-1} \Big[t^2 \log s \Big]_{s=1}^{s=7} dt$$

$$= \frac{\log 7}{10} \left[\frac{1}{3} t^3 \right]_{-5}^{-1} = \frac{62}{15} \log 7.$$

■

次の例は，(4.18) のように x, y を s, t の式で表す必要がある．

例 4.10　$\displaystyle\iint_D e^{7x+3y}\,dxdy$ を計算する．ただし，$D: -1 \leq x - y \leq 2,$ $1 \leq 2x + 3y \leq 5$ (図 29).

$$s = x - y, \qquad t = 2x + 3y$$

により変数 s, t の重積分に変換すれば，積分領域は

$$\widetilde{D}: -1 \leq s \leq 2,\ 1 \leq t \leq 5.$$

(4.19) より，ヤコビアンは

$$\frac{1}{1 \times 3 - (-1) \times 2} = \frac{1}{5}.$$

x, y を s, t の式で表せば

$$x = \frac{1}{5}(3s + t), \quad y = \frac{1}{5}(-2s + t)$$

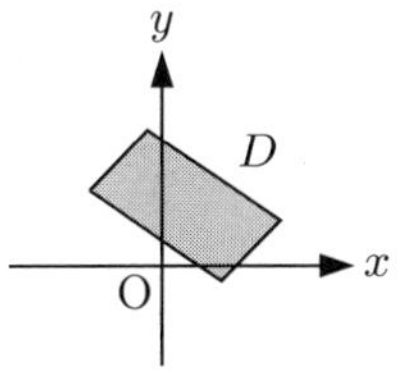

図 29

になるので，

$$7x + 3y = \frac{1}{5}(21s + 7t - 6s + 3t) = 3s + 2t.$$

したがって

$$\iint_D e^{7x+3y}\,dxdy = \frac{1}{5}\iint_{\widetilde{D}} e^{3s+2t}\,dsdt = \frac{1}{5}\int_1^5 dt \int_{-1}^2 e^{3s+2t}\,ds$$

$$= \frac{1}{5}\int_1^5 dt \left[\frac{1}{3}e^{3s+2t}\right]_{s=-1}^{s=2} = \frac{1}{15}\int_1^5 \left(e^{6+2t} - e^{-3+2t}\right) dt$$

$$= \frac{1}{15}\left[\frac{1}{2}e^{6+2t} - \frac{1}{2}e^{-3+2t}\right]_1^5 = \frac{1}{30}\left(e^{16} - e^7 - e^8 + e^{-1}\right).$$

■

●問 4.5　次の重積分を計算せよ．

(1) $\displaystyle\iint_D (3x + 6y)^3 (2x + 5y)^2\,dxdy,\ D: 1 \leq 3x + 6y \leq 2,\ -3 \leq 2x + 5y \leq 1$

(2) $\displaystyle\iint_D \cos 7x\,dxdy,\ D: -\frac{\pi}{6} \leq 3x - 2y \leq \pi,\ \frac{\pi}{3} \leq -2x - y \leq \frac{\pi}{2}$

(3) $\displaystyle\iint_D \frac{dxdy}{(x + y)^2},\ D: 1 \leq 5x - 4y \leq 2,\ -1 \leq -8x + 7y \leq 1$

4.7 極座標による重積分の計算

平面上の点 (x, y) に対して，図 30 のように

$$\begin{cases} r = \sqrt{x^2 + y^2} \\ \theta = \arctan \dfrac{y}{x} \end{cases}$$

で r, θ を定めたとき (r, θ) を**極座標**とよぶ．
(それに対して (x, y) を**直交座標**とよぶ．)

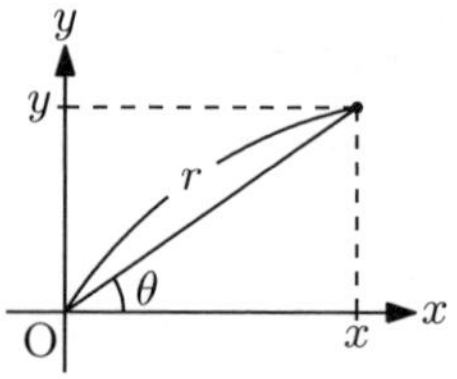

図 30

r は原点からの距離，θ は点 (x, y) と原点を結ぶ線分と x 軸の正の方向とのなす角である．次の関係により，x, y を r, θ に変数変換できる．

$$x = r\cos\theta, \quad y = r\sin\theta \,.$$

ここで r と θ は

$$0 \leq r, \quad 0 \leq \theta \leq 2\pi$$

に含まれる領域の点の座標であるが，θ については幅が 2π を超えなければ，例 4.16 のように 0 以下や 2π 以上の実数を含んだ区間でもよい．

変数を u, v の代わりに r, θ にしてヤコビアンの公式 (4.12) を適用すると，

$$\varphi(r, \theta) = r\cos\theta, \quad \psi(r, \theta) = r\sin\theta$$

に対して

$$\begin{aligned} J(r, \theta) &= \cos\theta \times r\cos\theta - (-\sin\theta) \times r\sin\theta \\ &= r(\cos^2\theta + \sin^2\theta) = r. \end{aligned}$$

よって

公式 4.4

$$\iint_D f(x, y)\, dxdy = \iint_{\widetilde{D}} f(r\cos\theta, r\sin\theta)\, r\, drd\theta$$

になり，極座標による変数変換の公式として使える．(ヤコビアンの r を忘れないように！)

以下の図 31～図 33 のように，積分領域が原点を中心とする円周と原点を通る直線で囲まれる図形であれば，極座標により長方形上の重積分に変換され公式 4.1 が適用でき，計算しやすくなる．

例 4.11　$\displaystyle\iint_D xy\,dxdy$ を計算する．ただし，$D: x \geq 0,\ y \geq 0,\ x^2+y^2 \leq 4$ (図 31)．　極座標に変換すれば，積分領域は

$$\widetilde{D}: 0 \leq r \leq 2,\ 0 \leq \theta \leq \frac{\pi}{2}.$$

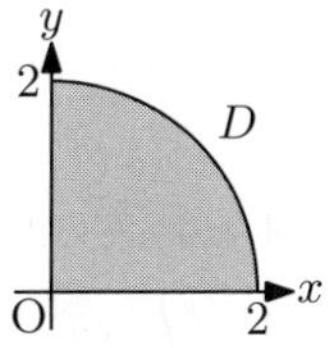

図 31

したがって

$$\iint_D xy\,dxdy = \iint_{\widetilde{D}} r^3 \sin\theta\cos\theta\,drd\theta$$

$$= \int_0^2 \int_0^{\frac{\pi}{2}} r^3 \sin\theta\cos\theta\,d\theta dr = \frac{1}{2}\int_0^2 \int_0^{\frac{\pi}{2}} r^3 \sin 2\theta\,d\theta dr$$

$$= \frac{1}{2}\int_0^2 \left[-\frac{r^3}{2}\cos 2\theta\right]_{\theta=0}^{\theta=\frac{\pi}{2}} dr = \frac{1}{2}\int_0^2 r^3\,dr = \frac{1}{2}\left[\frac{1}{4}r^4\right]_0^2 = 2.$$ ■

例 4.12　$\displaystyle\iint_D e^{x^2+y^2}\,dxdy$ を計算する．ただし，$D: 1 \leq x^2+y^2 \leq 4$ (図 32)．　極座標に変換すれば，積分領域は

$$\widetilde{D}: 1 \leq r \leq 2,\ 0 \leq \theta \leq 2\pi.$$

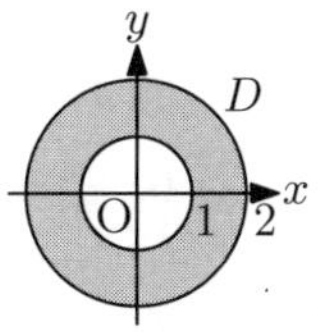

図 32

したがって

$$\iint_D e^{x^2+y^2}\,dxdy = \iint_{\widetilde{D}} e^{r^2} r\,drd\theta = \int_1^2 \int_0^{2\pi} e^{r^2} r\,d\theta dr$$

$$= 2\pi\int_1^2 e^{r^2} r\,dr = 2\pi\left[\frac{1}{2}e^{r^2}\right]_1^2 = \pi(e^4 - e).$$ ■

例 4.13　$\displaystyle\iint_D \frac{x^2}{\sqrt{x^2+y^2}}\,dxdy$ を計算する．ただし，$D: x^2+y^2 \leq 9$, $0 \leq y \leq x$ (図 33)．

極座標に変換すれば，積分領域は

$$\widetilde{D}: 0 \leq r \leq 3,\ 0 \leq \theta \leq \frac{\pi}{4}.$$

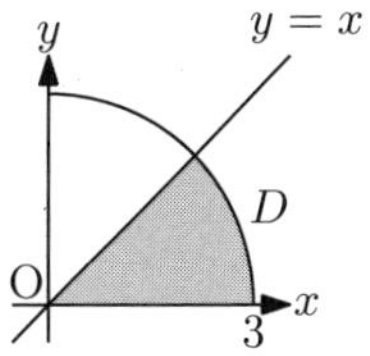

図 33

したがって

$$\iint_D \frac{x^2}{\sqrt{x^2+y^2}}\,dxdy = \iint_{\widetilde{D}} r^2\cos^2\theta\,drd\theta$$

$$= \int_0^3 dr \int_0^{\frac{\pi}{4}} r^2\cos^2\theta\,d\theta = \frac{1}{2}\int_0^3 r^2\,dr \int_0^{\frac{\pi}{4}} (1+\cos 2\theta)\,d\theta$$

$$= \frac{1}{2}\int_0^3 r^2\,dr\left[\theta + \frac{1}{2}\sin 2\theta\right]_0^{\frac{\pi}{4}} = \frac{1}{2}\left(\frac{\pi}{4}+\frac{1}{2}\right)\left[\frac{1}{3}r^3\right]_0^3$$
$$= \frac{9(\pi+2)}{8}.$$ ■

●**問 4.6** 次の重積分を計算せよ．

(1) $\displaystyle\iint_D xy^4\,dxdy, \quad D: x \geq 0,\ y \geq 0,\ x^2+y^2 \leq 4$

(2) $\displaystyle\iint_D \frac{x^2y}{x^2+y^2}\,dxdy, \quad D: 1 \leq x^2+y^2 \leq 4,\ y \geq 0$

(3) $\displaystyle\iint_D \frac{y}{\sqrt{x^2+y^2}}\,dxdy, \quad D: 3 \leq x^2+y^2 \leq 4,\ 0 \leq \sqrt{3}x \leq y$

これまでの例や問における変換後の領域 $\widetilde{D}$ は長方形であったが，長方形にならない例を紹介する．

例 4.14 $\displaystyle\iint_D y\,dxdy$ を計算する．ただし，$D: 1 \leq x^2+y^2 \leq 4,\ 0 \leq x \leq 1,\ y \geq 0$ (図 34).

$x \geq 0,\ y \geq 0$ より，$0 \leq \theta \leq \dfrac{\pi}{2}$ で r は $1 \leq r \leq 2,\ 0 \leq r \leq \dfrac{1}{\cos\theta}$ を満たすので，$\dfrac{1}{\cos\theta}$ と 2 を比べることにより θ の範囲を 2 つに分け

$$\widetilde{D}:\ 0 \leq \theta \leq \frac{\pi}{3} \text{ のとき } 1 \leq r \leq \frac{1}{\cos\theta},$$
$$\frac{\pi}{3} \leq \theta \leq \frac{\pi}{2} \text{ のとき } 1 \leq r \leq 2.$$

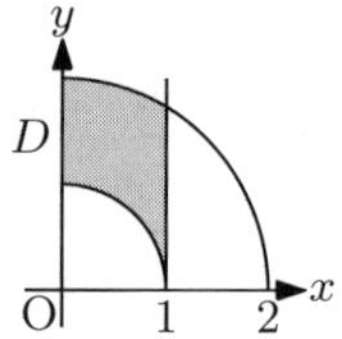

図 34

したがって

$$\iint_D y\,dxdy = \iint_{\widetilde{D}} r^2\sin\theta\,drd\theta$$
$$= \int_0^{\frac{\pi}{3}}\int_1^{\frac{1}{\cos\theta}} r^2\sin\theta\,drd\theta + \int_{\frac{\pi}{3}}^{\frac{\pi}{2}}\int_1^2 r^2\sin\theta\,drd\theta$$
$$= \int_0^{\frac{\pi}{3}}\left[\frac{1}{3}r^3\sin\theta\right]_{r=1}^{r=\frac{1}{\cos\theta}} d\theta + \int_{\frac{\pi}{3}}^{\frac{\pi}{2}}\left[\frac{1}{3}r^3\sin\theta\right]_{r=1}^{r=2} d\theta$$
$$= \frac{1}{3}\int_0^{\frac{\pi}{3}}\left(\frac{\sin\theta}{\cos^3\theta} - \sin\theta\right) d\theta + \frac{7}{3}\int_{\frac{\pi}{3}}^{\frac{\pi}{2}}\sin\theta\,d\theta$$

$$= \frac{1}{3}\left[\frac{1}{2\cos^2\theta} + \cos\theta\right]_0^{\frac{\pi}{3}} + \frac{7}{3}\Big[-\cos\theta\Big]_{\frac{\pi}{3}}^{\frac{\pi}{2}} = \frac{3}{2}. \qquad ■$$

例 4.15　$\displaystyle\iint_D xy\,dxdy$ を計算する．ただし，$D : 2x \leq x^2 + y^2 \leq 4,\ x \geq 0,\ y \geq 0$ (図 35).

$x \geq 0,\ y \geq 0$ より，$0 \leq \theta \leq \dfrac{\pi}{2}$ で r は $2r\cos\theta \leq r^2 \leq 4$ を満たすので

$$\widetilde{D} : 0 \leq \theta \leq \frac{\pi}{2},\ 2\cos\theta \leq r \leq 2.$$

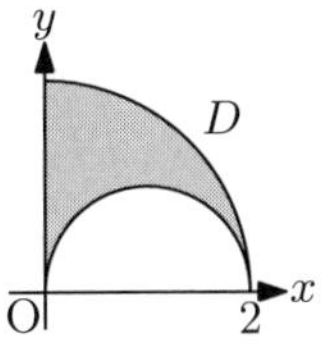

図 35

したがって

$$\iint_D xy\,dxdy = \iint_{\widetilde{D}} r^3 \sin\theta\cos\theta\,drd\theta$$

$$= \int_0^{\frac{\pi}{2}} d\theta \int_{2\cos\theta}^{2} r^3 \sin\theta\cos\theta\,dr$$

$$= \int_0^{\frac{\pi}{2}} d\theta \left[\frac{1}{4} r^4 \sin\theta\cos\theta\right]_{r=2\cos\theta}^{r=2} = 4\int_0^{\frac{\pi}{2}} (\cos\theta - \cos^5\theta)\sin\theta\,d\theta$$

$$= 4\int_0^1 (t - t^5)\,dt = 4\left[\frac{1}{2}t^2 - \frac{1}{6}t^6\right]_0^1 = \frac{4}{3}. \qquad ■$$

●問 4.7　次の重積分を計算せよ．

(1) $\displaystyle\iint_D \frac{x^2 y}{x^2 + y^2}\,dxdy, \quad D : 1 \leq x^2 + y^2 \leq 4,\ 0 \leq x \leq 1,\ y \geq 0$

(2) $\displaystyle\iint_D \frac{xy}{\sqrt{x^2 + y^2}}\,dxdy, \quad D : x^2 + y^2 \leq 2x,\ x^2 + y^2 \geq x,\ y \geq 0$

被積分関数を 1 とした重積分 $\displaystyle\iint_D dxdy$ は D の面積である．陰関数のグラフで囲まれた領域では x と y で累次積分できなくても，極座標変換により領域を表す不等式が累次積分できる形になり面積が求められることがある．

例 4.16　$a > 0$ として，曲線 $\left(x^2 + y^2\right)^2 = a^2\left(x^2 - y^2\right)$ で囲まれた領域 D (例 3.22 参照) の面積を計算する (図 36).

曲線の方程式を極座標の方程式に直すと

$$r^4 = (r^2)^2 = a^2(r^2\cos^2\theta - r^2\sin^2\theta)$$

$$= a^2 r^2(\cos^2\theta - \sin^2\theta) = a^2 r^2 \cos 2\theta.$$

よって $r^2 = a^2\cos 2\theta$ になるが，θ の範囲は $\cos 2\theta \geq 0$ が条件なので

$$-\frac{\pi}{4} \leq \theta \leq \frac{\pi}{4}, \quad \frac{3}{4}\pi \leq \theta \leq \frac{5}{4}\pi.$$

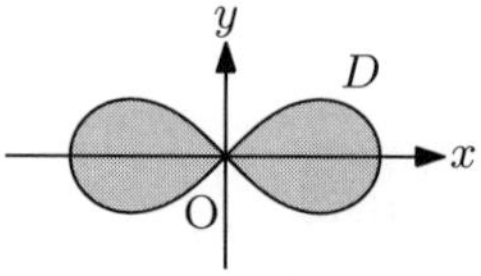

図 36

図 36 を見てわかるように，D は左右対称なので，

$$\widetilde{D} : -\frac{\pi}{4} \leq \theta \leq \frac{\pi}{4},\ 0 \leq r \leq a\sqrt{\cos 2\theta}$$

に対応する領域の面積の 2 倍を計算する．

$$\iint_D dxdy = 2\iint_{\widetilde{D}} r\,drd\theta = 2\int_{-\frac{\pi}{4}}^{\frac{\pi}{4}} \int_0^{a\sqrt{\cos 2\theta}} r\,drd\theta$$

$$= 2\int_{-\frac{\pi}{4}}^{\frac{\pi}{4}} \left[\frac{1}{2}r^2\right]_0^{a\sqrt{\cos 2\theta}} d\theta = a^2\int_{-\frac{\pi}{4}}^{\frac{\pi}{4}} \cos 2\theta\,d\theta$$

$$= a^2\left[\frac{1}{2}\sin 2\theta\right]_{-\frac{\pi}{4}}^{\frac{\pi}{4}} = a^2.$$

■

例 4.17 $a > 0$ として，曲線 $x^3 + y^3 = axy$ で囲まれた領域 D (例 3.17 参照) の面積を計算する (図 37).

極座標に直すと

$$r^3(\cos^3\theta + \sin^3\theta) = ar^2\sin\theta\cos\theta$$

になるので，

$$r = \frac{a\sin\theta\cos\theta}{\cos^3\theta + \sin^3\theta}.$$

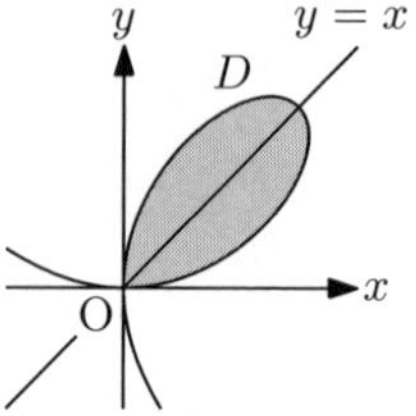

図 37

θ の範囲は $0 \leq \theta \leq \dfrac{\pi}{2}$ であるが，図 37 を見てわかるように，D は直線 $y = x$ に関して対称[6]なので，

$$\widetilde{D} : 0 \leq \theta \leq \frac{\pi}{4},\ 0 \leq r \leq \frac{a\sin\theta\cos\theta}{\cos^3\theta + \sin^3\theta}$$

に対応する領域の面積の 2 倍を計算する．

$$\iint_D dxdy = 2\iint_{\widetilde{D}} r\,drd\theta = 2\int_0^{\frac{\pi}{4}} d\theta \int_0^{\frac{a\sin\theta\cos\theta}{\cos^3\theta+\sin^3\theta}} r\,dr$$

6) 方程式の変数 x, y を交換しても変わらないからである．

$$
\begin{aligned}
&= 2\int_0^{\frac{\pi}{4}} d\theta \left[\frac{1}{2}r^2\right]_0^{\frac{a\sin\theta\cos\theta}{\cos^3\theta+\sin^3\theta}} = \int_0^{\frac{\pi}{4}} \left(\frac{a\sin\theta\cos\theta}{\cos^3\theta+\sin^3\theta}\right)^2 d\theta \\
&= a^2\int_0^{\frac{\pi}{4}} \left(\frac{\tan\theta}{1+\tan^3\theta}\right)^2 \frac{d\theta}{\cos^2\theta} \\
&= a^2\int_0^1 \frac{t^2}{(1+t^3)^2}\,dt \quad (t=\tan\theta\text{で置換}) \\
&= \frac{a^2}{3}\int_0^1 \frac{ds}{(1+s)^2} \quad (s=t^3\text{で置換}) \\
&= \frac{a^2}{3}\left[-\frac{1}{1+s}\right]_0^1 = \frac{a^2}{3}\left(-\frac{1}{2}+1\right) = \frac{a^2}{6}.
\end{aligned}
$$

■

●問 4.8　次の重積分を計算せよ.

$$\iint_D xy\,dxdy, \quad D: \left(x^2+y^2\right)^2 \leq x^2-y^2,\ x \geq 0,\ y \geq 0$$

4.8　広義重積分

関数 $f(x,y)$ が領域 D の中で発散したり，D が無限領域のときの重積分を**広義重積分**という．直接 D 上で重積分しないで，$f(x,y)$ が発散する点の近くを除いた領域や有限な領域を設定して重積分を計算して，領域をもとの領域 D に近づけたときの極限値を D 上の重積分とする．領域の設定方法は D の形状と $f(x,y)$ により，さまざまある．

例 4.18　$\displaystyle\iint_D \frac{dxdy}{\sqrt{x-y}}$ を計算する．ただし，$D: 0 \leq y \leq x,\ x \leq 1$.

$\varepsilon > 0$ に対して

$$D_\varepsilon: 0 \leq y \leq x-\varepsilon,\ \varepsilon \leq x \leq 1$$

とすれば (図 38),

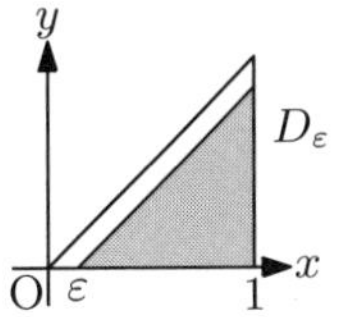

図 38

$$
\begin{aligned}
\iint_D \frac{dxdy}{\sqrt{x-y}} &= \lim_{\varepsilon\to 0}\iint_{D_\varepsilon} \frac{dxdy}{\sqrt{x-y}} \\
&= \lim_{\varepsilon\to 0}\int_\varepsilon^1 \int_0^{x-\varepsilon} \frac{dy}{\sqrt{x-y}}\,dx
\end{aligned}
$$

$$= \lim_{\varepsilon \to 0} \int_{\varepsilon}^{1} \Big[-2\sqrt{x-y} \Big]_{y=0}^{y=x-\varepsilon} dx = 2 \lim_{\varepsilon \to 0} \int_{\varepsilon}^{1} \left(\sqrt{x} - \sqrt{\varepsilon} \right) dx$$

$$= 2 \lim_{\varepsilon \to 0} \left[\frac{2}{3} x^{\frac{3}{2}} - \sqrt{\varepsilon} x \right]_{\varepsilon}^{1} = 2 \lim_{\varepsilon \to 0} \left(\frac{2}{3} - \varepsilon^{\frac{1}{2}} - \frac{2}{3} \varepsilon^{\frac{3}{2}} + \varepsilon^{\frac{3}{2}} \right) = \frac{4}{3}. \quad ■$$

例 4.19 $\displaystyle \iint_D \frac{x}{\sqrt[3]{(x^2+y^2)^4}} dxdy$ を計算する．ただし，$D : 0 \le x$, $x^2 + y^2 \le 1$.

$\varepsilon > 0$ に対して

$$D_{\varepsilon} : 0 \le x,\ \varepsilon \le \sqrt{x^2+y^2} \le 1$$

として (図 39)，極座標に変換すれば $\varepsilon \le r \le 1$, $\dfrac{\pi}{2} \le \theta \le \dfrac{\pi}{2}$ になるので

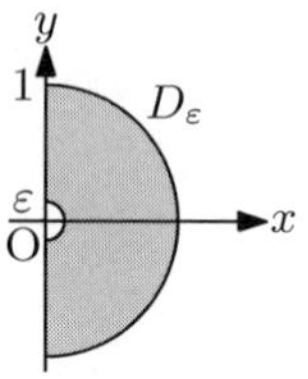

図 39

$$\iint_D \frac{x}{\sqrt[3]{(x^2+y^2)^4}} dxdy = \lim_{\varepsilon \to 0} \iint_{D_{\varepsilon}} \frac{x}{\sqrt[3]{(x^2+y^2)^4}} dxdy$$

$$= \lim_{\varepsilon \to 0} \int_{-\frac{\pi}{2}}^{\frac{\pi}{2}} d\theta \int_{\varepsilon}^{1} \frac{\cos\theta}{r^{\frac{2}{3}}} dr = \lim_{\varepsilon \to 0} \int_{-\frac{\pi}{2}}^{\frac{\pi}{2}} d\theta \Big[3\cos\theta \sqrt[3]{r} \Big]_{r=\varepsilon}^{r=1}$$

$$= 3 \lim_{\varepsilon \to 0} \left(1 - \sqrt[3]{\varepsilon} \right) \int_{-\frac{\pi}{2}}^{\frac{\pi}{2}} \cos\theta \, d\theta = 3 \Big[\sin\theta \Big]_{-\frac{\pi}{2}}^{\frac{\pi}{2}} = 6. \quad ■$$

例 4.20 $\displaystyle \iint_D \frac{dxdy}{(1+x+y^2)^2}$ を計算する．ただし，$D : 0 \le x,\ 0 \le y \le 1$.

$R > 0$ に対して

$$D_R : 0 \le x \le R,\ 0 \le y \le 1$$

とすれば (図 40)，

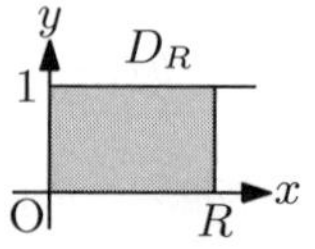

図 40

$$\iint_D \frac{dxdy}{(1+x+y^2)^2}$$

$$= \lim_{R \to \infty} \iint_{D_R} \frac{dxdy}{(1+x+y^2)^2} = \lim_{R \to \infty} \int_0^1 \int_0^R \frac{dx}{(1+x+y^2)^2} dy$$

$$= \lim_{R \to \infty} \int_0^1 \left[-\frac{1}{1+x+y^2} \right]_{x=0}^{x=R} dy$$

$$= \lim_{R \to \infty} \int_0^1 \left(\frac{1}{1+y^2} - \frac{1}{1+R+y^2} \right) dy$$

$$= \lim_{R\to\infty} \left[\arctan y - \frac{1}{\sqrt{1+R}} \arctan \frac{y}{\sqrt{1+R}} \right]_0^1$$

$$= \lim_{R\to\infty} \left(\frac{\pi}{4} - \frac{1}{\sqrt{1+R}} \arctan \frac{1}{\sqrt{1+R}} \right) = \frac{\pi}{4}. \quad ■$$

例 4.21 $\displaystyle\iint_D e^{-(x^2+y^2)}\,dxdy$ を計算する．ただし，$D: 0 \leq x,\ 0 \leq y$.

$R > 0$ に対して

$$D_R: 0 \leq x,\ 0 \leq y,\ 0 \leq \sqrt{x^2+y^2} \leq R$$

として (図 41)，極座標に変換すれば $0 \leq r \leq R$, $0 \leq \theta \leq \dfrac{\pi}{2}$ になるので

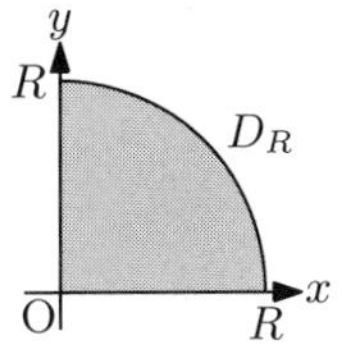

図 41

$$\iint_D e^{-(x^2+y^2)}\,dxdy = \lim_{R\to\infty} \iint_{D_R} e^{-(x^2+y^2)}\,dxdy$$

$$= \lim_{R\to\infty} \int_0^{\frac{\pi}{2}} \int_0^R e^{-r^2} r\,drd\theta$$

$$= -\frac{\pi}{4} \lim_{R\to\infty} \int_0^R e^{-r^2} \left(-r^2\right)'\,dr = -\frac{\pi}{4} \lim_{R\to\infty} \left[e^{-r^2} \right]_0^R$$

$$= -\frac{\pi}{4} \lim_{R\to\infty} \left(e^{-R^2} - 1 \right) = \frac{\pi}{4}. \quad ■$$

●問 4.9 次の重積分を計算せよ.

(1) $\displaystyle\iint_D \log\left(x^2+y^2\right) dxdy, \quad D: x^2+y^2 \leq 1$

(2) $\displaystyle\iint_D \frac{xy}{\left(1+x^2+y^2\right)^3}\,dxdy, \quad D: 0 \leq x,\ 0 \leq y$

例 4.21 より，1 変数の広義積分 $\displaystyle\int_0^\infty e^{-x^2}\,dx$ の値が求まる.

$$\widehat{D}_R: 0 \leq x \leq R,\ 0 \leq y \leq R$$

として (図 42)，e^{-x^2} の区間 $[0, R]$ 上の定積分の 2 乗を次のように $\widehat{D}_R$ 上の 2 変数 x, y の重積分で表す.

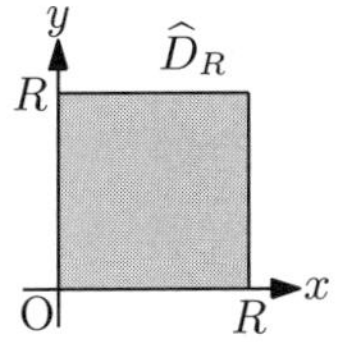

図 42

$$\left(\int_0^R e^{-x^2}\,dx \right)^2 = \int_0^R e^{-x^2}\,dx \int_0^R e^{-y^2}\,dy = \iint_{\widehat{D}_R} e^{-(x^2+y^2)}\,dxdy.$$

$R \to \infty$ のとき $\widehat{D}_R$ は拡がって例 4.21 の D になっていくので

$$\lim_{R\to\infty} \iint_{\widehat{D}_R} e^{-(x^2+y^2)}\,dxdy = \iint_D e^{-(x^2+y^2)}\,dxdy = \frac{\pi}{4}.$$

以上により

$$\left(\int_0^{\infty} e^{-x^2}\,dx\right)^2 = \lim_{R\to\infty}\left(\int_0^{R} e^{-x^2}\,dx\right)^2 = \frac{\pi}{4}.$$

両辺の平方根をとれば，次の公式[7]を得る．

公式 4.5 (ガウス積分)

$$\int_0^{\infty} e^{-x^2}\,dx = \frac{\sqrt{\pi}}{2}$$

これは**ガウス** (Gauss) **積分**とよばれ，物理学や統計学等で利用されている重要な積分である．

4.9 直方体上の 3 重積分

3 変数関数 $w = f(x, y, z)$ の積分を考える．D を空間上の領域とする．まず，D を次のように辺が座標軸に平行な直方体にする．

$$D : a_0 \leq x \leq a_1,\ b_0 \leq y \leq b_1,\ c_0 \leq z \leq c_1.$$

区間 $[a_0, a_1]$, $[b_0, b_1]$, $[c_0, c_1]$ を分割する．

$$a_0 = x_0 < x_1 < \cdots < x_{l-1} < x_l = a_1,$$
$$b_0 = y_0 < y_1 < \cdots < y_{m-1} < y_m = b_1,$$
$$c_0 = z_0 < z_1 < \cdots < z_{n-1} < z_n = c_1.$$

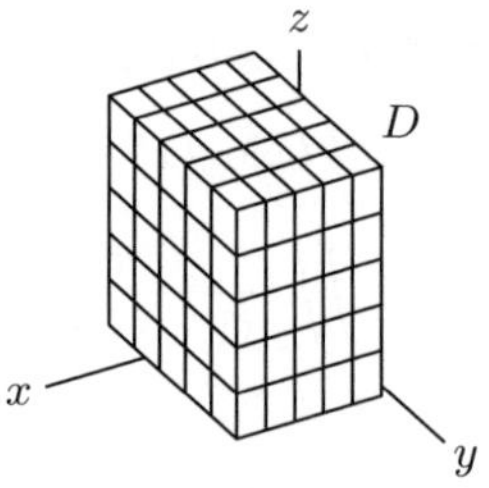

図 43

それに応じて D を，図 43 のように lmn 個の小さい直方体 D_{ijk} $(i = 1, \cdots, l;$ $j = 1, \cdots, m;$ $k = 1, \cdots, n)$ に分割できる．

7) 不定積分が初等関数にならない広義積分で積分値が求まる例として，例 2.53 と同様に古くから知られている．統計学の基本である正規分布に必要不可欠である．

$$D_{ijk}: \ x_{i-1} \leq x \leq x_i, \quad y_{j-1} \leq y \leq y_j, \quad z_{k-1} \leq z \leq z_k.$$

各 D_{ijk} から点を 1 つずつ選び，その座標を $(\xi_{ijk}, \eta_{ijk}, \zeta_{ijk})$ とする．D_{ijk} の体積

$$(x_i - x_{i-1})(y_j - y_{j-1})(z_k - z_{k-1})$$

と点 $(\xi_{ijk}, \eta_{ijk}, \zeta_{ijk})$ における $f(x, y, z)$ の値の積

$$f(\xi_{ijk}, \eta_{ijk}, \zeta_{ijk})(x_i - x_{i-1})(y_j - y_{j-1})(z_k - z_{k-1})$$

の i, j, k に関する和は

$$V_{l,m,n} = \sum_{i=1}^{l} \sum_{j=1}^{m} \sum_{k=1}^{n} f(\xi_{ijk}, \eta_{ijk}, \zeta_{ijk})(x_i - x_{i-1})(y_j - y_{j-1})(z_k - z_{k-1}) \tag{4.20}$$

になる．これは 3 変数関数の**リーマン和**である．l, m, n を同時に ∞ に発散させると $V_{l,m,n}$ はある実数 V へ収束し，区間 $[a_0, a_1]$, $[b_0, b_1]$, $[c_0, c_1]$ の分割や点 $(\xi_{ijk}, \eta_{ijk}, \zeta_{ijk})$ の選び方と無関係に，極限値 V は一定の値になることが証明できる．この V を

$$V = \iiint_D f(x, y, z)\, dxdydz$$

で表し，関数 $f(x, y, z)$ の領域 D 上の **3 重積分**という．特に $f = 1$ にすれば D の体積になる．

2 重積分と同様に $V_{l,m,n}$ の極限値から直接，3 重積分の値を計算することは一般的に困難である．しかし，2 重積分に対して 1 変数ずつ積分を計算する累次積分の方法を 3 重積分に拡張することにより計算できる．

公式 4.6 (累次積分)

$$\iiint_D f(x, y, z)\, dxdydz = \int_{a_0}^{a_1} \left(\int_{b_0}^{b_1} \left(\int_{c_0}^{c_1} f(x, y, z)\, dz \right) dy \right) dx \tag{4.21}$$

証明 今度は次のように D_{ijk} から点を 1 つずつ選ぶ．

$$x_{i-1} \leq \xi_i \leq x_i, \quad y_{j-1} \leq \eta_j \leq y_j, \quad z_{k-1} \leq \zeta_k \leq z_k$$

になるように ξ_i, η_j, ζ_k を選び，$(\xi_{ijk}, \eta_{ijk}, \zeta_{ijk}) = (\xi_i, \eta_j, \zeta_k) \in D_{ijk}$ とす

る．このとき

$$
\begin{aligned}
V_{l,m,n} &= \sum_{i=1}^{l}\sum_{j=1}^{m}\sum_{k=1}^{n} f(\xi_i,\eta_j,\zeta_k)(x_i-x_{i-1})(y_j-y_{j-1})(z_k-z_{k-1}) \\
&= \sum_{i=1}^{l}\left(\sum_{j=1}^{m}\left(\sum_{k=1}^{n} f(\xi_i,\eta_j,\zeta_k)(z_k-z_{k-1})\right)(y_j-y_{j-1})\right)(x_i-x_{i-1}).
\end{aligned}
\tag{4.22}
$$

この (4.22) において n のみを ∞ に発散させると

$$
\sum_{i=1}^{l}\left(\sum_{j=1}^{m}\int_{c_0}^{c_1} f(\xi_i,\eta_j,z)\,dz\,(y_j-y_{j-1})\right)(x_i-x_{i-1})
$$

に収束して，さらに m のみを ∞ に発散させると

$$
\sum_{i=1}^{l}\int_{b_0}^{b_1}\left(\int_{c_0}^{c_1} f(\xi_i,y,z)\,dz\right)dy\,(x_i-x_{i-1})
$$

に収束する．最後に l を ∞ に発散させると

$$
\int_{a_0}^{a_1}\left(\int_{b_0}^{b_1}\left(\int_{c_0}^{c_1} f(x,y,z)\,dz\right)dy\right)dx
$$

に収束する．(4.20) の l, m, k を同時に発散させても 1 つずつ発散させても極限値は同じであるから (証明は難しいので省く)，(4.21) が成り立つ． ■

積分する変数の順序は変えてもよい．また，累次積分の表記として (4.21) の右辺の括弧を外した形のほかに，2 重積分と同様に

$$
\int_{a_0}^{a_1} dx \int_{b_0}^{b_1} dy \int_{c_0}^{c_1} f(x,y,z)\,dz
$$

の表記もある．

例 4.22 $\displaystyle\iiint_D xy^2z^3\,dxdydz$ を計算する．ただし，$D: 1 \leq x \leq 3$, $-1 \leq y \leq 2$, $0 \leq z \leq 1$.

$$
\begin{aligned}
\iiint_D xy^2z^3\,dxdydz &= \int_1^3 x\,dx \int_{-1}^{2} y^2\,dy \int_0^1 z^3\,dz \\
&= \left[\frac{1}{2}x^2\right]_1^3 \left[\frac{1}{3}y^3\right]_{-1}^2 \left[\frac{1}{4}z^4\right]_0^1 = 4\times 3\times\frac{1}{4} = 3.
\end{aligned}
$$
■

例 4.23　$\displaystyle\iiint_D ze^{x+2y+z^2}\,dxdydz$ を計算する．ただし，$D : 1 \leq x \leq 2$, $0 \leq y \leq 1,\ 0 \leq z \leq 1$.

$$\begin{aligned}\iiint_D ze^{x+2y+z^2}\,dxdydz &= \frac{1}{2}\int_1^2 e^x\,dx \int_0^1 e^{2y}\,dy \int_0^1 e^{z^2}\left(z^2\right)'\,dz \\ &= \frac{1}{2}\Big[e^x\Big]_1^2 \left[\frac{1}{2}e^{2y}\right]_0^1 \left[e^{z^2}\right]_0^1 \\ &= \frac{1}{4}\left(e^2 - e\right)\left(e^2 - 1\right)(e-1) \\ &= \frac{1}{4}e(e-1)^3(e+1).\end{aligned}$$

■

●問 4.10　次の 3 重積分を計算せよ．

(1) $\displaystyle\iiint_D (xy - x^2z)\,dxdydz,\quad D : 0 \leq x \leq 1,\ 1 \leq y \leq 4,\ -1 \leq z \leq 2$

(2) $\displaystyle\iiint_D \sin(x + y - 2z)\,dxdydz,\quad D : 0 \leq x \leq \frac{\pi}{2},\ \frac{\pi}{6} \leq y \leq \pi,\ \frac{\pi}{4} \leq z \leq \frac{\pi}{2}$

(3) $\displaystyle\iiint_D \frac{y}{(x+z)^2}\,dxdydz,\quad D : 1 \leq x \leq 2,\ 0 \leq y \leq 3,\ 0 \leq z \leq 1$

4.10　3 次元極座標への変数変換

変数を変換して積分を計算することは，2 重積分ではヤコビアンを乗じた関数を積分したが，3 重積分に対してもヤコビアンがある．一般の変数変換に対するヤコビアン[8)]は避け，ここでは極座標に変換して 3 重積分を計算する方法を述べる．

点 $\mathrm{P}(x, y, x)$ に対して，P を通り z 軸に平行な直線と xy 平面との交点を Q とする．r を原点から点 P までの距離として線分 OQ と x 軸の正の方向とのなす角を θ，線分 OP と z 軸の正の方向とのなす角を φ と書く (図 44)．このとき x, y, z と r, θ, φ のあいだには次の関係が成り立つ．

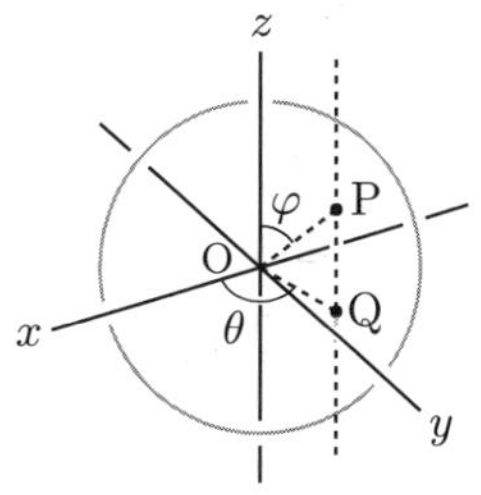

図 44

8)　3 変数では，絶対値が平行六面体の体積になる 3 次正方行列の行列式を用いる．

$$\begin{cases} x = r\sin\varphi\cos\theta \\ y = r\sin\varphi\sin\theta \\ z = r\cos\varphi\,. \end{cases}$$

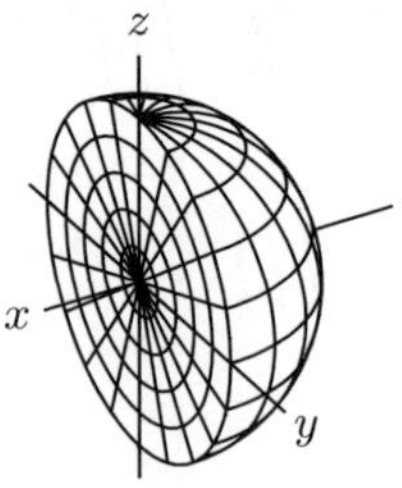

図 45-1

ここで r, θ, φ の範囲はそれぞれ

$$0 \leq r,\ 0 \leq \theta \leq 2\pi,\ 0 \leq \varphi \leq \pi$$

である．(r, θ, φ) が **3 次元の極座標**である．積分領域 D に対して，$\widetilde{D}$ は D の点の極座標 (r, θ, φ) を直交座標とする点の集合にする．D の分割については図 45-1 のように極座標 r, θ, φ がそれぞれ定数になる曲面で分割する．

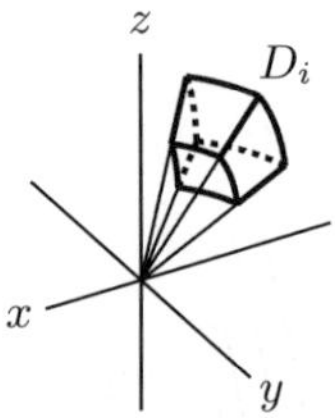

図 45-2

もし，$\widetilde{D}$ が直方体であれば，前節のような分割を行い，それに対応した D の分割は図 45-2 のような図形に分割される．D が $D_1, \cdots, D_N$ に分割され各 D_i から点 (ξ_i, η_i, ζ_i) を選ぶと，分割を際限なく行ったときのリーマン和

$$\sum_{i=1}^{N} f(\xi_i, \eta_i, \zeta_i)(D_i \text{ の体積}) \tag{4.23}$$

の極限値が (4.20) と同様に関数 f の D 上の 3 重積分である．

2 重積分に対して公式 4.4 があるように，3 重積分にも極座標に変換する以下の公式がある．この公式を適用してから累次積分する．

公式 4.7

$$\iiint_D f(x, y, z)\ dxdydz$$
$$= \iiint_{\widetilde{D}} f(r\sin\varphi\cos\theta, r\sin\varphi\sin\theta, r\cos\varphi)\ r^2\sin\varphi\ drd\theta d\varphi \tag{4.24}$$

証明の概略 直方体でない D_i の体積の求める．D_i の頂点のうち極座標がすべて最小になる点の極座標を $(r_i, \theta_i, \varphi_i)$ として，D_i が

$$\begin{cases} r_i \leq r \leq r_i + \Delta r \\ \theta_i \leq \theta \leq \theta_i + \Delta\theta \\ \varphi_i \leq \varphi \leq \varphi_i + \Delta\varphi \end{cases}$$

で表せるとする．

$\theta = \theta_i$, $\varphi = \varphi_i$ で r 座標が $r_i \leq r \leq r_i + \Delta r$ の範囲を動くと図 46-1 のように線分になり，長さは Δr である．$\theta = \theta_i$ は z 軸を含む平面であり r, φ はその平面における極座標になるので，$r = r_i$, $\theta = \theta_i$ で φ が $\varphi_i \leq \varphi \leq \varphi_i + \Delta\varphi$ の範囲を動くと，図 46-2 のように半径が r_i で中心角が $\Delta\varphi$ の円弧になるので，長さは $r_i\Delta\varphi$ である．$r = r_i$, $\varphi = \varphi_i$ で θ が $\theta_i \leq \theta \leq \theta_i + \Delta\theta$ の範囲を動くと，$z = r_i \cos\varphi_i$ により z 座標が一定なので，xy 平面と平行な平面上の曲線である．$x = (r_i \sin\varphi_i)\cos\theta$, $y = (r_i \sin\varphi_i)\sin\theta$ であるから，図 46-3 のように中心が $(0, 0, r_i \cos\varphi_i)$，半径が $r_i \sin\varphi_i$ の円弧になるので，長さは $r_i \sin\varphi_i \Delta\theta$ である．

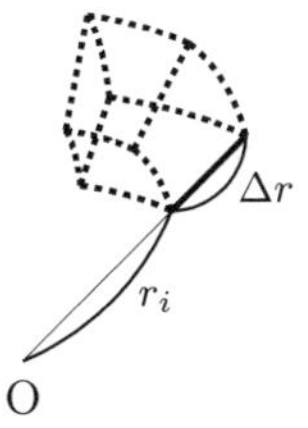

図 46-1

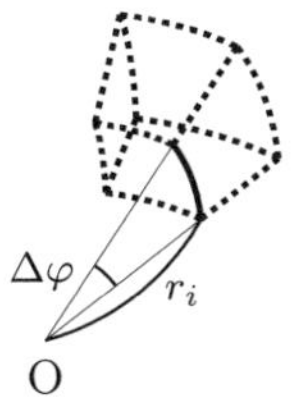

図 46-2

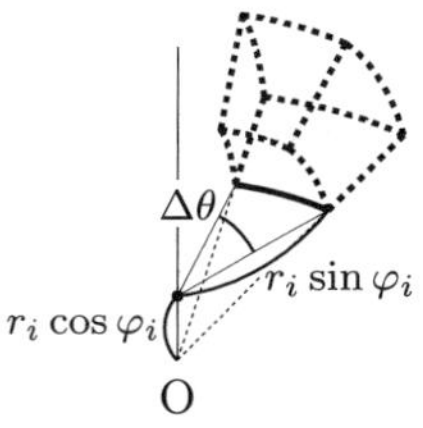

図 46-3

頂点で接する稜線の接線は互いに直交し，Δr, $\Delta\theta$, $\Delta\varphi$ が 0 に近ければ曲がっている D_i の辺は線分と変わらなくなっていくので，D_i の形状は辺の長さが Δr, $r_i\Delta\theta$, $(r_i \sin\theta_i)\Delta\varphi$ の直方体になっていく．よって，体積は $(r_i^2 \sin\varphi_i)\Delta r\Delta\theta\Delta\varphi$ にほぼ等しくなる．また，D_i から選ばれた座標 (ξ_i, η_i, ζ_i) の点 P と極座標が $(r_i, \theta_i, \varphi_i)$ になる点 $\mathrm{Q}(r_i \cos\theta_i \sin\varphi_i, r_i \sin\theta_i \sin\varphi_i, r_i \cos\varphi_i)$ はともに D_i の点で，D の分割を進めて D_i が小さくなっていけば 2 点 P, Q 間の距離は 0 になっていく．よって，関数 f の変数に代入する座標を点 P から点 Q に変えても f の値はほとんど変わらなくなるので，(4.23) は

$$\sum_{i=1}^{N} f(r_i \cos\theta_i \sin\varphi_i, r_i \sin\theta_i \sin\varphi_i, r_i \cos\varphi_i)(r_i^2 \sin\varphi_i)\Delta r\Delta\theta\Delta\varphi \quad (4.25)$$

と比べて，D を細かく分割して N を発散させると差が 0 になっていく．(4.23)

は関数 f の 3 重積分に近づくが，(4.25) の $\Delta r\Delta\theta\Delta\varphi$ は極座標で変換した領域 $\widetilde{D}$ を分割した小さい直方体の体積であるから，(4.25) は関数

$$f(r\cos\theta\sin\varphi, r\sin\theta\sin\varphi, r\cos\varphi)r^2\sin\varphi$$

の $\widetilde{D}$ 上の 3 重積分に近づくので (4.24) を得る． ■

3 次元の極座標変換に対する**ヤコビアン**は $r^2\sin\varphi$ である．以下の例は，D は中心が原点の球面と原点を通る平面で囲まれた領域であり，$\widetilde{D}$ は直方体になっている．

例 4.24 $\displaystyle\iiint_D y\,dxdydz$ を計算する．ただし，$D : x^2+y^2+z^2 \leq 4,\ y \geq 0.$

$r^2 \leq 4,\ \sin\theta\sin\varphi \geq 0$ になるので，D を極座標で変換すれば

$$\widetilde{D} : 0 \leq r \leq 2,\ 0 \leq \theta \leq \pi,\ 0 \leq \varphi \leq \pi.$$

したがって

$$\begin{aligned}\iiint_D y\,dxdydz &= \iiint_{\widetilde{D}} (r\sin\varphi\sin\theta)r^2\sin\varphi\,drd\theta d\varphi \\ &= \int_0^2 r^3\,dr\int_0^\pi \sin\theta\,d\theta\int_0^\pi \frac{1-\cos 2\varphi}{2}\,d\varphi \\ &= \frac{1}{2}\left[\frac{1}{4}r^4\right]_0^2\Big[-\cos\theta\Big]_0^\pi\left[\varphi-\frac{1}{2}\sin 2\varphi\right]_0^\pi = 4\pi.\end{aligned}$$ ■

例 4.25 $\displaystyle\iiint_D \frac{z}{x^2+y^2+z^2}\,dxdydz$ を計算する．ただし，$D : 1 \leq x^2+y^2+z^2 \leq 9,\ z \geq 0.$

$1 \leq r^2 \leq 9,\ \cos\varphi \geq 0$ になるので，D を極座標で変換すれば

$$\widetilde{D} : 1 \leq r \leq 3,\ 0 \leq \theta \leq 2\pi,\ 0 \leq \varphi \leq \frac{\pi}{2}.$$

したがって

$$\begin{aligned}\iiint_D \frac{z}{x^2+y^2+z^2}\,dxdydz &= \iiint_{\widetilde{D}} \frac{r\cos\varphi}{r^2}r^2\sin\varphi\,drd\theta d\varphi \\ &= \int_0^{2\pi} d\theta\int_1^3 r\,dr\int_0^{\pi/2}\sin\varphi\,(\sin\varphi)'\,d\varphi\end{aligned}$$

$$= 2\pi \left[\frac{1}{2}r^2\right]_1^3 \left[\frac{1}{2}\sin^2\varphi\right]_0^{\pi/2} = 4\pi. \qquad ■$$

●**問 4.11** 次の 3 重積分を計算せよ．

(1) $\displaystyle\iiint_D (x^2+y^2)\,dxdydz, \quad D : x^2+y^2+z^2 \leq 1$

(2) $\displaystyle\iiint_D x\,dxdydz, \quad D : x^2+y^2+z^2 \leq 4,\ x \geq 0,\ y \geq 0$

(3) $\displaystyle\iiint_D \frac{z^2}{\sqrt{x^2+y^2+z^2}}\,dxdydz, \quad D : 1 \leq x^2+y^2+z^2 \leq 9,\ y \geq 0$

4.11 一般領域上の 3 重積分

領域 D が直方体でなく，図 47 のように曲面を境界とするとする．D を含むような直方体

$$\widehat{D} : a_0 \leq x \leq a_1,$$
$$b_0 \leq y \leq b_1,$$
$$c_0 \leq z \leq c_1$$

を選び，小さい直方体に分割してその中で D に含まれるものを $D_1, \cdots, D_N$ として番号付けして，(ξ_i, η_i, ζ_i) を D_i から選ばれた点の座標とする．$D_1, \cdots, D_N$ を集めると図 48-1 や図 48-2 のようになり，分割を細かくしていけば D に近づいていく．分割を際限なく行ったときのリーマン和 (4.23) の極限値を，D 上の関数 $f(x,y,z)$ の 3 重積分とする．

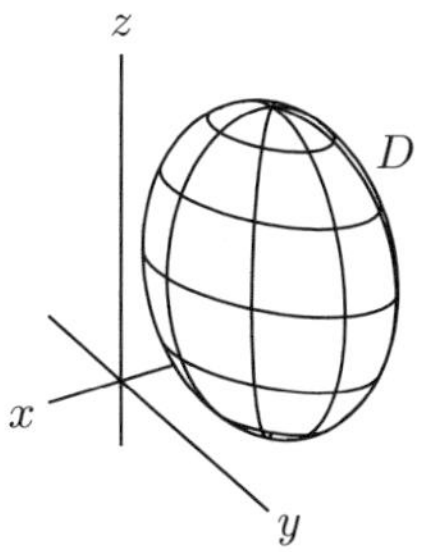

図 47

一般領域上の 3 重積分も累次積分で計算するが，適用する公式は次のとおりである．ここで，$c_0 \leq t \leq c_1$ に対して平面 $z = t$

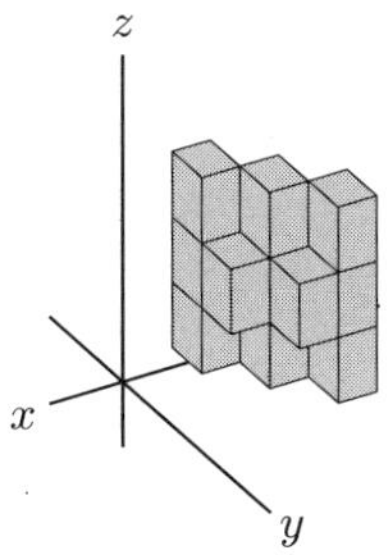

図 48-1

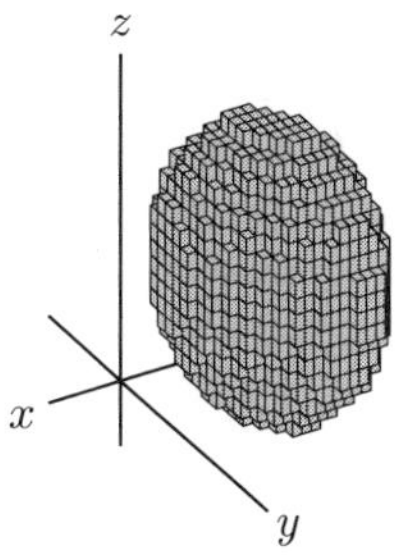

図 48-2

による D の切断面を $E(t)$ (図 49) で表す.

公式 4.8

$$\iiint_D f(x,y,z)\,dxdydz = \int_{c_0}^{c_1}\left(\iint_{E(z)} f(x,y,z)\,dxdy\right)dz \quad (4.26)$$

証明の概略　まず, 区間 $[c_0, c_1]$ を

$$c_0 = z_0 < z_1 < \cdots < z_{n-1} < z_n = c_1$$

に分割して, $z_{i-1} \leqq \zeta_i \leqq z_i$ を満たすように ζ_i を選ぶ. 区間 $[a_0, a_1]$ と区間 $[b_0, b_1]$ を

$$a_0 = x_0 < x_1 < \cdots < x_{l-1} < x_l = a_1,$$

$$b_0 = y_0 < y_1 < \cdots < y_{m-1} < y_m = b_1$$

に分割して, 長方形 $a_0 \leqq x \leqq a_1$, $b_0 \leqq y \leqq b_1$ を lm 個の長方形

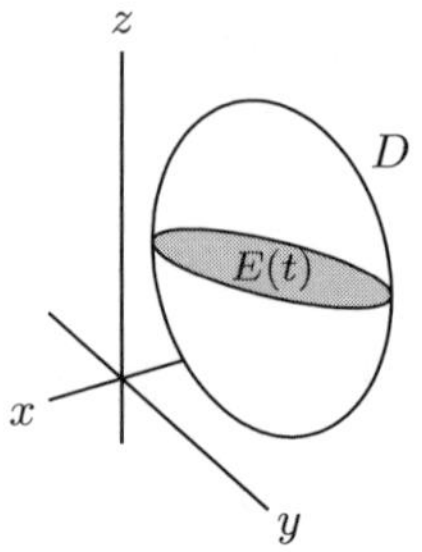

図 49

$$\widehat{E}_{jk} : x_{j-1} \leqq x \leqq x_j,\ y_{k-1} \leqq y \leqq y_k$$

に分割する. ζ_i に対して $E(\zeta_i)$ に含まれる $\widehat{E}_{jk}$ のみ集めて (図 50-1), 新たに $E_{i1}, \cdots, E_{iN}$ (N は各 i ごとに定まる) になるように番号付けする. 底面が E_{ij} で, z の範囲が $z_{i-1} \leqq z \leqq z_i$ である直方体を D_{ij} と書き, $D_{i1}, \cdots, D_{iN}$ を集めると図 50-2 のようになる. また, 各 i の直方体の束を重ねると図 50-3 になる.

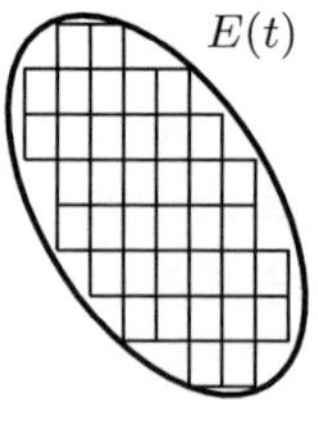

図 50-1

E_{ij} から点 (ξ_{ij}, η_{ij}) を選ぶと $(\xi_{ij}, \eta_{ij}, \zeta_i)$ は D_{ij} の点である. D_{ij} の体積は

$$(E_{ij}\text{の面積})(z_i - z_{i-1})$$

であるので, 図 50-3 の直方体の $D_{11}, \cdots, D_{nN}$ に対するリーマン和 (4.23) は

$$\sum_{i=1}^{n}\sum_{j=1}^{N} f(\xi_{ij}, \eta_{ij}, \zeta_i)(E_{ij}\text{ の面積})(z_i - z_{i-1})$$

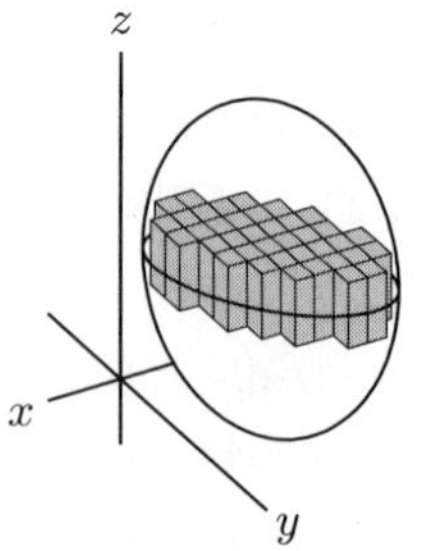

図 50-2

$$= \sum_{i=1}^{n} \left(\sum_{j=1}^{N} f(\xi_{ij}, \eta_{ij}, \zeta_i)(E_{ij} \text{ の面積}) \right) (z_i - z_{i-1}) \tag{4.27}$$

になる[9].

i を固定して区間 $[a_0, a_1]$ と区間 $[b_0, b_1]$ の分割を際限なく行うと

$$\sum_{j=1}^{N} f(\xi_{ij}, \eta_{ij}, \zeta_i)(E_{ij} \text{ の面積})$$

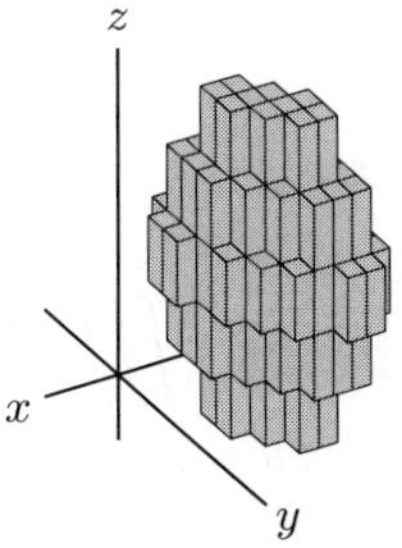

図 50-3

は 2 重積分 $\displaystyle\iint_{E(\zeta_i)} f(x, y, \zeta_i)\, dxdy$ に収束していく．よって，(4.27) の極限値は

$$\sum_{i=1}^{n} \iint_{E(\zeta_i)} f(x, y, \zeta_i)\, dxdy\, (z_i - z_{i-1}) \tag{4.28}$$

である．

次に区間 $[c_0, c_1]$ の分割を際限なく行うと，(4.28) は変数 z の関数

$$\iint_{E(z)} f(x, y, z)\, dxdy$$

のリーマン和なので

$$\int_{c_0}^{c_1} \left(\iint_{E(z)} f(x, y, z)\, dxdy \right) dz$$

に収束する．この極限値はリーマン和 (4.23) に対して区間 $[a_0, a_1]$ と区間 $[b_0, b_1]$ の分割を先行させた結果であり，分割の方法を変えてもリーマン和の極限値は変わらないことを認めれば[10](4.26) が得られる．■

公式 4.8 は x, y の重積分を先行させているが，y, z または z, x の重積分を先行させてもよい．また，(4.26) の右辺の表記として括弧を外す形のほかに

---

9)　図 50-3 の直方体には頂点が D からはみ出たものがあるが，それらを除去してもリーマン和の極限値の 3 重積分は変わらない．

10)　公式 4.1 などの 2 重積分の累次積分に対して，空間図形を見せながら 2 重積分が空間図形の体積に等しいことを利用して証明の概略を説明した．3 重積分に対しては “4 次元空間” の図が必要で，同じように説明することは不可能である．

$$\int_{c_0}^{c_1} dz \iint_{E(z)} f(x,y,z)\,dxdy$$

の表記もある.

例 4.26 $\displaystyle\iiint_D x\,dxdydz$ を計算する. ただし, $D: x \geq 0,\ y \geq 0,\ z \geq 0,\ 2x+2y+z \leq 2$.

$0 \leq z \leq 2$ に対して $E(z): 0 \leq x \leq 1-\dfrac{z}{2},\ 0 \leq y \leq 1-x-\dfrac{z}{2}$.

したがって

$$\begin{aligned}
\iiint_D x\,dxdydz &= \int_0^2 \iint_{E(z)} x\,dxdydz \\
&= \int_0^2 \int_0^{1-\frac{z}{2}} \int_0^{1-x-\frac{z}{2}} x\,dydxdz = \int_0^2 \int_0^{1-\frac{z}{2}} \Big[xy\Big]_{y=0}^{y=1-x-\frac{z}{2}} dxdz \\
&= \int_0^2 \int_0^{1-\frac{z}{2}} x\Big(1-x-\frac{z}{2}\Big)dxdz = \int_0^2 \left[\frac{1}{2}x^2 - \frac{1}{3}x^3 - \frac{1}{4}x^2 z\right]_{x=0}^{x=1-\frac{z}{2}} dz \\
&= \frac{1}{6}\int_0^2 \Big(1-\frac{z}{2}\Big)^3 dz = \frac{1}{6}\left[-\frac{1}{2}\Big(1-\frac{z}{2}\Big)^4\right]_0^2 = \frac{1}{12}.
\end{aligned}$$

■

例 4.27 $\displaystyle\iiint_D xy\,dxdydz$ を計算する. ただし, $D: 0 \leq y \leq z-x^2,\ x \geq 0,\ z \leq 1$.

$0 \leq z \leq 1$ に対して $E(z): 0 \leq x \leq \sqrt{z},\ 0 \leq y \leq z-x^2$.

したがって

$$\begin{aligned}
\iiint_D xy\,dxdydz &= \int_0^1 dz \iint_{E(z)} xy\,dxdy \\
&= \int_0^1 dz \int_0^{\sqrt{z}} \int_0^{z-x^2} xy\,dydx = \int_0^1 dz \int_0^{\sqrt{z}} \left[\frac{xy^2}{2}\right]_{y=0}^{y=z-x^2} dx \\
&= \frac{1}{2}\int_0^1 dz \int_0^{\sqrt{z}} x(z-x^2)^2\,dx = \frac{1}{2}\int_0^1 dz \left[-\frac{1}{6}(z-x^2)^3\right]_{x=0}^{x=\sqrt{z}} \\
&= \frac{1}{12}\int_0^1 z^3\,dz = \frac{1}{12}\left[\frac{1}{4}z^4\right]_0^1 = \frac{1}{48}.
\end{aligned}$$

■

例 4.28 $\displaystyle\iiint_D x^2\,dxdydz$ を計算する．ただし，$D: x^2+y^2 \leq 4-z,\ z \geq 0$.

$0 \leq z \leq 4$ に対して $E(z): x^2+y^2 \leq 4-z$.

平面の極座標に変換して $E(z)$ 上の重積分を計算する．

$$
\begin{aligned}
\iiint_D x^2\,dxdydz &= \int_0^4 \iint_{E(z)} x^2\,dxdydz \\
&= \int_0^4 \int_0^{\sqrt{4-z}} \int_0^{2\pi} r^3\cos^2\theta\,d\theta drdz \\
&= \frac{1}{2}\int_0^4 \int_0^{\sqrt{4-z}} r^3\,dr \int_0^{2\pi} (1+\cos 2\theta)\,d\theta dz \\
&= \frac{1}{2}\int_0^4 \left[\frac{1}{4}r^4\right]_0^{\sqrt{4-z}} \left[\theta+\frac{1}{2}\sin 2\theta\right]_0^{2\pi} dz \\
&= \frac{\pi}{4}\int_0^4 (4-z)^2\,dz = \frac{\pi}{4}\left[-\frac{1}{3}(4-z)^3\right]_0^4 = \frac{16}{3}\pi.
\end{aligned}
$$
■

x, y 座標を極座標に変換して，先に r, θ でなく z で積分するほうが計算しやすくなることがある．

例 4.29 $\displaystyle\iiint_D x\,dxdydz$ を計算する．ただし，$D: x^2+y^2 \leq 1,\ x \geq 0,$ $y \geq 0,\ 0 \leq z \leq xy$.

x, y 座標を極座標に変換すれば，積分領域は

$$\widetilde{D}: 0 \leq r \leq 1,\ 0 \leq \theta \leq \frac{\pi}{2},\ 0 \leq z \leq r^2\sin\theta\cos\theta$$

に変換される．ヤコビアンは r なので

$$
\begin{aligned}
\iiint_D x\,dxdydz &= \iiint_{\widetilde{D}} r^2\cos\theta\,drd\theta dz \\
&= \int_0^1 \int_0^{\frac{\pi}{2}} \int_0^{r^2\sin\theta\cos\theta} r^2\cos\theta\,dzd\theta dr \\
&= \int_0^1 r^4\,dr \int_0^{\frac{\pi}{2}} \cos^2\theta\sin\theta\,d\theta \\
&= \left[\frac{1}{5}r^5\right]_0^1 \left[-\frac{1}{3}\cos^3\theta\right]_0^{\frac{\pi}{2}} = \frac{1}{15}.
\end{aligned}
$$
■

●問 4.12　次の 3 重積分を計算せよ.

(1) $\iiint_D y\,dxdydz, \quad D: x+y+z \leq 1,\ x \geq 0,\ y \geq 0,\ z \geq 0$

(2) $\iiint_D xy\,dxdydz, \quad D: x^2+y^2 \leq 1-z,\ x \geq 0,\ y \geq 0,\ z \geq 0$

(3) $\iiint_D z\,dxdydz, \quad D: x^2+y^2 \leq 2,\ x+y+z \leq 2,\ z \geq 0$

演習問題 A

問題 4.1　次の重積分を計算せよ.

(1) $\iint_D x^2y\,dxdy, \quad D: 1 \leq x \leq 3,\ 0 \leq y \leq 3$

(2) $\iint_D xy\,dxdy, \quad D: x+y \leq 1,\ 0 \leq x,\ 0 \leq y$

(3) $\iint_D x^2\,dxdy, \quad D: x^2 \leq y \leq x$

(4) $\iint_D \frac{x}{y^2}\,dxdy, \quad D: 1 \leq y \leq x^2,\ 1 \leq x \leq 2$

(5) $\iint_D y\,dxdy, \quad D: x^2 \leq y,\ y^2 \leq x$

(6) $\iint_D \cos(x+y)\,dxdy, \quad D: x \geq 0,\ y \geq 0,\ x+y \leq \frac{\pi}{2}$

(7) $\iint_D e^{x+2y}\,dxdy, \quad D: 0 \leq y \leq x \leq 1$

(8) $\iint_D \sin x\,dxdy, \quad D: 0 \leq x \leq \frac{\pi}{2},\ 0 \leq y \leq \sin x$

(9) $\iint_D x^2y\,dxdy, \quad D: x^2 \leq y \leq x$

(10) $\iint_D e^x\,dxdy$,　D は $y = x+2$ と $y = x^2$ で囲まれた領域

(11) $\iint_D \sin 2x\,dxdy$,　D は x 軸, y 軸と $y = \cos x$ $\left(0 \leq x \leq \frac{\pi}{2}\right)$ で囲まれた領域

(12) $\iint_D \frac{y}{x}\,dxdy, \quad D: x^2 \leq y \leq 3x-2$

(13) $\iint_D xy\,dxdy$,　D は y 軸, $y = e$ と $y = e^x$ で囲まれた領域

(14) $\iint_D \sin x \cos y\,dxdy, \quad D: 0 \leq y \leq x \leq \frac{\pi}{2}$

(15) $\displaystyle\iint_D xe^y\,dxdy, \qquad D: x^2 \leq y \leq x$

問題 4.2 次の累次積分を計算せよ.

(1) $\displaystyle\int_0^2 \left(\int_y^2 \frac{y}{\sqrt{1+x^3}}\,dx\right) dy$ (2) $\displaystyle\int_0^1 \left(\int_{x^2}^1 xe^{y^2}\,dy\right) dx$

(3) $\displaystyle\int_0^8 \left(\int_{\sqrt[3]{y}}^2 \frac{1}{x^2}\sin\frac{\pi y}{2x^2}\,dx\right) dy$ (4) $\displaystyle\int_0^1 \left(\int_{\sqrt{x}}^1 \frac{1}{y}\arctan\frac{x}{y}\,dy\right) dx$

問題 4.3 次の重積分を計算せよ.

(1) $\displaystyle\iint_D \frac{dxdy}{x^2+y^2}, \qquad D: 1 \leq x^2+y^2 \leq 4$

(2) $\displaystyle\iint_D x\,dxdy, \qquad D: x^2+y^2 \leq 9,\ x \geq 0$

(3) $\displaystyle\iint_D x^2y\,dxdy, \qquad D: x^2+y^2 \leq 1,\ y \geq 0$

(4) $\displaystyle\iint_D (x^2+y^2)\,dxdy, \qquad D: x^2+y^2 \leq 4,\ x \geq 0,\ y \geq 0$

(5) $\displaystyle\iint_D xy\,dxdy, \qquad D: 1 \leq x^2+y^2 \leq 9,\ 0 \leq y \leq x$

(6) $\displaystyle\iint_D (x^2-y^2)\,dxdy, \qquad D: x^2+y^2 \leq 1,\ 0 \leq x \leq y$

(7) $\displaystyle\iint_D \frac{y^2}{x^2+y^2}\,dxdy, \qquad D: 3 \leq x^2+y^2 \leq 4$

(8) $\displaystyle\iint_D \frac{x}{1+x^2+y^2}\,dxdy, \qquad D: x^2+y^2 \leq 3,\ x \geq 0,\ y \geq 0$

(9) $\displaystyle\iint_D \frac{y}{1+\sqrt{x^2+y^2}}\,dxdy, \qquad D: x^2+y^2 \leq 4,\ 0 \leq \sqrt{3}x \leq y$

(10) $\displaystyle\iint_D \frac{xy}{\sqrt{1+x^2+y^2}}\,dxdy, \qquad D: x^2+y^2 \leq 1,\ x \geq 0,\ y \geq 0$

問題 4.4 次の 3 重積分を計算せよ.

(1) $\displaystyle\iiint_D (xy-2z)\,dxdydz, \qquad D: 0 \leq x \leq 1,\ 1 \leq y \leq 3,\ -1 \leq z \leq 3$

(2) $\displaystyle\iiint_D \left(x^2+y^2\right)dxdydz, \qquad D: x^2+y^2+z^2 \leq 1$

(3) $\displaystyle\iiint_D \frac{yz^2}{\sqrt{x^2+y^2+z^2}}\,dxdydz, \qquad D: 1 \leq x^2+y^2+z^2 \leq 4,\ y \geq 0$

(4) $\displaystyle\iiint_D y\,dxdydz, \qquad D: x^2+y+z \leq 1,\ y \geq 0,\ z \geq 0$

(5) $\displaystyle\iiint_D xyz\,dxdydz, \qquad D: x^2+y^2 \le 2-2z^2,\ x \ge 0,\ y \ge 0,\ z \ge 0$

問題 4.5 定数 1 の D 上の 3 重積分 $\displaystyle\iiint_D dxdydz$ が D の体積になることを利用して，次の領域の体積を求めよ．

(1) $D: x+y \le 1,\ 0 \le x,\ 0 \le z \le y$

(2) $D: x^2 \le y,\ y^2 \le x,\ 0 \le z \le x$

(3) $D: x^3+y+z \le 1,\ 0 \le x,\ 0 \le y,\ 0 \le z$

(4) $D: 1 \le x^2+y^2 \le 9,\ 0 \le y \le x,\ 0 \le z \le xy^2$

(5) $D: x^2+y^2 \le 1-z^4,\ 0 \le z$

演習問題 B

問題 4.6 次の重積分を計算せよ．

(1) $\displaystyle\iint_D x\,dxdy, \qquad D: \sqrt{x}+\sqrt{y} \le 1$

(2) $\displaystyle\iint_D \sqrt{y+x^2}\,dxdy,$ D は $y=4x+4$ と $y=-x^2+3x+6$ で囲まれた領域

(3) $\displaystyle\iint_D \frac{xy}{(1+y^2)^2}\,dxdy, \qquad D: x^2+y^2 \le 1,\ x+y \ge 1$

(4) $\displaystyle\iint_D \frac{x^2}{x^2+y^2}\,dxdy, \qquad D: x^2 \le y \le x$

(5) $\displaystyle\iint_D y\log(x+1)\,dxdy, \qquad D: x^2+y^2 \le 1,\ x+y \ge 1$

(6) $\displaystyle\iint_D \frac{x+1}{(y+1)^2}\,dxdy, \qquad D: x^3 \le y \le x^2$

(7) $\displaystyle\iint_D \frac{y}{x^3+1}\,dxdy, \qquad D: x^2+y^2 \le 1,\ x+y \ge 1$

(8) $\displaystyle\iint_D \frac{dxdy}{x(1+xy)^2}, \qquad D: x>0,\ \frac{1}{3x} \le y \le x$

(9) $\displaystyle\iint_D \frac{dxdy}{\sqrt{y^2-x^2}}, \qquad D: x^2 \le y^2 \le x,\ y \ge 0$

(10) $\displaystyle\iint_D \frac{dxdy}{\sqrt{x-y^2}}, \qquad D: x^2 \le y^2 \le x,\ y \ge 0$

問題 4.7 次の重積分を計算せよ．

(1) $\displaystyle\iint_D \frac{x-y}{x+y}\,dxdy, \qquad D: 1 \le x^2+y^2 \le 4,\ 0 \le \sqrt{3}y \le x$

(2) $\displaystyle\iint_D \frac{xy}{x+\sqrt{x^2+y^2}}\,dxdy, \qquad D: 1 \leq x^2+y^2 \leq 16,\ x \geq 0,\ y \geq 0$

(3) $\displaystyle\iint_D \frac{x}{y+1}\,dxdy, \qquad D: x^2+y^2 \leq 9,\ x \geq 0,\ y \geq 0$

(4) $\displaystyle\iint_D \frac{dxdy}{(1+x^2-y^2)^2}, \qquad D: x^2+y^2 \leq 1,\ 0 \leq y \leq x$

(5) $\displaystyle\iint_D \frac{x}{x^2+y^2}\,dxdy, \qquad D: x \leq x^2+y^2 \leq 1,\ x \geq 0,\ y \geq 0$

(6) $\displaystyle\iint_D \frac{dxdy}{x}, \qquad D: x^2+y^2 \leq 2x,\ x \geq 1$

(7) $\displaystyle\iint_D \frac{dxdy}{x+\sqrt{x^2+y^2}}, \qquad D: x^2+y^2 \leq 2x,\ x^2+y^2 \geq x,\ y \geq 0$

(8) $\displaystyle\iint_D (x^2+y^2)\,dxdy, \qquad D: (x^2+y^2)^2 \leq x^2-y^2$

(9) $\displaystyle\iint_D \frac{dxdy}{(1+x^2+y^2)^2}, \qquad D: (x^2+y^2)^2 \leq x^2-y^2,\ x \geq 0$

(10) $\displaystyle\iint_D \frac{dxdy}{\sqrt{xy}}, \qquad D: x^3+y^3 \leq 3xy,\ x \geq 0,\ y \geq 0$

問題 4.8 次の領域 D の体積を求めよ.

(1) $D: \left(x^2+y^2\right)^2 \leq x^2-y^2,\ 0 \leq z \leq x^2+y^2$

(2) $D: \left(x^2+y^2\right)^2 \leq x^2-y^2,\ x^2+y^2+z^2 \leq 1$

(3) $D: \left(x^2+y^2+z^2\right)^2 \leq x^2+y^2$

問題 4.9 次の 3 重積分を計算せよ.

(1) $\displaystyle\iiint_D \frac{dxdydz}{\sqrt{x^2+y^2+z^2}}, \qquad D: \left(x^2+y^2+z^2\right)^2 \leq x^2-y^2$

(2) $\displaystyle\iiint_D z\,dxdydz, \qquad D: \left(x^2+y^2+z^2\right)^2 \leq z^2-x^2-y^2,\ z \geq 0$

問題 4.10 次の問いに答えよ.

(1) 変数変換

$$x = uv, \quad y = u(1-v)$$

のヤコビアンを求めよ.

(2) ガンマ関数とベータ関数に関する次の等式を証明せよ.

$$B(p,q) = \frac{\Gamma(p)\Gamma(q)}{\Gamma(p+q)}$$

A
付　録

A.1　$\lim_{x\to 0}\frac{\sin x}{x}=1$ の証明

三角関数 $\sin x$ および $\cos x$ の導関数の公式は，加法定理と公式 1.6 から導いた．公式 1.6 は次の不等式[1]から導ける．

定理 A.1　$0<x<\dfrac{\pi}{2}$ のとき，

$$\sin x \le x \le \tan x.$$

証明　図 1 において線分 OQ の長さを 1 とすれば，∠POQ の角度 x の単位は**ラジアン**なので円弧 PQ の長さは x である[2]．線分 PR が x 軸の垂線であれば $\mathrm{PR}=\sin x$．線分 PR は最短で点 P から x 軸に到達するので円弧 PQ より短い．よって，$\sin x \le x$ となる．

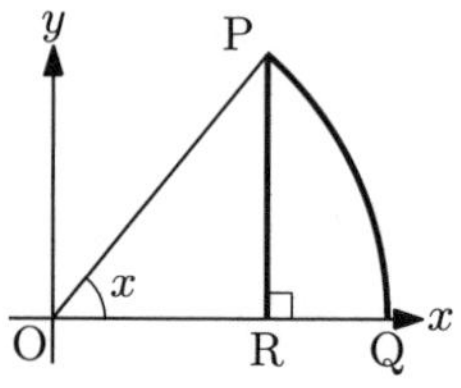

図 1

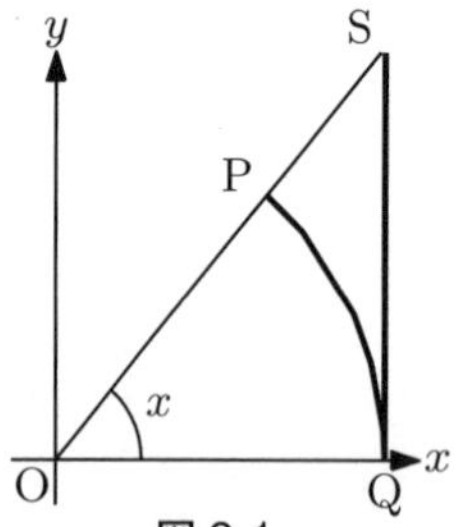

図 2-1

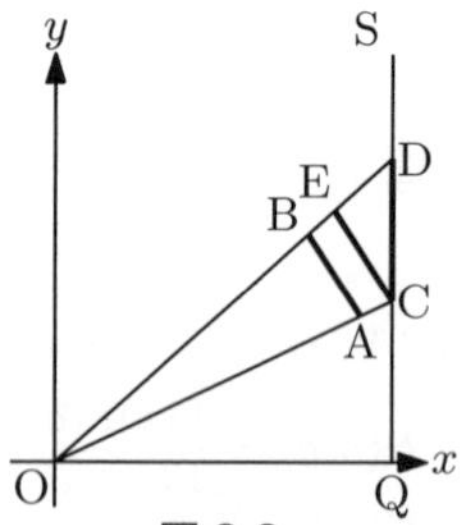

図 2-2

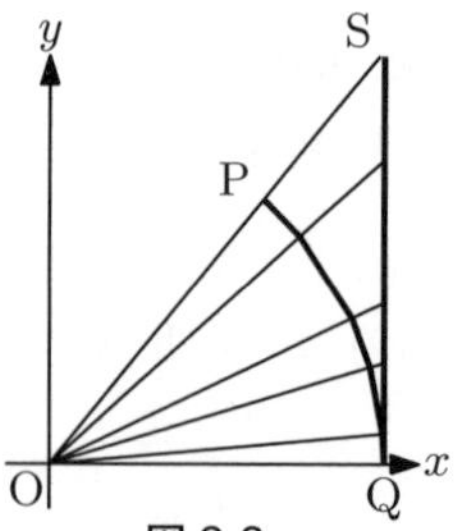

図 2-3

1)　不等号が $<$ でも正しいが，公式 1.6 の証明には $\le$ で十分である．

次に，図 2-1 において節点が弧 PQ 上にある折れ線の長さと線分 QS の長さ $\tan x$ を比べる．折れ線を構成する線分の一つを AB として，直線 OA と線分 QS の交点を C，直線 OB と線分 QS の交点を D とする．また，点 C を通り線分 AB に平行な直線と線分 OD との交点を E とする (図 2-2)．線分 AB と線分 CE は平行なので $\mathrm{AB} < \mathrm{CE}$．さらに $\mathrm{OA} = \mathrm{OB}$ より $\angle\mathrm{CED}$ は鈍角である．よって $\mathrm{CE} < \mathrm{CD}$ になるので $\mathrm{AB} < \mathrm{CD}$．他の折れ線の線分についても，線分 QS の分割で対応する線分 (図 2-3) のほうが長いので折れ線より線分 QS が長いことがわかる．折れ線の長さは弧 PQ の長さ x より短いが，折れ線の長さをいくらでも x に近づけるように節点を選ぶことができ[3]，折れ線の長さは常に線分 QS の長さ $\tan x$ より短いので，$x \leq \tan x$ が示せる[4]． ■

公式 1.6 の証明　定理 A.1 より，$0 < x < \dfrac{\pi}{2}$ のとき

$$\frac{\sin x}{x} \leq 1 \quad \text{および} \quad \cos x \leq \frac{\sin x}{x}$$

が得られる．よって x を右側から 0 に近づけると

$$\lim_{x\to+0} \cos x \leq \lim_{x\to+0} \frac{\sin x}{x} \leq 1$$

になるが，$\cos x$ は連続関数なので

$$\lim_{x\to+0} \cos x = \cos 0 = 1.$$

よって

$$\lim_{x\to+0} \frac{\sin x}{x} = 1.$$

$x \to -0$ のときの極限値については，公式 $\sin(-\theta) = -\sin\theta$ により，$x < 0$ のときは $t = -x$ とすれば

$$\lim_{x\to-0} \frac{\sin x}{x} = \lim_{t\to+0} \frac{\sin(-t)}{-t} = \lim_{t\to+0} \frac{\sin t}{t} = 1.$$

以上により公式 1.6 が得られる． ■

---

2)　これが角度の単位をラジアンにしなければならない理由である．

3)　曲線の長さは，すべての折れ線の長さより大きい実数のなかで最小な数で定義される (A.10 節参照)．

4)　例 2.8 より，円の面積の公式は $\sin x$ の導関数の公式から導かれるので，円の面積の公式が必要な扇形 OPQ と三角形 OSQ の面積の比較による証明は循環論法になる．

A.2 ネイピア数

自然対数の底である**ネイピア数** e は対数関数の導関数で登場した．e は，以下のように定める数列 $\{a_n\}$ の $n \to \infty$ のときの極限値として定義される．

$$a_n = \left(1 + \frac{1}{n}\right)^n. \tag{A.1}$$

この数列の収束性の証明には以下の定理が必要である．

定理 A.2　数列 $\{a_n\}$ は単調増加で，すべての n に対して $a_n < 3$.

証明　a_n は 1 と $\dfrac{1}{n}$ の和の n 乗なので二項定理を適用すれば

$$\begin{aligned} a_n &= 1 + 1 + \sum_{k=2}^{n} \frac{n(n-1)\cdots(n-k+2)(n-k+1)}{k!}\left(\frac{1}{n}\right)^k \\ &= 2 + \sum_{k=2}^{n} \frac{1}{k!}\frac{n}{n}\frac{n-1}{n}\frac{n-2}{n}\cdots\frac{n-k+2}{n}\frac{n-k+1}{n} \\ &= 2 + \sum_{k=2}^{n} \frac{1}{k!}\left(1-\frac{1}{n}\right)\left(1-\frac{2}{n}\right)\cdots\left(1-\frac{k-1}{n}\right). \end{aligned} \tag{A.2}$$

n を $n-1$ に差し替えれば

$$a_{n-1} = 2 + \sum_{k=2}^{n-1} \frac{1}{k!}\left(1-\frac{1}{n-1}\right)\left(1-\frac{2}{n-1}\right)\cdots\left(1-\frac{k-1}{n-1}\right). \tag{A.3}$$

$l = 1, \cdots, k-1$ に対しては

$$1 - \frac{l}{n} > 1 - \frac{l}{n-1}$$

であるから，(A.2) と (A.3) を比べると $\sum$ において $k = 2$ から $n-1$ までの項は (A.2) のほうが大きい．また，(A.2) には $k = n$ の項が余分にあり正である．よって $a_{n-1} < a_n$ が示せ，数列 $\{a_n\}$ は単調増加である．

次に，$k \geq 2$ のとき

$$k! = 1 \cdot 2 \cdot 3 \cdots k \geq 1 \cdot 2 \cdot 2 \cdots 2 = 2^{k-1}$$

になるので

$$\frac{1}{k!}\left(1-\frac{1}{n}\right)\left(1-\frac{2}{n}\right)\cdots\left(1-\frac{k-1}{n}\right) \leq \frac{1}{k!} \leq \frac{1}{2^{k-1}}$$

が成り立つ．よって

$$a_n \leq 1 + 1 + \frac{1}{2} + \cdots + \frac{1}{2^{n-1}} = 1 + \frac{1 - \frac{1}{2^n}}{1 - \frac{1}{2}} < 1 + 2 = 3$$

が示せる． ■

単調増加な数列 $\{a_n\}$ がある決まった数より大きくなることがなければ，$n \to \infty$ のとき a_n が発散することはありえず，収束するしかない．(A.1) に対する点列 (n, a_n) $(n = 1, 2, \cdots)$ は図 3 のようになり，直線 $y = 3$ が漸近線でなければ，x 軸に平行なまま直線を下ろせば漸近線がみつかることは感覚的にうなづける[5]．この漸近線の y 座標がネイピア数 e であり，定理 A.2 より 3 以下であるが，実際は無理数であり，小数で表せば

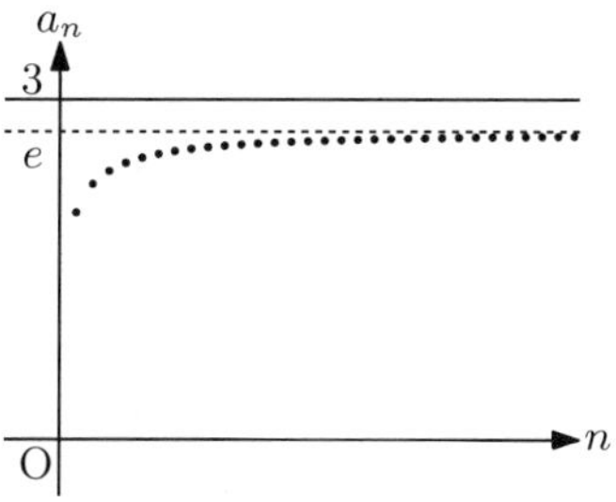

図 3

$$e = 2.71828182845904523536028747135266249775724709 3\cdots \tag{A.4}$$

であることを A.4 節で示す．e は円周率 π と並ぶ重要な無理数であり，互いに深くかかわっていることも知られている．小学校で円周率は円周の長さを直径で割った商であることを習うが，e は微分積分で初めてお目にかかる数である．

次に，(A.1) の右辺の n を実数 t に替えると変数 t の関数になる．このとき，次が成り立つ．

定理 A.3

$$\lim_{t \to \infty} \left(1 + \frac{1}{t}\right)^t = e$$

証明　t の整数部分を n とすれば $n \leq t \leq n + 1$ を満たすので

$$1 + \frac{1}{n+1} \leq 1 + \frac{1}{t} \leq 1 + \frac{1}{n}$$

になる．よって

5)　実数の公理で存在が保証されている (A.10 節参照)．

$$\left(1+\frac{1}{n+1}\right)^{n+1}\left(1+\frac{1}{n+1}\right)^{-1}=\left(1+\frac{1}{n+1}\right)^{n}$$
$$\leq\left(1+\frac{1}{t}\right)^{t}\leq\left(1+\frac{1}{n}\right)^{n+1}=\left(1+\frac{1}{n}\right)^{n}\left(1+\frac{1}{n}\right).$$

$t\to\infty$ のとき $n\to\infty$ であり

$$\left(1+\frac{1}{n+1}\right)^{n+1}\left(1+\frac{1}{n+1}\right)^{-1}\to e\times 1=e,$$
$$\left(1+\frac{1}{n}\right)^{n}\left(1+\frac{1}{n}\right)\to e\times 1=e$$

になるので $\left(1+\dfrac{1}{t}\right)^{t}$ も e に収束する． ■

A.3　$\frac{\infty}{\infty}$ 形のロピタルの定理

$x\to a$ のとき $f(x)\to\infty$, $g(x)\to\infty$ となる場合のロピタルの定理を証明する． $a<x<x_1$ または $x_1<x<a$ になる x, x_1 に対して，コーシーの平均値の定理より，c を $a<x<c<x_1$ または $x_1<c<x<a$ で，

$$\frac{f(x)-f(x_1)}{g(x)-g(x_1)}=\frac{f'(c)}{g'(c)}$$

を満たすように選べる．このとき

$$\frac{f(x)}{g(x)}=\frac{1-\frac{g(x_1)}{g(x)}}{1-\frac{f(x_1)}{f(x)}}\,\frac{f(x)-f(x_1)}{g(x)-g(x_1)}=\frac{1-\frac{g(x_1)}{g(x)}}{1-\frac{f(x_1)}{f(x)}}\,\frac{f'(c)}{g'(c)}. \tag{A.5}$$

もし $x\to a$ のとき $\dfrac{f'(x)}{g'(x)}$ が収束すれば極限値を A_0 と書く．正の数 ε に対して，x_1 が十分 a に近ければ c も十分 a に近くなるので，$\dfrac{f'(c)}{g'(c)}$ は十分 A_0 に近く

$$\left|\frac{f'(c)}{g'(c)}-A_0\right|<\frac{\varepsilon}{2} \tag{A.6}$$

を満たすようになる．(A.6) を満たすように x_1 を固定して，$x\to a$ のとき

$$\frac{g(x_1)}{g(x)}\to\frac{g(x_1)}{\infty}=0,\quad \frac{f(x_1)}{f(x)}\to\frac{f(x_1)}{\infty}=0$$

になるので，

$$\frac{1-\frac{g(x_1)}{g(x)}}{1-\frac{f(x_1)}{f(x)}} \ \to\ 1 \tag{A.7}$$

を得る．c については (A.6) を満たす状態は維持されるので，x を a に十分近づけると，(A.5) と (A.7) より $\dfrac{f(x)}{g(x)}$ と $\dfrac{f'(c)}{g'(c)}$ は十分近くなり，(A.6) における $\dfrac{\varepsilon}{2}$ を ε に替えて

$$\left|\frac{f(x)}{g(x)} - A_0\right| < \varepsilon \tag{A.8}$$

を満たす．ε はいくらでも小さく選べるので[6]，$x \to a$ のとき $\dfrac{f(x)}{g(x)}$ は A_0 に収束，つまり (1.44) を得る．

もし $x \to a$ のとき $\dfrac{f'(x)}{g'(x)}$ が ∞ に発散すれば，正の定数 K に対して x_1 が十分 a に近ければ c も十分 a に近くなり

$$2K < \frac{f'(c)}{g'(c)} \tag{A.9}$$

を満たすようになる．(A.9) を満たすように x_1 を固定して $x \to a$ のとき c については (A.9) を満たす状態は維持されるので，x を a に十分近づけると，(A.5) と (A.7) より，(A.9) における $2K$ を K に替えて

$$K < \frac{f(x)}{g(x)}$$

を満たす．K はいくらでも大きく選べるので[7]，$x \to a$ のとき $\dfrac{f(x)}{g(x)}$ は ∞ に発散，つまり (1.44) を得る．■

A.4　e の近似値

マクローリン展開を使って近似値を計算する例として，(A.4) のようなネイピア数 e の近似値を求めることがあげられる．(1.52) において $f(x) = e^x$, $x = 1$ とすれば，e は

$$e = 1 + 1 + \frac{1}{2!} + \cdots + \frac{1}{n!} + R_{n+1} \tag{A.10}$$

---

6)　ε–δ 論法による A_0 への収束の定義である (A.10 節参照).

7)　ε–δ 論法による ∞ への発散の定義である.

で表せ，$R_{n+1} = \dfrac{e^\theta}{(n+1)!}$ になる．θ については値を正確に求めることは困難なので避け，ここでは，$0 < \theta < 1$ を満たすことだけを利用する．定理 A.2 より，$e \leq 3$ はすでにわかっているので $1 = e^0 < e^\theta \leq 3^\theta < 3$ になり

$$\frac{1}{(n+1)!} < R_{n+1} < \frac{3}{(n+1)!}.$$

よって (A.10) より，e は

$$1+1+\frac{1}{2!}+\cdots+\frac{1}{n!}+\frac{1}{(n+1)!} < e < 1+1+\frac{1}{2!}+\cdots+\frac{1}{n!}+\frac{3}{(n+1)!}$$

を満たす．A_n, B_n を

$$A_n = 1+1+\frac{1}{2!}+\cdots+\frac{1}{(n-1)!}+\frac{1}{n!},$$

$$B_n = 1+1+\frac{1}{2!}+\cdots+\frac{1}{(n-1)!}+\frac{3}{n!} = A_n + \frac{2}{n!}$$

とすれば ($n+1$ を n に直す),

$$A_n < e < B_n$$

を得る．n に対する A_n, B_n の値 (小数) を以下の表にまとめる．

n	A_n	B_n
1	2	4
2	2.5	3.5
3	2.6···	3
5	2.71···	2.73···
7	2.7182···	2.7186···
10	2.718281···	2.718282···
15	2.71828182845···	2.71828182846···
20	2.718281828459045235···	2.718281828459045236···

A_n と B_n が一致している位まで e の小数表示は確定している．$n = 20$ で計算すれば 2.71828182845904523 で，小数点以下第 17 位まで決まった．n をもっと大きくすれば確定する桁数は増えるが，例えば $n = 40$ とすれば (A.4) になることがわかり小数点以下第 45 位まで決まる．

逆に，誤差が 10^{-m} までの近似値を求めたければ

$$\frac{2}{n!} < 10^{-m}$$

を満たす n で十分である.

A.5 ラグランジュの剰余項とコーシーの剰余項

(1.50) の右辺の最終項を別の形に表したテイラーの定理がある.

定理 A.4 (テイラーの定理) 0 以上の整数 n に対して $a < b$ $(a > b)$ として, $a < c < b$ $(a > c > b)$ で

$$f(b) = f(a) + f'(a)(b-a) + \frac{f''(a)}{2!}(b-a)^2 + \cdots + \frac{f^{(n)}(a)}{n!}(b-a)^n + \frac{f^{(n+1)}(c)}{n!}(b-a)(b-c)^n \quad \text{(A.11)}$$

が成り立つような c が存在する.

証明 定理 1.9 の証明における (1.51) の最終項を $A(b-x)$ に変えれば

$$\varphi'(x) = \frac{f^{(n+1)}(x)}{n!}(b-x)^n - A.$$

ロルの定理より, $a < b$ $(a > b)$ のとき $a < c < b$ $(a > c > b)$ で, $\varphi'(c) = 0$ を満たす c が存在して $A = \dfrac{f^{(n+1)}(c)}{n!}(b-c)^n$ を得る. ■

テイラーの定理において, $f(b)$ と

$$f(a) + f'(a)(b-a) + \frac{f''(a)}{2!}(b-a)^2 + \cdots + \frac{f^{(n)}(a)}{n!}(b-a)^n$$

の差を**剰余項**というが, 表し方が一通りではない. (1.50) における剰余項を**ラグランジュの剰余項**, (A.11) における剰余項を**コーシーの剰余項**とよぶ. 第1章においてラグランジュの剰余項から e^x, $\sin x$, $\cos x$ のマクローリン級数の収束性を示したが, $(x+1)^\alpha$ と $\log(x+1)$ のマクローリン級数に対しては, コーシーの剰余項において $a = 0$, $b = x$, $c = \theta x$ とした

$$R_{n+1} = \frac{f^{(n+1)}(\theta x)}{n!}(1-\theta)^n x^{n+1} \quad \text{(A.12)}$$

を用いて収束性を示す.

例 A.1 $f(x) = (x+1)^\alpha$

(A.12) を適用すれば,

$$R_{n+1} = \frac{\alpha(\alpha-1)\cdots(\alpha-n)(\theta x+1)^{\alpha-n-1}}{n!}x^{n+1}(1-\theta)^n$$

$$= \alpha x\frac{(\alpha-1)x}{1}\cdots\frac{(\alpha-n)x}{n}(\theta x+1)^{\alpha-n-1}(1-\theta)^n. \tag{A.13}$$

n は $n > \alpha - 1$ になるように十分大きくする. $x \geq 0$ のとき

$$0 < (\theta x+1)^{\alpha-n-1}(1-\theta)^n < 1.$$

$-1 < x < 0$ のとき

$$0 < (\theta x+1)^{\alpha-n-1}(1-\theta)^n$$

$$= (1-|x|\theta)^{\alpha-1}\left(\frac{1-\theta}{1-|x|\theta}\right)^n < (1-|x|\theta)^{\alpha-1}.$$

よって

$$0 < (\theta x+1)^{\alpha-n-1}(1-\theta)^n < \begin{cases} 1 & (\alpha \geq 1) \\ (1-|x|)^{\alpha-1} & (\alpha < 1). \end{cases} \tag{A.14}$$

$|x| < 1$ のとき $|x| < r < 1$ になるように r を選ぶと, $k \to \infty$ のとき $\dfrac{(\alpha-k)x}{k} \to x$ になるので, 自然数 n_0 を十分大きくとれば, $k > n_0$ のとき

$$\left|\frac{(\alpha-k)x}{k}\right| < r < 1. \tag{A.15}$$

$0 \leq x < 1$ または $-1 < x < 0$, $\alpha \geq 1$ のとき $C = 1$ とし, $-1 < x < 0$, $\alpha < 1$ のとき $C = (1-|x|)^{\alpha-1}$ とすれば, (A.13)~(A.15) より, $-1 < x < 1$ のとき

$$|R_{n+1}| \leq C\left|\alpha\frac{(\alpha-1)}{1}\cdots\frac{(\alpha-n_0)}{n_0}x^{n_0+1}\right|r^{n-n_0}$$

を満たすので $\displaystyle\lim_{n\to\infty} R_{n+1} = 0$. ■

例 A.2 $f(x) = \log(x+1)$

(A.12) を適用すれば,

$$R_{n+1} = \frac{(-1)(-2)\cdots(-n)(\theta x+1)^{-n-1}}{n!}x^{n+1}(1-\theta)^n$$

$$= (-1)^n x^{n+1}(\theta x+1)^{-n-1}(1-\theta)^n. \tag{A.16}$$

$-1 < x < 0$ のとき

$$|R_{n+1}| = |x|^{n+1}(1-|x|\theta)^{-1}\left(\frac{1-\theta}{1-|x|\theta}\right)^n < |x|^{n+1}(1-|x|)^{-1}.$$

よって $-1 < x < 0$ [8]のとき $\lim_{n\to\infty} R_{n+1} = 0$.

また，$0 \leq x \leq 1$ のとき (1.53) より

$$R_{n+1} = \frac{(-1)^n}{(n+1)(\theta x+1)^{n+1}} x^{n+1}$$

で，$0 \leq \theta x$ であるから

$$|R_{n+1}| \leq \frac{1}{n+1}.$$

以上により，$-1 < x \leq 1$ のとき $\lim_{n\to\infty} R_{n+1} = 0$. ■

$(x+1)^\alpha$ と $\log(x+1)$ のマクローリン級数に関して収束する x の範囲を含め，以下の公式が成り立つ.

公式 A.1

$-1 < x < 1$ のとき，

$$(x+1)^\alpha = 1 + \alpha x + \frac{\alpha(\alpha-1)}{2!}x^2 + \cdots + \frac{\alpha(\alpha-1)(\alpha-2)\cdots(\alpha-n+1)}{n!}x^n + \cdots,$$

$-1 < x \leq 1$ のとき，

$$\log(x+1) = x - \frac{x^2}{2} + \cdots + \frac{(-1)^{n-1}}{n}x^n + \cdots.$$

A.6 積分によるマクローリン展開

関数 $f(x)$ のマクローリン級数が $f(x)$ に収束することを証明するために，x^n までの項の部分和と $f(x)$ の差 R_{n+1} を (1.53) または (A.12) で表せることを

8) $x = -1$ のとき，$1 - |x|\theta = 1 - \theta$ が 0 に近づく可能性は否定できない.

利用したが，この方法は，n 階導関数 $f^{(n)}(x)$ が計算できることが必要である．ところが，基本的な初等関数のなかには，逆三角関数のように n 階導関数が求まらないものもある．本節では，$\arctan x$ および $\arcsin x$ のマクローリン級数の一般項と収束性について述べる．そのまえに，すでに紹介した $\log(x+1)$ のマクローリン級数の収束性を別の方法で示す．

例 A.3 関数 $\log(x+1)$ は積分を用いて

$$\log(x+1) = \int_0^x \frac{dt}{1+t}$$

で表せる．

$$\frac{1}{1+t} = 1 - t + t^2 - \cdots + (-1)^{n-1}t^{n-1} + \frac{(-1)^n t^n}{1+t} \tag{A.17}$$

の両辺を区間 $[0,x]$ で積分すれば

$$\begin{aligned}\int_0^x \frac{dt}{1+t} &= \int_0^x \left(1 - t + t^2 - \cdots + (-1)^{n-1}t^{n-1} + \frac{(-1)^n t^n}{1+t}\right) dt \\ &= x - \frac{x^2}{2} + \frac{x^3}{3} - \cdots + \frac{(-1)^{n-1}}{n}x^n + R_{n+1}.\end{aligned}$$

よって，R_{n+1} は (A.16) の他に

$$R_{n+1} = (-1)^n \int_0^x \frac{t^n}{1+t}\, dt$$

で表すこともできる．$x \geq 0$ のとき $0 \leq t \leq x$ であるから

$$0 \leq \frac{t^n}{1+t} \leq t^n$$

が成り立ち，各辺を区間 $[0,x]$ で積分すれば

$$0 \leq |R_{n+1}| = \int_0^x \frac{t^n}{1+t}\, dt \leq \int_0^x t^n\, dt = \frac{x^{n+1}}{n+1}. \tag{A.18}$$

$-1 < x \leq 0$ のとき $0 \leq -t \leq -x < 1$ であるから

$$0 \leq \frac{(-t)^n}{1+t} \leq \frac{(-t)^n}{1+x}.$$

各辺を区間 $[x,0]$ で積分すれば

$$0 \leq |R_{n+1}| = \int_x^0 \frac{(-t)^n}{1+t}\, dt \leq \frac{1}{1+x} \int_x^0 (-t)^n\, dt = \frac{(-x)^{n+1}}{(n+1)(1+x)}. \tag{A.19}$$

(A.18) と (A.19) より，$-1 < x \leq 1$ のとき $\lim_{n \to \infty} R_{n+1} = 0$. よって，$\log(x+1)$ は公式 A.1 のようにマクローリン展開できる． ■

これと同様に，積分を用いて n 階導関数の計算が困難な $\arctan x$ と $\arcsin x$ のマクローリン級数を求める．

例 A.4　関数 $\arctan x$ は積分を用いて

$$\arctan x = \int_0^x \frac{dt}{1+t^2}$$

で表せる．$\dfrac{1}{1+t^2}$ は (A.17) の t に t^2 を代入したものであるから

$$\frac{1}{1+t^2} = 1 - t^2 + t^4 - \cdots + (-1)^{n-1} t^{2n-2} + \frac{(-1)^n t^{2n}}{1+t^2}.$$

$x \geq 0$ のとき両辺を区間 $[0, x]$ で積分すれば

$$\begin{aligned} \int_0^x \frac{dt}{1+t^2} &= \int_0^x \left(1 - t^2 + t^4 - \cdots + (-1)^{n-1} t^{2n-2} + \frac{(-1)^n t^{2n}}{1+t^2}\right) dt \\ &= x - \frac{x^3}{3} + \frac{x^5}{5} - \cdots + \frac{(-1)^{n-1}}{2n-1} x^{2n-1} + R_{2n+1}. \end{aligned}$$

ここで R_{2n+1} は

$$R_{2n+1} = (-1)^n \int_0^x \frac{t^{2n}}{1+t^2}\, dt$$

とする．

$$0 \leq \frac{t^{2n}}{1+t^2} \leq t^{2n}$$

が成り立つので，$x \geq 0$ のとき，各辺を区間 $[0, x]$ で積分すれば

$$0 \leq |R_{2n+1}| = \int_0^x \frac{t^{2n}}{1+t^2}\, dt \leq \int_0^x t^{2n}\, dt = \frac{x^{2n+1}}{2n+1}. \tag{A.20}$$

よって $0 \leq x \leq 1$ のとき $\lim_{n \to \infty} R_{2n+1} = 0$ になるので，$\arctan x$ は

$$\arctan x = x - \frac{x^3}{3} + \frac{x^5}{5} - \cdots + \frac{(-1)^{n-1}}{2n-1} x^{2n-1} + \cdots \tag{A.21}$$

とマクローリン展開できる．また，公式 $\arctan(-\theta) = -\arctan\theta$ より，$-1 \leq x \leq 0$ のときも (A.21) のようにマクローリン展開できる． ■

例 A.5 関数 $\arcsin x$ は積分を用いて

$$\arcsin x = \int_0^x \frac{dt}{\sqrt{1-t^2}}$$

で表せる．関数 $\dfrac{1}{\sqrt{1+x}} = (1+x)^{-\frac{1}{2}}$ と n 次マクローリン多項式の差を $\widetilde{R}_{n+1}$ とすれば，

$$\begin{aligned}\frac{1}{\sqrt{1+x}} &= 1 - \frac{1}{2}x + \frac{\left(-\frac{1}{2}\right)\left(-\frac{1}{2}-1\right)}{2!}x^2 + \cdots \\ &\quad + \frac{\left(-\frac{1}{2}\right)\left(-\frac{1}{2}-1\right)\cdots\left(-\frac{1}{2}-n+1\right)}{n!}x^n + \widetilde{R}_{n+1} \\ &= 1 - \frac{1}{2}x + \frac{1\cdot 3}{2^2 2!}x^2 + \cdots + \frac{(-1)^n 1\cdot 3\cdots(2n-1)}{2^n n!}x^n + \widetilde{R}_{n+1}.\end{aligned}$$

(A.13) より $\widetilde{R}_{n+1}$ は

$$\begin{aligned}\widetilde{R}_{n+1} &= \frac{\left(-\frac{1}{2}\right)\left(-\frac{1}{2}-1\right)\cdots\left(-\frac{1}{2}-n\right)(1-\theta)^n}{n!(1+\theta x)^{\frac{2n+3}{2}}}x^{n+1} \\ &= \frac{(-1)^{n+1}1\cdot 3\cdots(2n+1)(1-\theta)^n}{2^{n+1}n!(1+\theta x)^{\frac{2n+3}{2}}}x^{n+1}\end{aligned}$$

で表せ，$0 < \theta < 1$ を満たすような θ が存在する．

$\dfrac{1}{\sqrt{1-t^2}}$ は $\dfrac{1}{\sqrt{1+x}}$ に $x = -t^2$ を代入したものであるから

$$\begin{aligned}\frac{1}{\sqrt{1-t^2}} &= 1 + \frac{1}{2}t^2 + \frac{1\cdot 3}{2^2 2!}t^4 + \cdots + \frac{1\cdot 3\cdots(2n-1)}{2^n n!}t^{2n} \\ &\quad + \frac{1\cdot 3\cdots(2n+1)(1-\theta)^n}{2^{n+1}n!(1-\theta t^2)^{\frac{2n+3}{2}}}t^{2n+2}.\end{aligned}$$

ここで

$$\begin{aligned}M_{2n+1} &= \int_0^x \left(1 + \frac{1}{2}t^2 + \frac{1\cdot 3}{2^2 2!}t^4 + \cdots + \frac{1\cdot 3\cdots(2n-1)}{2^n n!}t^{2n}\right)dt \\ &= x + \frac{1}{2\cdot 3}x^3 + \frac{1\cdot 3}{2^2 5\cdot 2!}x^5 + \cdots + \frac{1\cdot 3\cdots(2n-1)}{2^n(2n+1)n!}x^{2n+1},\end{aligned}$$

$$R_{2n+3} = \int_0^x \frac{1\cdot 3\cdots(2n+1)(1-\theta)^n}{2^{n+1}n!(1-\theta t^2)^{\frac{2n+3}{2}}}t^{2n+2}\,dt$$

と書けば，$x \geq 0$ のとき区間 $[0, x]$ での積分は

$$\int_0^x \frac{dt}{\sqrt{1-t^2}} = M_{2n+1} + R_{2n+3}$$

で表せる．$0 < t < 1$ のとき

$$0 < \frac{(1-\theta)^n}{(1-\theta t^2)^{\frac{2n+3}{2}}} = \left(\frac{1-\theta}{1-\theta t^2}\right)^n \frac{1}{(1-\theta t^2)^{\frac{3}{2}}} < \frac{1}{(1-t^2)^{\frac{3}{2}}}.$$

よって $0 \leq x < 1$ のとき

$$0 \leq R_{2n+3} \leq \frac{1\cdot 3\cdots(2n+1)}{2^{n+1}n!}\int_0^x \frac{t^{2n+2}}{(1-t^2)^{\frac{3}{2}}}\,dt.$$

ここで

$$\frac{1}{(1-t^2)^{\frac{3}{2}}} \leq \frac{1}{(1-x^2)^{\frac{3}{2}}}$$

より，

$$\begin{aligned}
\frac{1\cdot 3\cdots(2n+1)}{2^{n+1}n!}\int_0^x \frac{t^{2n+2}}{(1-t^2)^{\frac{3}{2}}}\,dt &\leq \frac{1\cdot 3\cdots(2n+1)}{2^{n+1}n!(1-x^2)^{\frac{3}{2}}}\int_0^x t^{2n+2}\,dt \\
&= \frac{1\cdot 3\cdots(2n-1)}{2\cdot 4\cdots(2n)}\,\frac{(2n+1)x^{2n+3}}{2(2n+3)(1-x^2)^{\frac{3}{2}}} \\
&\leq \frac{x^{2n+3}}{2(1-x^2)^{\frac{3}{2}}}.
\end{aligned}$$

よって $n \to \infty$ のとき $R_{2n+3} \to 0$ になるので，$0 \leq x < 1$ のとき $\arcsin x$ は

$$\arcsin x = x + \frac{1}{2\cdot 3}x^3 + \frac{1\cdot 3}{2^2 5\cdot 2!}x^5 + \cdots + \frac{1\cdot 3\cdots(2n-1)}{2^n(2n+1)n!}x^{2n+1} + \cdots \tag{A.22}$$

とマクローリン展開できる．また，公式 $\arcsin(-\theta) = -\arcsin\theta$ より，$-1 < x \leq 0$ のときも (A.22) のようにマクローリン展開できる．■

実は，(A.22) の右辺は $x = \pm 1$ を代入しても収束することが示せる．また，関数 $\arcsin x$ が $x = \pm 1$ のとき連続であることより (A.22) は $x = \pm 1$ でも成り立つことが証明できるが，本書の範囲を超えている[9]のでここでは述べない．この事実を含め，逆三角関数のマクローリン展開の公式を得ることができる．

---

9)　証明には ε–δ 論法が必要である．

公式 A.2

$-1 \leq x \leq 1$ のとき，

$$\arctan x = x - \frac{x^3}{3} + \frac{x^5}{5} - \cdots + \frac{(-1)^{n-1}}{2n-1}x^{2n-1} + \cdots,$$

$$\arcsin x = x + \frac{1}{2 \cdot 3}x^3 + \frac{1 \cdot 3}{2^2 5 \cdot 2!}x^5 + \cdots + \frac{1 \cdot 3 \cdots (2n-1)}{2^n(2n+1)n!}x^{2n+1} + \cdots.$$

A.7 π の近似値

逆正接関数 $\arctan x$ とそのマクローリン展開の x^{2n-1} の項までの部分和の差 R_{2n+1} は，$x > 0$ のとき (A.20) を満たす．$x = 1$ を代入して 4 倍すれば，$4 \arctan 1 = \pi$ と

$$4\left(1 - \frac{1}{3} + \frac{1}{5} - \cdots + \frac{(-1)^{n-1}}{2n-1}\right)$$

との差 $4R_{2n+1}$ の絶対値は $\dfrac{4}{2n+1}$ より小さいので，誤差が 10^{-m} までの近似値を求めるには，n が

$$\frac{4}{2n+1} < 10^{-m} \tag{A.23}$$

を満たすようにする．$\arctan x$ の x に 1 より小さい数を代入すれば，(A.20) より n が同じでも $|R_{2n+1}|$ は小さくなる．そこで $\arctan \dfrac{1}{\sqrt{3}} = \dfrac{\pi}{6}$ より，$\arctan x$ に $x = \dfrac{1}{\sqrt{3}}$ を代入すれば同じ精度でも n を小さくできるので効率が良くなるが，無理数を計算するので可能ならば x に有理数を代入したい．π の計算に利用された公式として**マチン** (Machin) **の公式**

$$\pi = 16 \arctan \frac{1}{5} - 4 \arctan \frac{1}{239}$$

が 18 世紀初頭に発見され (tan の加法定理で証明できる)，これを用いて (コンピュータが発明されるまでに) 手計算で π の 500 桁以上の近似値を計算した記

録がある.

arctan x をマクローリン展開すれば

$$\pi = 16\left(\frac{1}{5} - \frac{1}{5^3 \cdot 3} + \cdots + \frac{(-1)^{n-1}}{5^{2n-1}(2n-1)} + \widetilde{R}_{2n+1}\right)$$
$$- 4\left(\frac{1}{239} - \frac{1}{239^3 \cdot 3} + \cdots + \frac{(-1)^{n-1}}{239^{2n-1}(2n-1)} + \widehat{R}_{2n+1}\right)$$

になり，$\widetilde{R}_{2n+1}$ と $\widehat{R}_{2n+1}$ は (A.18) より

$$0 \leq (-1)^n \widetilde{R}_{2n+1} \leq \frac{1}{5^{2n+1}(2n+1)}, \quad 0 \leq (-1)^n \widehat{R}_{2n+1} \leq \frac{1}{239^{2n+1}(2n+1)}.$$

$$A_n = 16\left(\frac{1}{5} - \frac{1}{5^3 \cdot 3} + \cdots + \frac{(-1)^{n-1}}{5^{2n-1}(2n-1)}\right)$$
$$- 4\left(\frac{1}{239} - \frac{1}{239^3 \cdot 3} + \cdots + \frac{(-1)^{n-1}}{239^{2n-1}(2n-1)}\right)$$

にすれば，n が偶数のとき

$$0 < \pi - A_n = 16\widetilde{R}_{2n+1} - 4\widehat{R}_{2n+1} < 16\widetilde{R}_{2n+1} < \frac{16}{5^{2n+1}(2n+1)}.$$

よって，$B_n = A_n + \dfrac{16}{5^{2n+1}(2n+1)}$ にすれば，n が偶数のとき

$$A_n < \pi < B_n.$$

n を大きくして π の近似値を求めるので，n を偶数に限定しても差し支えない．A_n, B_n の値 (小数) を以下の表にまとめる.

n	A_n	B_n
2	3.140···	3.141···
4	3.141591···	3.141592···
6	3.141592652···	3.141592653···
10	3.141592653589791···	3.141592653589793···

A_n と B_n が一致している位まで π の小数表示は確定している．$n = 10$ で計算すれば 3.14159265358979 で小数点以下第 14 位まで決まった．n をもっと大きくすれば確定する桁数は増えるが，例えば $n = 30$ とすれば

3.141592653589793238462643383279502884197169

で，小数点以下第 42 位まで決まる．

マチンの公式で π の近似値を計算するとき，誤差を 10^{-m} までにするには

$$\frac{16}{5^{2n+1}(2n+1)} < 10^{-m}$$

で十分である．(A.23) と比べると，分母に公比 5^2 の等比数列を掛けてあるので n を小さく選べる．

A.8 ウォリスの公式とガウス積分

例 2.4 の定積分 I_n の値は，(2.20) より n が奇数であれば分数であるが，n が偶数であれば分数と π の積である．この違いを利用して，π に近づく有理数列をみつけることができる．

公式 A.3 (ウォリスの公式)

$$\lim_{n\to\infty}\left(\frac{2\cdot 4\cdots(2n)}{1\cdot 3\cdots(2n-1)}\right)^2\frac{1}{n} = \lim_{n\to\infty}\frac{2^{4n}(n!)^4}{n((2n)!)^2} = \pi \qquad \text{(A.24)}$$

証明　$0 < x < \dfrac{\pi}{2}$ のとき $0 < \sin x < 1$ なので

$$\sin^{2n+1} x < \sin^{2n} x < \sin^{2n-1} x.$$

よって区間 $\left[0, \dfrac{\pi}{2}\right]$ 上の定積分は

$$I_{2n+1} < I_{2n} < I_{2n-1}$$

になるが，(2.20) より

$$\frac{2\cdot 4\cdots(2n)}{3\cdot 5\cdots(2n+1)} < \frac{1\cdot 3\cdots(2n-1)}{2\cdot 4\cdots(2n)}\,\frac{\pi}{2} < \frac{2\cdot 4\cdots(2n-2)}{3\cdot 5\cdots(2n-1)}.$$

この不等式の 3 項を最右項で割れば

$$\frac{2n}{2n+1} < \frac{\pi}{\left(\dfrac{2\cdot 4\cdots(2n)}{1\cdot 3\cdots(2n-1)}\right)^2\dfrac{1}{n}} < 1.$$

$n\to\infty$ のとき，$\dfrac{2n}{2n+1}\to 1$ であるから (A.24) が成り立つ． ■

(A.24) を**ウォリス** (Wallis) **の公式**という．π に近い有理数が得られるが誤差は $\dfrac{\pi}{2n}$ より小さいことしかわからないので，前節のマチンの公式による近似値より精度は悪い．

第 4 章で不定積分が計算できない関数で広義積分の値が求まる**ガウス積分** (公式 4.5) を紹介したが，重積分でなくウォリスの公式からもガウス積分の値を求めることができる．

例 A.6　$\displaystyle\int_0^\infty e^{-x^2}\,dx$ を求める．

正の整数 n に対して，$t = \dfrac{x}{\sqrt{n}}$ とすれば

$$\int_0^{\sqrt{n}} e^{-x^2}\,dx = \sqrt{n}\int_0^1 e^{-nt^2}\,dt.$$

この積分を G_n で表す．

e^x に $n = 1$ とした (1.52) と (1.53) を適用し，x に x^2 を代入すると

$$e^{x^2} = 1 + x^2 + \frac{e^{\theta x^2}}{2}x^4$$

が成り立つ θ $(0 < \theta < 1)$ が存在するので

$$e^{-x^2} = \frac{1}{e^{x^2}} < \frac{1}{1+x^2}. \tag{A.25}$$

x^2 を $-x^2$ に替えれば

$$e^{-x^2} = 1 - x^2 + \frac{e^{-\theta x^2}}{2}x^4 > 1 - x^2. \tag{A.26}$$

$t = \tan u$ とすれば，(A.25) より

$$\int_0^1 e^{-nt^2}\,dt < \int_0^1 \frac{dt}{(1+t^2)^n} = \int_0^{\frac{\pi}{4}} \frac{\cos^{2n} u}{\cos^2 u}\,du < \int_0^{\frac{\pi}{2}} \cos^{2(n-1)} u\,du.$$

$t = \sin u$ とすれば (A.26) より

$$\begin{aligned}\int_0^1 e^{-nt^2}\,dt &> \int_0^1 (1-t^2)^n\,dt \\ &= \int_0^{\frac{\pi}{2}} (1-\sin^2 u)^n \cos u\,du = \int_0^{\frac{\pi}{2}} \cos^{2n+1} u\,du.\end{aligned}$$

ここで例 2.24 で証明した (2.20) は (1.16) より $\sin^n x$ を $\cos^n x$ に替えても正

しい．よって

$$G_n < \sqrt{n}\int_0^{\frac{\pi}{2}} \cos^{2(n-1)} u\,du = \sqrt{n}\,\frac{2n-3}{2n-2}\,\frac{2n-5}{2n-4}\cdots\frac{1}{2}\,\frac{\pi}{2},$$

$$G_n > \sqrt{n}\int_0^{\frac{\pi}{2}} \cos^{2n+1} u\,du > \sqrt{n}\int_0^{\frac{\pi}{2}} \cos^{2(n+1)} u\,du$$

$$= \sqrt{n}\,\frac{2n+1}{2n+2}\,\frac{2n-1}{2n}\cdots\frac{1}{2}\,\frac{\pi}{2}.$$

ここで，ウォリスの公式 (A.24) より

$$\lim_{n\to\infty}\frac{1}{2}\cdots\frac{2n-3}{2n-2}\,\frac{2n-1}{2n}\sqrt{n} = \frac{1}{\sqrt{\pi}}.$$

よって

$$\lim_{n\to\infty} G_n \le \lim_{n\to\infty}\frac{1}{2}\cdots\frac{2n-3}{2n-2}\,\frac{2n-1}{2n}\sqrt{n}\,\frac{\pi n}{2n-1} = \frac{\sqrt{\pi}}{2},$$

$$\lim_{n\to\infty} G_n \ge \lim_{n\to\infty}\frac{1}{2}\cdots\frac{2n-3}{2n-2}\,\frac{2n-1}{2n}\sqrt{n}\,\frac{\pi(2n+1)}{2(2n+2)} = \frac{\sqrt{\pi}}{2}$$

になるので，次のように積分値が求まる．

$$\int_0^{\infty} e^{-x^2}\,dx = \lim_{n\to\infty} G_n = \frac{\sqrt{\pi}}{2}.$$

■

A.9 全微分可能性と合成関数の導関数

実数 a と 1 変数関数 $f(x)$，さらに定数 A に対して

$$\varepsilon(h) = f(a+h) - (Ah + f(a)) \quad \text{(A.27)}$$

とする．

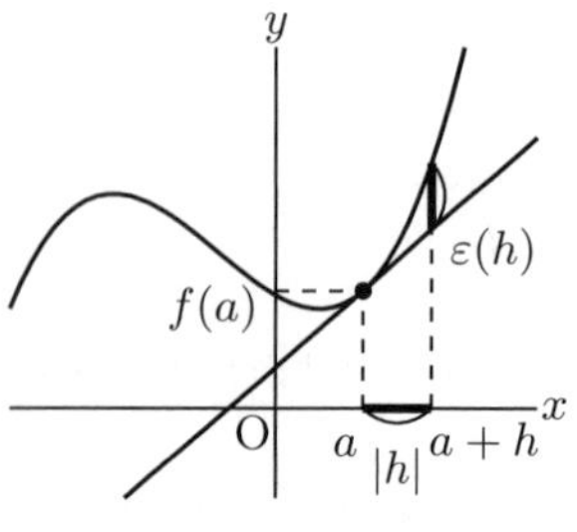

図 4

$f(x)$ が $x = a$ で連続であれば，A の値とは関係なく

$$\lim_{h\to 0}\varepsilon(h) = 0 \quad \text{(A.28)}$$

が成り立つ．また

$$\frac{\varepsilon(h)}{h} = \frac{f(a+h) - f(a)}{h} - A$$

になるので，もし

$$\lim_{h \to 0} \frac{\varepsilon(h)}{|h|} = 0 \tag{A.29}$$

であれば (0 に収束しているので h を $|h|$ に替えても条件は変わらない)，$A = f'(a)$ を意味する．つまり，$x = a$ で $f(x)$ が微分可能であることは，(A.29) を満たす定数 A が存在することである．(A.28) と (A.29) を比べれば，微分可能性は連続性より強い条件であることは明らかである．また，(A.29) を満たす A が存在することは，曲線 $y = f(x)$ と $x = a$ で接する接線が存在し，傾きは A である (図 4).

2 つの実数 a, b と 2 変数関数 $f(x, y)$ に対しては，A, B を定数として (A.27) に対応する式を

$$\varepsilon(h, k) = f(a + h, b + k) - (Ah + Bk + f(a, b)) \tag{A.30}$$

とする．ここで 2 変数関数 $f(x, y)$ が点 (a, b) で**連続**とは

$\sqrt{h^2 + k^2} \to 0$ のとき $\varepsilon(h, k) \to 0$

を満たすことである．($h \to 0$, $k \to 0$ なので A, B の値は関係ない．)

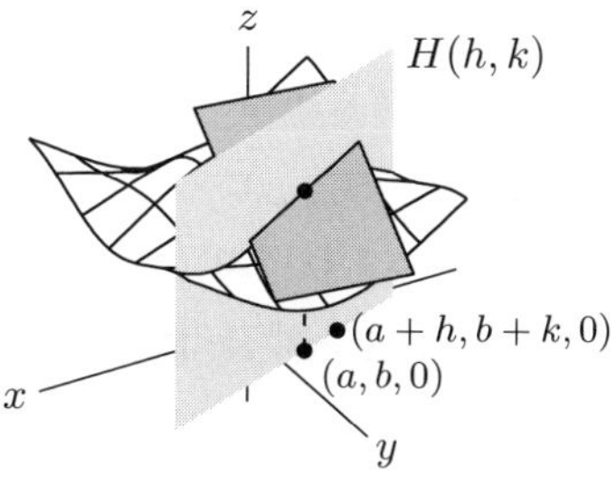

図 5-1

次に，曲面 $z = f(x, y)$ と x, y 座標が $(x, y) = (a, b)$ の点で接する接平面が存在するための $\varepsilon(h, k)$ に関する条件を探す．xy 平面上で点 $(a, b, 0)$ に近い点 $(a+h, b+k, 0)$ をとり，この 2 点を通り，z 軸に平行な平面を $H(h, k)$ とする (図 5-1)．もし曲面 $z = f(x, y)$ 上の点 $(a, b, f(a, b))$ を接点とする接平面が存在すれば，接平面と $H(h, k)$ の交線と曲面と接平面の交線は平面 $H(h, k)$ 上にあり，図 5-2 のように x, y 座標が (a, b) の点で接する．

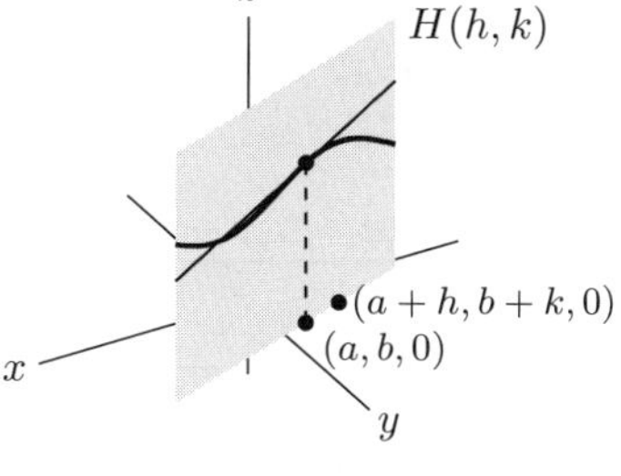

図 5-2

接平面の方程式を (3.2) とすれば，x, y 座標が $(a+h, b+k)$ の接平面の点の z 座標は $Ah+Bk+f(a,b)$ であり，同じ xy 座標の曲面上の点との距離は $\varepsilon(h,k)$ である．図 5-3 は正面から見た図であるが，図 4 と比較すれば $\sqrt{h^2+k^2}$ と $|h|$, および $\varepsilon(h,k)$ と $\varepsilon(h)$ が対応するので，(A.29) は

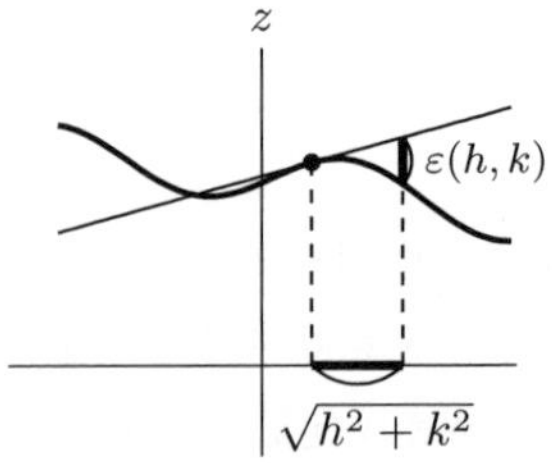

図 5-3

$$\sqrt{h^2+k^2} \to 0 \text{ のとき } \frac{\varepsilon(h,k)}{\sqrt{h^2+k^2}} \to 0 \tag{A.31}$$

に置き換わる．

逆に，(A.30) における A, B を (A.31) が成り立つように選べば，すべての (h,k) に対して平面 $H(h,k)$ と平面 (3.2) との交線は必ず図 5-2 のように曲面 $z=f(x,y)$ と $H(h,k)$ との交線に接する接線になるので，平面 (3.2) は曲面 $z=f(x,y)$ の接平面になる．

(A.31) を満たす A, B が存在するとき，関数 $f(x,y)$ は $(x,y)=(a,b)$ で**全微分可能**であるという．$f(x,y)$ が定義されているすべての (x,y) に対して全微分可能であれば単に全微分可能という．(A.31) ならば $\varepsilon(h,k)\to 0$ なので，点 (a,b) で全微分可能ならば連続である．“微分可能は接線が存在すること” に類似して，“全微分可能は接平面が存在すること” である．接平面の方程式は公式 3.1 で与えられるので，以下の定理が成り立つ．

定理 A.5　関数 $f(x,y)$ のグラフと点 $(a,b,f(a,b))$ で接する接平面が存在する．つまり，点 (a,b) で $f(x,y)$ が全微分可能であれば，$\sqrt{h^2+k^2}\to 0$ のとき，

$$\frac{f(a+h,b+k)-(f(a,b)+f_x(a,b)h+f_y(a,b)k)}{\sqrt{h^2+k^2}} \to 0.$$

平面 $H(h,k)$ が xz 平面に平行，つまり $k=0$ のときは x に関する偏微分可能性，$H(h,k)$ が yz 平面に平行，つまり $h=0$ のときは y に関する偏微分可

能性と関係するが，全微分可能性を調べるには，2 点 $(a,b,0),(a,b,f(a,b))$ を通るすべての平面が必要なので，x と y の両方に関して偏微分可能であるからといって全微分可能，つまり接平面が存在するとは限らない．全微分可能になるための十分条件として以下の定理がある．

定理 A.6 関数 $f(x,y)$ が点 (a,b) の近くで x と y に関して偏微分可能で，偏導関数 $f_x(x,y)$ と $f_y(x,y)$ が (a,b) で連続であれば，$f(x,y)$ は (a,b) で全微分可能である．

証明
$$I=\frac{f(a+h,b+k)-f(a,b+k)-f_x(a,b)h}{\sqrt{h^2+k^2}},$$
$$II=\frac{f(a,b+k)-f(a,b)-f_y(a,b)k}{\sqrt{h^2+k^2}}$$

とおけば，

$$\frac{f(a+h,b+k)-(f(a,b)+f_x(a,b)h+f_y(a,b)k)}{\sqrt{h^2+k^2}}=I+II$$

になるので，$\sqrt{h^2+k^2}\to 0$ のとき $I\to 0$，$II\to 0$ を示せばよい．

まず，k が 0 に近ければ $f(x,b+k)$ は $x=a$ で微分可能であるから，平均値の定理より

$$f(a+h,b+k)-f(a,b+k)=hf_x(a+\theta h,b+k)$$

を満たす θ $(0<\theta<1)$ が存在するので

$$\begin{aligned}|I|&=\frac{|h|}{\sqrt{h^2+k^2}}\left|f_x(a+\theta h,b+k)-f_x(a,b)\right|\\&\leq\left|f_x(a+\theta h,b+k)-f_x(a,b)\right|.\end{aligned}$$

$\sqrt{h^2+k^2}\to 0$ のとき $(a+\theta h,b+k)\to(a,b)$ となり，$f_x(x,y)$ は点 (a,b) で連続であるから $I\to 0$．

次に，$f(a,y)$ は $y=b$ で微分可能であるから，平均値の定理より

$$f(a,b+k)-f(a,b)=kf_y(a,b+\widetilde{\theta}k)$$

を満たす $\widetilde{\theta}$ $(0<\widetilde{\theta}<1)$ が存在するので

$$|II|=\frac{|k|}{\sqrt{h^2+k^2}}\left|f_y(a,b+\widetilde{\theta}k)-f_y(a,b)\right|$$

$$\leq \left| f_y(a, b+\widetilde{\theta}k) - f_y(a,b) \right|.$$

$\sqrt{h^2+k^2} \to 0$ のとき $(a, b+\widetilde{\theta}k) \to (a,b)$ となり，$f_y(x,y)$ は点 (a,b) で連続であるから $II \to 0$. ■

1 変数関数 $f(x)$ に対して導関数を

$$\frac{dy}{dx} = f'(x) \tag{A.32}$$

で表したが，左辺の分子，分母の dx, dy はそれぞれ実態がある数を意味せず $\dfrac{dy}{dx}$ にしないと実態がある数にならない．ところが置換積分の計算では形式的に

$$dy = f'(x)\,dx \tag{A.33}$$

に直すことがある．これは (A.27) において

$$x = a, \quad dx = h, \quad dy = f(a+h) - f(a)$$

と書き，$A = f'(x)$ にすれば (A.29) が成り立つことを表す．つまり，(A.33) の両辺を dx で割って $dx \to 0$ にすれば，両辺の差は 0 になっていくことを意味する．

これにならって 2 変数では，(A.30) において

$$x = a,\ y = b,\ dx = h,\ dy = k,\ dz = f(a+h, b+k) - f(a,b)$$

と書き，

$$dz = f_x(x,y)\,dx + f_y(x,y)\,dy \tag{A.34}$$

は，$A = f_x(x,y)$, $B = f_y(x,y)$ にすれば (A.31) が成り立つことを表す．つまり，(A.34) の両辺を $\sqrt{dx^2+dy^2}$ で割って $\sqrt{dx^2+dy^2} \to 0$ にすれば，両辺の差は 0 になっていくことを意味する．1 変数では (A.33) から両辺を dx で割って通常の導関数の式 (A.32) に直せるが，(A.34) は変数が 2 つあるので両辺を何かで割って (A.32) のような式に変形することはしない．

全微分可能な 2 変数関数 $f(x,y)$ として，x と y に

$$x = \varphi(t), \qquad y = \psi(t)$$

を代入すれば，合成関数 $f(\varphi(t), \psi(t))$ は変数 t の関数である．

定理 A.7　関数 $f(x,y)$ が全微分可能で，関数 $\varphi(t)$, $\psi(t)$ が微分可能であれば，合成関数 $f(\varphi(t),\psi(t))$ は微分可能で

$$\big(f(\varphi(t),\psi(t))\big)' = f_x(\varphi(t),\psi(t))\,\varphi'(t) + f_y(\varphi(t),\psi(t))\psi'(t).$$

証明　(A.34) において

$$(x,y) = (\varphi(t),\psi(t)),\ dx = \varphi(t+h)-\varphi(t),\ dy = \psi(t+h)-\psi(t)$$

とすれば

$$dz = f(\varphi(t+h),\psi(t+h)) - f(\varphi(t),\psi(t))$$

になり，$h \to 0$ のとき $\varphi(t+h)-\varphi(t) \to 0$, $\psi(t+h)-\psi(t) \to 0$ であるから，

$$f(\varphi(t+h),\psi(t+h)) - f(\varphi(t),\psi(t))$$

と

$$f_x(\varphi(t),\psi(t))\,(\varphi(t+h)-\varphi(t)) + f_y(\varphi(t),\psi(t))\,(\psi(t+h)-\psi(t))$$

の差を $\widetilde{\varepsilon}(h)$ と書けば

$$\lim_{h\to 0}\frac{\widetilde{\varepsilon}(h)}{\sqrt{\big(\varphi(t+h)-\varphi(t)\big)^2+\big(\psi(t+h)-\psi(t)\big)^2}} = 0.$$

ここで $h \to 0$ のとき

$$\begin{aligned}
&\frac{\sqrt{\big(\varphi(t+h)-\varphi(t)\big)^2+\big(\psi(t+h)-\psi(t)\big)^2}}{|h|}\\
&= \sqrt{\left(\frac{\varphi(t+h)-\varphi(t)}{h}\right)^2+\left(\frac{\psi(t+h)-\psi(t)}{h}\right)^2}\\
&\to \sqrt{\varphi'(t)^2+\psi'(t)^2}
\end{aligned}$$

になるので，

$$\begin{aligned}
\lim_{h\to 0}\frac{\widetilde{\varepsilon}(h)}{|h|} &= \lim_{h\to 0}\frac{\widetilde{\varepsilon}(h)}{\sqrt{\big(\varphi(t+h)-\varphi(t)\big)^2+\big(\psi(t+h)-\psi(t)\big)^2}}\\
&\quad\times\lim_{h\to 0}\frac{\sqrt{\big(\varphi(t+h)-\varphi(t)\big)^2+\big(\psi(t+h)-\psi(t)\big)^2}}{|h|}\\
&= 0\times\sqrt{\varphi'(t)^2+\psi'(t)^2} = 0.
\end{aligned}$$

以上により

$$
\begin{aligned}
\big(f(\varphi(t),\psi(t))\big)' &= \lim_{h\to 0}\frac{f(\varphi(t+h),\psi(t+h))-f(\varphi(t),\psi(t))}{h}\\
&= f_x(\varphi(t),\psi(t))\lim_{h\to 0}\frac{\varphi(t+h)-\varphi(t)}{h}\\
&\quad + f_y(\varphi(t),\psi(t))\lim_{h\to 0}\frac{\psi(t+h)-\psi(t)}{h}+\lim_{h\to 0}\frac{\widetilde{\varepsilon}(h)}{h}\\
&= f_x(\varphi(t),\psi(t))\,\varphi'(t)+f_y(\varphi(t),\psi(t))\,\psi'(t).
\end{aligned}
$$
■

定理 3.1 は定理 A.6 と定理 A.7 から導かれる．第 3 章では，2 変数関数に関して偏微分可能で偏導関数が連続であることを条件としているが，これは定理 A.6 より全微分可能性の十分条件になっている．なお本書では，例や問題に登場する関数はすべてその条件を満たすので問題はない．

A.10　ε-δ 論法と実数の公理

発展的な微分積分の文献では，(1.1) つまり $x \to a$ のとき関数 $f(x)$ が b に収束することを，次のように定義する：任意の正の数 ε に対して

$$|x-a|<\delta \text{ ならば } |f(x)-b|<\varepsilon \tag{A.35}$$

が成り立つように正の数 δ が選べる．

この定義により，直観的に正しいと考えられる公式 1.1 が証明できる．また，$b=f(a)$ であれば $f(x)$ は点 $x=a$ で連続となり，グラフがつながっていることからあたりまえと思われる初等関数の連続性が証明できる．

例 A.7　$\sin x$ が連続関数であることを示す．和積の公式 (「基礎数学」 p.120 参照) より

$$\sin x-\sin a = 2\sin\frac{x-a}{2}\cos\frac{x+a}{2}$$

になる．ここで x が a に十分近いと，定理 A.1 から

$$\left|\sin\frac{x-a}{2}\right| \le \frac{|x-a|}{2}$$

が成り立つので，次の不等式を得る．

$$|\sin x - \sin a| \le |x-a|\left|\cos\frac{x+a}{2}\right| \le |x-a|.$$

よって，$\delta = \varepsilon$ とすれば，すべての実数 a に対して (A.35) が成り立つので，$\sin x$ は連続関数である．■

このように，関数の収束性を (A.35) で定義して議論する方法を ε–δ **論法**とよぶ．A.3 節の $\dfrac{\infty}{\infty}$ 型のロピタルの定理の証明において，(A.8) から $\dfrac{f(x)}{g(x)}$ が A_0 に収束すると結論づけているが，この論法では，事前に $\dfrac{f(x)}{g(x)}$ がある実数に収束することを示さないと正当化できない．ところが，x を a に十分近づけるとは $|x-a| < \delta$ を満たす δ を十分小さく選ぶことなので，ε–δ 論法に基づく収束性の定義 (A.35) には合致する．

さらに，2 変数関数 $f(x,y)$ が点 (a,b) で連続であることは，ε–δ 論法により，次のように定義される：任意の正の数 ε に対して

$$\sqrt{(x-a)^2+(y-b)^2} < \delta \text{ ならば } |\,f(x,y)-f(a,b)\,| < \varepsilon \qquad \text{(A.36)}$$

が成り立つように正の数 δ が選べる．

(3.1) では点 (x,y) の (a,b) への近づき方がさまざまだが，(A.36) により厳密な議論が可能になる．

次に, E を実数の集合として, すべての $x \in E$ に対して $x \le (\ge)\, m$ を満たす m を E の**上界** (**下界**) とよぶ．“上界 (下界) のなかに最小 (最大) になるものが存在する” ことを **実数の公理** としておき，上界の最小値 (下界の最大値) を **上限** (**下限**) とよぶ．一般に最大値や最小値は存在するとは限らないが存在すると決めて，これを出発点として微分積分の議論を展開する．

本書では，以下において上限の存在性を利用している．

- 定理 1.1 (中間値の定理) において，c は上限で定められている．
- 定理 1.4 (ロルの定理) の証明において，上限を最大値としている．
- 定理 2.3 と定理 2.4 の証明において，上限を積分値として $g(x)$ の広義積分の存在を示している．
- 定理 A.1 の証明において，弧 PQ の長さは折れ線の長さの上限である．
- ネイピア数 e は，数列 (A.1) の上限である．

これらの詳細については参考文献を参照されたい．微分積分の計算技術を身につけた後でもよいので，是非とも ε–δ 論法や実数の公理に基づいた微分積分を学んでほしい．厳密な議論により公式や定理が正当化されていることが理解され，論理的思考力および批判的精神が養われるはずである．

参考文献

[1] 高木貞治『解析概論』，岩波書店，初版 1938，改訂第 3 版 1983.

[2] 福田安蔵 他『詳解 微積分演習 I・II』，共立出版，1960，1962.

[3] 占部 実 他『理工科系一般教育 微分・積分教科書』，共立出版，1965.

[4] 石黒一男 他『基礎課程 微分積分学』，共立出版，1981.

[5] 杉浦光夫 他『解析演習』，東京大学出版会，1989.

[6] 齋藤正彦『微分積分教科書』，東京図書，1993.

[7] 柳原二郎・長谷川研二 他『理工基礎 微分積分学〔増補版〕』，理学書院，1998.

[8] 大原一孝『実例で学ぶ 微分積分』，学術図書出版社，1999.

[9] 金子 晃『数理系のための 基礎と応用 微分積分 I・II』，サイエンス社，2000，2001.

[10] 鈴木 武 他『理工系のための微分積分 I・II』，内田老鶴圃，2007.

[11] 斎藤 毅『微積分』，東京大学出版会，2013.

[12] 井口達雄『微分積分学』，森北出版，2021.

[13] 高木 悟 他『理工系のための基礎数学〔改訂増補版〕』，培風館，2020.

問と問題の略解

第 1 章

問 1.1 (1) $\dfrac{1}{4}$ (2) -6

問 1.2 (1) $12x^3-15x^2+16x+4$ (2) $\dfrac{-10x^3+18x^2+10x}{(x^3+2)^2}$

(3) $5(x^4+3x^2-2x)^4(4x^3+6x-2)$

問 1.3 (1) $-\dfrac{6}{x^4}+14\sqrt[4]{x^3}+\dfrac{15}{x^3\sqrt{x}}$ (2) $\dfrac{4x-4}{3\sqrt[3]{x^2-2x+2}}$

(3) $\dfrac{5x^3+6x^2-3x+4}{2\sqrt{x^3-x+3}}$

問 1.4 (1) $2\sin x\cos^4 x-3\sin^3 x\cos^2 x$ (2) $-\dfrac{\cos 3x-3x\sin 3x}{2\sqrt{x^3\cos^3 3x}}$

(3) $\dfrac{2\cos 2x\cos 5x+5\sin 2x\sin 5x}{\cos^2 5x}$

(4) $5(x^2\tan x+\cos^3 x)^4\left(2x\tan x+\dfrac{x^2}{\cos^2 x}-3\cos^2 x\sin x\right)$

問 1.5 (1) $3^{x^2+\sin^3 x}(2x+3\sin^2 x\cos x)\log 3$ (2) $\dfrac{-2\sin 2x+3e^{3x}}{(\cos 2x+e^{3x})\log 2}$

(3) $\dfrac{(\sin x+x\cos x)\log x-\sin x}{(\log x)^2}$

(4) $-3(2x^2+1)e^{x^2+1}\cos^2\left(xe^{x^2+1}\right)\sin\left(xe^{x^2+1}\right)$

(5) $\dfrac{x^{\sqrt{x}}(2+\log x)}{2\sqrt{x}}$ (6) $(\cos x)^x(\log\cos x+x\tan x)$

問 1.6 (1) $\dfrac{5}{6}\pi$ (2) 2π

問 1.7 (1) $\dfrac{e^x}{\sqrt{1-e^{2x}}}$ (2) $-\dfrac{1}{\sqrt{1-x^2}\arccos x}$ (3) $\dfrac{1}{2\sqrt{x}\,(1+x)}$

問 1.8 (1) $y'=3(x+5)(x-1)$, $y''=6x+12$ より, $x=1$ のとき極小値 2, $x=-5$ のとき極大値 110.

(2) $y' = -2\sin x + \sqrt{3},\ y'' = -2\cos x$ より，$x = \dfrac{\pi}{3}$ のとき極大値 $1 + \dfrac{\sqrt{3}}{3}\pi$，
$x = \dfrac{2}{3}\pi$ のとき極小値 $-1 + \dfrac{2\sqrt{3}}{3}\pi$.

(3) $y' = -\dfrac{1 + 2\log x}{x^3},\ y'' = \dfrac{1 + 6\log x}{x^4}$ より，$x = \dfrac{1}{\sqrt{e}}$ のとき極大値 $\dfrac{e}{2}$.

問 1.9 (1) $-\dfrac{1}{2}$ (2) $-\dfrac{1}{6}$ (3) 1 (4) 0 (5) 1 (6) e^2

問 1.10 (1) $a^n \sin\left(ax + \dfrac{n\pi}{2}\right)$ (2) $a^n \cos\left(ax + \dfrac{n\pi}{2}\right)$

問 1.11 (1) $2^{n-1}e^{2x}(2x + n)$

(2) $3^{n-2}\left(9x^2 - n^2 + n\right)\cos\left(3x + \dfrac{n\pi}{2}\right) + 2 \cdot 3^{n-1}nx\sin\left(3x + \dfrac{n\pi}{2}\right)$

問 1.12 (1) $a_0 = 1,\ a_1 = 3,\ a_2 = 6,\ a_3 = 12,\ a_4 = 24$

(2) $a_0 = 1,\ a_1 = 2,\ a_2 = \dfrac{3}{2},\ a_3 = \dfrac{1}{3},\ a_4 = -\dfrac{7}{24}$

問題 1.1 (1) $\dfrac{5}{6}$ (2) $-\dfrac{1}{7}$ (3) $\dfrac{1}{20}$ (4) $\dfrac{2}{5}$

問題 1.2 (1) $3x^2 - 4x + 3 - \dfrac{5}{x^2} + \dfrac{12}{x^3}$ (2) $6x^2 + 6x - 2$ (3) $\dfrac{-2}{(4x+5)^2}$

(4) $4(x^2 + 3x + 5)^3(2x + 3)$ (5) $\dfrac{-x^2 + 2x}{(x^2 - x + 1)^2}$ (6) $\dfrac{x}{\sqrt{x^2 + 1}}$ (7) $\log x$

(8) xe^x (9) $(2x + 3)e^{x^2 + 3x}$ (10) $\dfrac{x}{x^2 + 1}$ (11) $x\sin x$ (12) $3\sin^2 x\cos x$

(13) $\dfrac{(x^2 + 1)\cos x - 2x\sin x}{(x^2 + 1)^2}$ (14) $\dfrac{e^x}{\cos^2(e^x + 1)}$

(15) $e^{4x}(4\cos(3x + 2) - 3\sin(3x + 2))$ (16) $\tan x$

問題 1.3 (1) $\dfrac{11}{12}\pi$ (2) $-\dfrac{\pi}{2}$ (3) $\dfrac{\pi}{2}$ (4) $\dfrac{8}{3}\pi$ (5) $\dfrac{3}{2}\pi$

問題 1.4 (1) $\dfrac{3}{\sqrt{1 - 9x^2}}$ (2) $3x^2\arccos x - \dfrac{x^3}{\sqrt{1 - x^2}}$ (3) $\dfrac{2x}{1 + x^4}$

(4) $-\dfrac{1}{(\arcsin x)^2\sqrt{1 - x^2}}$ (5) $-\dfrac{e^x}{\sqrt{1 - e^{2x}}}$ (6) $\dfrac{1}{2(1 + x^2)\sqrt{\arctan x}}$

問題 1.5 (1) $25e^{5x+1}$ (2) $-\dfrac{9}{4\sqrt{(3x - 7)^3}}$ (3) $2\log x + 3$

(4) $e^{2x}(3\cos x - 4\sin x)$ (5) $\dfrac{x}{\sqrt{(1 - x^2)^3}}$ (6) $(4x^2 - 8x + 6)e^{x^2 - 2x}$

(7) $(6x - x^3)\sin x + 6x^2\cos x$ (8) $\dfrac{2 - 2x - 2x^2}{(1 + x^2)^2}$ (9) $\dfrac{x^2 - 2}{\sqrt{(1 - x^2)^3}}$

(10) $-\dfrac{1}{1+\sin x}$

問題 1.6 (1) $y' = 5(x^2-1)(x^2-2)$, $y'' = 5(4x^3-6x)$ より，$x=-\sqrt{2}$ のとき極大値 $3-4\sqrt{2}$, $x=-1$ のとき極小値 -3, $x=1$ のとき極大値 9, $x=\sqrt{2}$ のとき極小値 $3+4\sqrt{2}$.

(2) $y' = -x(x-2)e^{-x}$, $y'' = (x^2-4x+2)e^{-x}$ より，$x=0$ のとき極大値 0, $x=2$ のとき極小値 $4e^{-2}$.

(3) $y' = x^2(3\log x-2)$, $y'' = x(6\log x-1)$ より，$x=e^{\frac{2}{3}}$ のとき極小値 $-\dfrac{1}{3}e^2$.

(4) $y' = \dfrac{(x-1)(x-3)}{x^2+3}$, $y'' = \dfrac{4(x^2-3)}{(x^2+3)^2}$ より，$x=1$ のとき極大値 $1-4\log 2$, $x=3$ のとき極小値 $3-2\log 12$.

(5) $y' = 1+\cos x-\sin x$, $y'' = -\sin x-\cos x$ より，$x=\dfrac{\pi}{2}$ のとき極大値 $\dfrac{\pi}{2}+1$, $x=\pi$ のとき極小値 $\pi-1$.

(6) $y' = x\cos x$, $y'' = \cos x - x\sin x$ より，$x=\pm\dfrac{\pi}{2}$ のとき極大値 $\pm\dfrac{\pi}{2}$ (複号同順), $x=0$ のとき極小値 1.

問題 1.7 (1) $-\dfrac{1}{6}$ (2) $-\dfrac{5}{3}$ (3) $\dfrac{1}{3}$ (4) $\dfrac{1}{2}$ (5) $\dfrac{1}{\pi}$ (6) $-\dfrac{13}{4}$

(7) -8 (8) 0 (9) 2 (10) e (11) 1 (12) e^2

問題 1.8 (1) $x\cos\left(x+\dfrac{n\pi}{2}\right)+n\sin\left(x+\dfrac{n\pi}{2}\right)$ (2) $\dfrac{2(-1)^{n-1}(n-3)!}{x^{n-2}}$

問題 1.9 (1) $a_0=1$, $a_1=-1$, $a_2=\dfrac{13}{2}$, $a_3=-\dfrac{23}{3}$, $a_4=\dfrac{251}{12}$

(2) $a_0=1$, $a_1=2$, $a_2=-\dfrac{1}{2}$, $a_3=-5$, $a_4=-\dfrac{5}{8}$

(3) $a_0=1$, $a_1=0$, $a_2=-\dfrac{1}{2}$, $a_3=\dfrac{1}{3}$, $a_4=-\dfrac{1}{8}$

問題 1.10 (1) $\cos(x^2\log x)(2x\log x+x)$

(2) $\dfrac{3\left(\sin^2\log(x^3+x)\right)\left(\cos\log(x^3+x)\right)(3x^2+1)}{x^3+x}$ (3) $\dfrac{-6\cos 3x\sin 3x}{\cos^2\cos^2 3x}$

(4) $\dfrac{3^x\left((\log 3)(x^2+\sin x)-2x-\cos x\right)}{(x^2+\sin x)^2}$

(5) $\dfrac{5\sin^4 x\cos x(1+x^4)-2x^3\sin^5 x}{\sqrt{(1+x^4)^3}}$

(6) $2\sin(\log_2 x+\log_3 x)\cos(\log_2 x+\log_3 x)\left(\dfrac{1}{x\log 2}+\dfrac{1}{x\log 3}\right)$

(7) $\dfrac{\sin(x^3-x)\cos(x^3-x)-x(3x^2-1)}{\sin^2(x^3-x)}$

(8) $\dfrac{\cos(\log x)\tan x}{x}+\dfrac{\sin\log x}{\cos^2 x}$

問題 1.11 (1) $x^{\arcsin x}\left(\dfrac{\log x}{\sqrt{1-x^2}}+\dfrac{\arcsin x}{x}\right)$

(2) $\left(\cos(x^2)\right)^x\left(\log\cos(x^2)-2x^2\tan(x^2)\right)$

(3) $(x^2+1)^{\log x}\left(\dfrac{\log(x^2+1)}{x}+\dfrac{2x\log x}{x^2+1}\right)$

(4) $(\tan x)^{\sqrt{x}}\left(\dfrac{\log\tan x}{2\sqrt{x}}+\dfrac{\sqrt{x}}{\sin x\cos x}\right)$

(5) $(\log x)^{x\log x}\,(1+\log\log x+\log x\log(\log x))$

(6) $(e^x\tan x)^{\sin x}\left(\cos x\,(x+\log\tan x)+\sin x+\dfrac{1}{\cos x}\right)$

問題 1.12 (1) $\theta=\arcsin x,\ \ \cos\theta=\sqrt{1-\sin^2\theta}=\sqrt{1-x^2}$

(2) $\theta=\arctan x,\ \dfrac{1}{x}=\dfrac{1}{\tan\theta}=\tan\left(\dfrac{\pi}{2}-\theta\right)$

(3) $\alpha=\arctan\dfrac{1}{2},\ \beta=\arctan\dfrac{1}{3},\ \tan(\alpha+\beta)=\dfrac{\tan\alpha+\tan\beta}{1-\tan\alpha\tan\beta}=1$

(4) $\theta=\arccos x,\ \ \cos 2\theta=2\cos^2\theta-1=2x^2-1$

(5) $\theta=\arccos x,\ \ \tan^2\theta=\dfrac{1-\cos^2\theta}{\cos^2\theta}=\dfrac{1-x^2}{x^2}$

(6) $\theta=\arctan x,\ \ \cos^2\left(\dfrac{\pi}{2}-\theta\right)=\sin^2\theta=\dfrac{\tan^2\theta}{1+\tan^2\theta}=\dfrac{x^2}{1+x^2}$

問題 1.13 (1) $y'=\dfrac{2x}{\sqrt{1+x^2}}-1,\ y''=\dfrac{2}{\sqrt{(1+x^2)^3}}$ より，$x=\dfrac{1}{\sqrt{3}}$ のとき極小値 $\sqrt{3}$.

(2) $y'=\log x\,(\log x+2),\ y''=\dfrac{2\log x+2}{x}$ より，$x=\dfrac{1}{e^2}$ のとき極大値 $\dfrac{4}{e^2}$，$x=1$ のとき極小値 0.

(3) $y'=-2(2\sin x-1)(\sin x-1),\ y''=-4\sin 2x+6\cos x$ より，$x=\dfrac{\pi}{6}$ のとき極小値 $-\dfrac{5}{2}\sqrt{3}-\dfrac{2}{3}\pi$，$x=\dfrac{5}{6}\pi$ のとき極大値 $\dfrac{5}{2}\sqrt{3}-\dfrac{10}{3}\pi$.

(4) $y'=x^{\frac{1}{x}}\dfrac{1-\log x}{x^2},\ y''=x^{\frac{1}{x}}\left(\left(\dfrac{1-\log x}{x^2}\right)^2+\dfrac{2\log x-3}{x^3}\right)$ より，$x=e$ のとき極大値 $e^{\frac{1}{e}}$.

問題 1.14 (1) $\dfrac{1}{4}$ (2) e^2 (3) $\displaystyle\lim_{x\to\infty}\dfrac{\frac{\pi}{2}-\arctan x}{\frac{1}{x}}=1$

(4) $\lim_{x\to 0}\dfrac{\sin^2 x - x^2}{x^4}\left(\dfrac{x}{\sin x}\right)^2 = -\dfrac{1}{3}$

問題 1.15 $\sqrt{1-x^2}y' = 1$, $(1-x^2)y'' - xy' = 0$, 両辺を n 回微分してライプニッツの法則を適用.

問題 1.16 $(1+x^2)y' = 1$, 両辺を $(n+1)$ 回微分してライプニッツの法則を適用.

問題 1.17 $\sqrt{1-x^2}y' = a\cos(a\arcsin x)$, $(1-x^2)y'' - xy' = -a^2\sin(a\arcsin x)$ $= -a^2 y$, 両辺を n 回微分してライプニッツの法則を適用.

問題 1.18 $\sqrt{1+x^2}y' = \alpha\left(x+\sqrt{1+x^2}\right)^\alpha = \alpha y$, $(1+x^2)y'' + xy' =$ $\alpha\sqrt{1+x^2}\,y' = \alpha^2 y$, 両辺を n 回微分してライプニッツの法則を適用.

問題 1.19 テイラーの定理より $f(x) = f(a) + \dfrac{f^{(n)}(c)}{n!}(x-a)^n$ (c は x と a の間にある実数). x が a に十分近いとき $\dfrac{f^{(n)}(c)}{n!} \neq 0$ (符号も $f^{(n)}(a)$ と同じ). n が奇数で $f^{(n)}(a) > 0$ のとき, a の近くでは $x > a$ $(x < a)$ で $f(x) > f(a)$ $(f(x) < f(a))$ になるので $f(a)$ は極値でない ($f^{(n)}(a) < 0$ のときも同様). n が偶数で $f^{(n)}(a) > 0$ のとき, a の近くでは $f(x) \geq f(a)$ で $x = a$ のときだけ等号 (=) になるので $f(a)$ は極小値. 同様に $f^{(n)}(a) < 0$ のとき $f(a)$ は極大値.

問題 1.20 (1) $f^{(k)}(0) = 0$ $(k = 1, 2)$, $f'''(0) = 18$. 極値にならない.
(2) $f^{(k)}(0) = 0$ $(k = 1, 2, 3)$, $f''''(0) = 6$. 極小値 $f(0) = 6$.

第 2 章

問 2.1 右辺の導関数が左辺の被積分関数になることを確かめる.

問 2.2 (1) $\log|x| + 4\sqrt[4]{x^5} - \dfrac{4}{\sqrt{x}} + C$ (2) $\left[\dfrac{1}{3}x^3 + x^2 - \dfrac{3}{x}\right]_1^3 = \dfrac{56}{3}$

問 2.3 (1) $\arcsin\dfrac{x}{3} + C$ (2) $-\dfrac{1}{3x^3} + \dfrac{1}{\sqrt{5}}\arctan\dfrac{x}{\sqrt{5}} + C$

問 2.4 (1) $\left[\arcsin\dfrac{x}{2\sqrt{3}}\right]_{\sqrt{3}}^3 = \dfrac{\pi}{6}$ (2) $\left[\dfrac{1}{2}\arctan\dfrac{x}{2}\right]_2^{2\sqrt{3}} = \dfrac{\pi}{24}$

(3) $\left[\dfrac{1}{4}x^4 - \dfrac{4}{\sqrt{6}}\arctan\dfrac{x}{\sqrt{6}}\right]_{-\sqrt{6}}^{\sqrt{2}} = -8 - \dfrac{5}{3\sqrt{6}}\pi$

問 2.5 (1) $\dfrac{1}{2}e^{2x} - \dfrac{1}{3}\cos 3x + C$ (2) $\left[\dfrac{1}{3}\sqrt{(2x+3)^3}\right]_{-1}^3 = \dfrac{26}{3}$

(3) $\left[\dfrac{1}{5}\log(5x-4)\right]_1^2 = \dfrac{1}{5}\log 6$

問 2.6 (1) $\cos^2 2x = \dfrac{1+\cos 4x}{2}$, $\left[\dfrac{x}{2}+\dfrac{1}{8}\sin 4x\right]_0^{\frac{\pi}{12}} = \dfrac{\pi}{24}+\dfrac{\sqrt{3}}{16}$

(2) $\sin 5x \sin x = -\dfrac{\cos 6x - \cos 4x}{2}$, $-\dfrac{1}{12}\sin 6x + \dfrac{1}{8}\sin 4x + C$

(3) $\cos 3x \cos 2x = \dfrac{\cos 5x+\cos x}{2}$, $\left[\dfrac{1}{10}\sin 5x+\dfrac{1}{2}\sin x\right]_{\frac{\pi}{4}}^{\frac{\pi}{2}} = \dfrac{3-\sqrt{2}}{5}$

問 2.7 (1) $t=\cos 2x$, $-\dfrac{1}{2}e^t + C = -\dfrac{1}{2}e^{\cos 2x}+C$

(2) $t = 1+\log x$, $\left[\dfrac{2}{3}\sqrt{t^3}\right]_1^2 = \dfrac{4}{3}\sqrt{2}-\dfrac{2}{3}$

(3) $t=\cos x + x^3+1$, $\left[-2\sqrt{t}\right]_2^{\pi^3} = -2\pi\sqrt{\pi}+2\sqrt{2}$

(4) $t=\arcsin x$, $\dfrac{1}{2}t^2+C=\dfrac{1}{2}(\arcsin x)^2+C$

問 2.8 (1) $\dfrac{1}{3}\displaystyle\int_0^{\frac{\pi}{4}}(2x-\pi)(\sin 3x)'\,dx = -\dfrac{\sqrt{2}}{12}\pi - \dfrac{\sqrt{2}+2}{9}$

(2) $\dfrac{1}{2}\displaystyle\int x^2\left(e^{2x}\right)'\,dx = \dfrac{1}{2}x^2e^{2x} - \int x\left(e^{2x}\right)'\,dx = \left(\dfrac{1}{2}x^2-\dfrac{1}{2}x+\dfrac{1}{4}\right)e^{2x}+C$

(3) $\dfrac{1}{5}\displaystyle\int_1^e \left(x^5\right)'\log x\,dx = \dfrac{1}{5}e^5-\dfrac{1}{5}\int_1^e x^4\,dx = \dfrac{4e^5+1}{25}$

問 2.9 (1) $\displaystyle\int_0^1 (x)'\arctan x\,dx = \dfrac{\pi}{4} - \int_0^1\dfrac{x}{1+x^2}\,dx = \dfrac{\pi}{4}-\dfrac{1}{2}\log 2$

(2) $\dfrac{2}{3}\displaystyle\int\left(\sqrt{x^3}\right)'\log x\,dx = \sqrt{x^3}\left(\dfrac{2}{3}\log x-\dfrac{4}{9}\right)+C$

(3) $\displaystyle\int_1^e (x)'(\log x)^2\,dx = e-2\int_1^e\log x\,dx = e-2$

問 2.10 $I=\displaystyle\int_0^{\frac{\pi}{3}} e^{-x}\cos 2x\,dx = \dfrac{1}{2}e^{-\frac{\pi}{3}}+1-2\int_0^{\frac{\pi}{3}}e^{-x}\sin 2x\,dx$

$=e^{-\frac{\pi}{3}}\left(\dfrac{1}{2}+\sqrt{3}\right)+1-4I$ より $I=e^{-\frac{\pi}{3}}\left(\dfrac{1}{10}+\dfrac{\sqrt{3}}{5}\right)+\dfrac{1}{5}$.

問 2.11 (1) $\displaystyle\int\left(\dfrac{1}{x-4}-\dfrac{1}{x+2}\right)dx = \log\left|\dfrac{x-4}{x+2}\right|+C$

(2) $\displaystyle\int_{-2}^1\left(\dfrac{3}{x-2}+\dfrac{4}{x+3}\right)dx = 2\log 2$

(3) $\displaystyle\int\left(\dfrac{5}{x+3}-\dfrac{23}{(x+3)^2}\right)dx = 5\log|x+3|+\dfrac{23}{x+3}+C$

問 2.12 (1) $2\int_1^3 \frac{2x-4}{x^2-4x+5}\,dx + 7\int_1^3 \frac{dx}{x^2-4x+5} = \frac{7}{2}\pi$

(2) $\frac{1}{2}\int \frac{2x+1}{x^2+x+2}\,dx + \frac{3}{2}\int \frac{dx}{x^2+x+2}$

$= \frac{1}{2}\log(x^2+x+2) + \frac{3}{\sqrt{7}}\arctan\frac{2x+1}{\sqrt{7}} + C$

問 2.13 (1) $\int\left(\frac{2}{x} + \frac{1}{x+1} - \frac{1}{x-3}\right)dx = \log\left|\frac{x^2(x+1)}{x-3}\right| + C$

(2) $\int_0^2 \left(-\frac{2}{x+1} + \frac{2x+1}{x^2-2x+4}\right)dx = \frac{\pi}{\sqrt{3}} - 2\log 3$

問 2.14 (1) $\int_1^2 \left(\frac{1}{x+1} - \frac{1}{(x+1)^2} - \frac{x-4}{x^2-2x+4}\right)dx = \frac{1}{2}\log\frac{27}{16} + \frac{\pi}{2\sqrt{3}} - \frac{1}{6}$

(2) $\frac{1}{2}\int \frac{2x+2}{(x^2+2x+2)^3}\,dx - 2\int \frac{dx}{(x^2+2x+2)^3}$

$= -\frac{3}{4}\arctan(x+1) - \frac{3x+3}{4(x^2+2x+2)} - \frac{2x+3}{4(x^2+2x+2)^2} + C$

問 2.15 (1) $\int_0^2 \left(x^2 - 2x + 3 - \frac{5}{x+2}\right)dx = -5\log 2 + \frac{14}{3}$

(2) $\int\left(1 + \frac{3x-5}{x^2-2x+2}\right)dx = x + \frac{3}{2}\log(x^2-2x+2) - 2\arctan(x-1) + C$

(3) $\int_{-1}^2 \left(x + 1 + \frac{3x-4}{x^2-x-6}\right)dx = 2\log 2 + \frac{9}{2}$

問 2.16 $t = e^x$, $\int_1^e \frac{dt}{t(t^2+1)} = \frac{1}{2}\log\frac{2e^2}{e^2+1}$

問 2.17 $t = \tan x$, $\int_0^1 \frac{t^2}{(t^2+1)(t^2+3)}\,dt = \frac{2\sqrt{3}-3}{24}\pi$

問 2.18 $t = \tan\frac{x}{2}$ とおく. (1) $\int_{\frac{1}{\sqrt{3}}}^1 \frac{dt}{t} = \frac{1}{2}\log 3$

(2) $\int \frac{2}{t^2+4t+5}\,dt = 2\arctan\left(\tan\frac{x}{2} + 2\right) + C$

問 2.19 (1) $t = \sqrt[3]{2x-1}$, $\frac{3}{4}\int \frac{(t^3+3)t^2}{t+1}\,dt = \frac{3}{2}\log\left|\sqrt[3]{2x-1}+1\right| + \frac{1}{2}x +$

$\left(\frac{3}{10}x + \frac{3}{5}\right)\sqrt[3]{(2x-1)^2} - \left(\frac{3}{8}x + \frac{21}{16}\right)\sqrt[3]{2x-1} + C$

(2) $t = \sqrt{\frac{x+2}{x+1}}$, $2\int_{\frac{\sqrt{6}}{2}}^{\sqrt{2}} \frac{t^2}{t^2-1}\,dt = 2\log\left(\sqrt{6} - \sqrt{3} - \sqrt{2} + 2\right) - \sqrt{6} + 2\sqrt{2}$

問 2.20 $t = x + \sqrt{x^2 - 2x + 4}$,

$$\int \frac{2}{t^2 - 4}\, dt = \frac{1}{2} \log \left| \frac{x + \sqrt{x^2 - 2x + 4} - 2}{x + \sqrt{x^2 - 2x + 4} + 2} \right| + C$$

問 2.21 (1) $x = \sqrt{2}\,\sin\theta,\ 4\displaystyle\int_0^{\frac{\pi}{4}} (\sin\theta\cos\theta)^2\, d\theta = \frac{\pi}{8}$

(2) $x = \tan\theta$,

$$\int_{\frac{\pi}{4}}^{\frac{\pi}{3}} \frac{\cos\theta}{\left(1 - \sin^2\theta\right)\sin^2\theta}\, d\theta = \log\left(\sqrt{6} - \sqrt{3} + 2\sqrt{2} - 2\right) + \sqrt{2} - \frac{2}{3}\sqrt{3}$$

(3) $x = \dfrac{\sqrt{2}}{\cos\theta},\ \dfrac{1}{2}\displaystyle\int_{\frac{\pi}{4}}^{\frac{\pi}{3}} \frac{\cos\theta}{\sin^2\theta}\, d\theta = \frac{\sqrt{2}}{2} - \frac{\sqrt{3}}{3}$

問 2.22 (1) $\Big[\arcsin x\Big]_0^1 = \dfrac{\pi}{2}$ (2) $t = \sin x,\ \displaystyle\int_0^1 \frac{dt}{\sqrt{t}} = 2$

問 2.23 (1) $\left[\dfrac{1}{2}\log\dfrac{x^2}{x^2+1}\right]_1^{\infty} = \dfrac{1}{2}\log 2$

(2) $\left[-\dfrac{1}{2}xe^{-2x}\right]_0^{\infty} + \dfrac{1}{2}\displaystyle\int_0^{\infty} e^{-2x}\, dx = \frac{1}{4}$

問 2.24 $t = \log x,\ \displaystyle\int_{-\infty}^{-1} \frac{dt}{t^2} = 1$

問 2.25 (1) $\displaystyle\lim_{x\to+0} \frac{\sqrt{\sin x}}{\sqrt{1+x} - 1} x^{\frac{1}{2}} = \lim_{x\to+0} \sqrt{\frac{\sin x}{x}}\left(\sqrt{1+x} + 1\right) = 2$

(2) $\displaystyle\lim_{x\to+0} \sqrt{\frac{x}{\arcsin x}} = 1$

問 2.26 (1) $\displaystyle\lim_{x\to\infty} \sqrt{\frac{x^3}{1+x^3}} = 1$

(2) $\displaystyle\lim_{x\to\infty} \frac{x^2}{(e^x+1)^{0.1}} = \lim_{x\to\infty} \frac{2}{0.1\,(e^x+1)^{-0.9}\,e^x - 0.09\,(e^x+1)^{-1.9}\,e^{2x}} = 0$

問題 2.1 (1) $-\dfrac{1}{8}(2-x)^8 + C$ (2) $\dfrac{1}{4}\log|4x+3| + C$ (3) $-\dfrac{1}{2}\cos(2x+3) + C$

(4) $\dfrac{1}{2}\displaystyle\int (\sin 4x - \sin 2x)\, dx = -\frac{1}{8}\cos 4x + \frac{1}{4}\cos 2x + C$

(5) $\dfrac{1}{2}\displaystyle\int (\cos 9x + \cos x)\, dx = \frac{1}{18}\sin 9x + \frac{1}{2}\sin x + C$

(6) $t = 2 - x^3,\ -\dfrac{1}{3}\displaystyle\int \sqrt{t}\, dt = -\frac{2}{9}\sqrt{(2-x^3)^3} + C$

(7) $\dfrac{1}{3}\displaystyle\int \frac{(e^{3x}+2)'}{e^{3x}+2}\, dx = \frac{1}{3}\log\left(e^{3x}+2\right) + C$

(8) $t=e^x$, $\displaystyle\int \frac{dt}{t^2+9} = \frac{1}{3}\arctan\frac{e^x}{3}+C$

(9) $t=\log x$, $\displaystyle\int \frac{dt}{t} = \log|\log x|+C$

(10) $t=2+\cos 3x$, $\displaystyle -\frac{1}{3}\int\frac{dt}{t^2} = \frac{1}{3(2+\cos 3x)}+C$

(11) $\displaystyle\frac{1}{2}\int x(\sin 2x)'dx = \frac{1}{2}x\sin 2x+\frac{1}{4}\cos 2x+C$

(12) $\displaystyle\int\left(\frac{1}{2}x^2\right)'\log x\,dx = \frac{1}{2}x^2\log x-\frac{1}{4}x^2+C$

問題 2.2 (1) $\displaystyle\left[-3\cos\frac{x}{3}\right]_0^{\pi} = \frac{3}{2}$ (2) $\left[x\right]_{-1}^{1}=2$ (3) $\displaystyle\left[\arcsin\frac{x}{\sqrt{2}}\right]_0^1 = \frac{\pi}{4}$

(4) $\displaystyle\left[\frac{1}{\sqrt{3}}\arctan\frac{x}{\sqrt{3}}\right]_1^3 = \frac{\pi}{6\sqrt{3}}$

(5) $\displaystyle\frac{3}{2}\int_0^2\frac{(x^2+5)'}{x^2+5}dx = \frac{3}{2}\Big[\log(x^2+5)\Big]_0^2 = 3\log 3-\frac{3}{2}\log 5$

(6) $\displaystyle\int_1^e\left(\frac{1}{6}x^6\right)'\log x\,dx = \left[\frac{1}{6}x^6\log x\right]_1^e-\frac{1}{6}\left[\frac{1}{6}x^6\right]_1^e = \frac{5e^6+1}{36}$

(7) $\displaystyle\frac{1}{2}\int_0^{\frac{\pi}{4}}(1+\cos 2x)\,dx = \frac{1}{2}\left[x+\frac{1}{2}\sin 2x\right]_0^{\frac{\pi}{4}} = \frac{\pi}{8}+\frac{1}{4}$

(8) $\displaystyle -\frac{1}{2}\int_0^{\frac{\pi}{3}}(\cos 5x-\cos x)\,dx = -\frac{1}{2}\left[\frac{1}{5}\sin 5x-\sin x\right]_0^{\frac{\pi}{3}} = \frac{3}{10}\sqrt{3}$

(9) $\displaystyle\frac{1}{2}\int_0^1 x^2\left(e^{2x}\right)'dx = \frac{e^2}{2}-\frac{1}{2}\int_0^1 x\left(e^{2x}\right)'dx = \frac{1}{2}\int_0^1 e^{2x}\,dx = \frac{e^2-1}{4}$

(10) $t=\cos x$, $\displaystyle\int_{\frac{1}{2}}^1(1-t^2)\,dt = \left[t-\frac{1}{3}t^3\right]_{\frac{1}{2}}^1 = \frac{5}{24}$

(11) $\displaystyle\sin^2 x\cos^2 x = \frac{1}{4}\sin^2 2x = \frac{1}{8}(1-\cos 4x)$,

$\displaystyle\frac{1}{8}\int_{-\frac{\pi}{2}}^{\frac{\pi}{2}}(1-\cos 4x)\,dx = \frac{1}{8}\left[x-\frac{1}{4}\sin 4x\right]_{-\frac{\pi}{2}}^{\frac{\pi}{2}} = \frac{\pi}{8}$

(12) $\displaystyle\sin^4 x = \frac{1}{4}(1-\cos 2x)^2 = \frac{1}{8}(3-4\cos 2x+\cos 4x)$,

$\displaystyle\frac{1}{8}\int_0^{\frac{\pi}{6}}(3-4\cos 2x+\cos 4x)\,dx = \frac{1}{8}\left[3x-2\sin 2x+\frac{1}{4}\sin 4x\right]_0^{\frac{\pi}{6}} = \frac{\pi}{16}-\frac{7}{64}\sqrt{3}$

問題 2.3 (1) $\displaystyle\frac{1}{5}\int\left(\frac{1}{x-4}-\frac{1}{x+1}\right)dx = \frac{1}{5}\log\left|\frac{x-4}{x+1}\right|+C$

(2) $\displaystyle\int\left(\frac{2}{x-1}+\frac{3}{x-2}\right)dx=\log\left|(x-1)^2(x-2)^3\right|+C$

(3) $\displaystyle\int\left(\frac{3}{x+2}-\frac{2}{(x+2)^2}\right)dx=3\log|x+2|+\frac{2}{x+2}+C$

(4) $\displaystyle\int\frac{dx}{(x+1)^2+2}=\frac{1}{\sqrt{2}}\arctan\frac{x+1}{\sqrt{2}}+C$

(5) $\displaystyle\int\frac{2x-4}{x^2-4x+8}\,dx+5\int\frac{dx}{x^2-4x+8}$

$\displaystyle=\log(x^2-4x+8)+\frac{5}{2}\arctan\frac{x-2}{2}+C$

(6) $\displaystyle\int(x^2+2x-1)\,dx-2\int\frac{dx}{x-2}=\frac{1}{3}x^3+x^2-x-2\log|x-2|+C$

(7) $\displaystyle\int dx-\int\left(\frac{1}{x-3}+\frac{1}{x+1}\right)dx=x-\log|(x-3)(x+1)|+C$

(8) $\displaystyle\int(x^2+x-5)\,dx+\frac{7}{2}\int\frac{2x+2}{x^2+2x+3}\,dx+3\int\frac{dx}{x^2+2x+3}$

$\displaystyle=\frac{1}{3}x^3+\frac{1}{2}x^2-5x+\frac{7}{2}\log(x^2+2x+3)+\frac{3}{\sqrt{2}}\arctan\frac{x+1}{\sqrt{2}}+C$

問題 2.4 (1) $\displaystyle\frac{1}{5}\int_{-1}^{2}\left(\frac{4}{x-3}+\frac{1}{x+2}\right)dx=-\frac{6}{5}\log 2$

(2) $\displaystyle\int_{-1}^{1}\left(\frac{2}{x+3}-\frac{5}{(x+3)^2}\right)dx=2\log 2-\frac{5}{4}$ (3) $\displaystyle\Big[\arctan(x-3)\Big]_3^4=\frac{\pi}{4}$

(4) $\displaystyle\frac{1}{2}\int_0^2\frac{2x+2}{x^2+2x+4}\,dx-2\int_0^2\frac{dx}{x^2+2x+4}=\frac{1}{2}\log 3-\frac{\pi}{3\sqrt{3}}$

(5) $\displaystyle\int_{-2}^{2}(x+1)\,dx+\int_{-2}^{2}\left(\frac{2}{x-3}+\frac{1}{(x-3)^2}\right)dx=\frac{24}{5}-2\log 5$

(6) $\displaystyle\int_1^4\left(x^2+x-2\right)dx-\frac{1}{2}\int_1^4\frac{2x-2}{x^2-2x+4}\,dx-2\int_1^4\frac{dx}{x^2-2x+4}$

$\displaystyle=\frac{45}{2}-\log 2-\frac{2}{3\sqrt{3}}\pi$

問題 2.5 (1) $t=e^x$, $\displaystyle\int\frac{dt}{t^2(t-3)}=\frac{1}{9}\log|e^x-3|+\frac{1}{3e^x}-\frac{x}{9}+C$

(2) $t=e^x$, $\displaystyle\int\frac{dt}{t^2+1}=\arctan(e^x)+C$

(3) $t=\cos x$, $\displaystyle-\int\frac{dt}{t+2}=-\log|\cos x+2|+C$

(4) $\displaystyle\int(1-\sin^2 x)^2\cos x\,dx=\int(1-t^2)^2\,dt$

$$= \sin x - \frac{2}{3}\sin^3 x + \frac{1}{5}\sin^5 x + C$$

(5) $t = \tan x,\quad \displaystyle\int \frac{dt}{t^2-4} = \frac{1}{4}\log\left|\frac{\tan x - 2}{\tan x + 2}\right| + C$

(6) $t = \tan\dfrac{x}{2},\ 2\displaystyle\int \frac{dt}{(t+1)^2} = -\frac{2}{\tan\frac{x}{2}+1} + C$

(7) $t = \tan\dfrac{x}{2},\ 2\displaystyle\int \frac{dt}{1-t^2} = \log\left|\frac{\tan\frac{x}{2}+1}{\tan\frac{x}{2}-1}\right| + C$

(8) $t = \tan\dfrac{x}{2},\quad \displaystyle\int \frac{dt}{2t+1} = \frac{1}{2}\log\left|2\tan\frac{x}{2}+1\right| + C$

問題 2.6 (1) $t = e^x,\quad \displaystyle\int_2^3 \frac{dt}{t^2-1} = \frac{1}{2}\log\frac{3}{2}$

(2) $t = \sin x,\quad \displaystyle\int_0^{\frac{1}{2}} \frac{dt}{t^2-3t+2} = \log\frac{3}{2}$

(3) $t = \cos x,\quad \displaystyle\int_{\frac{1}{2}}^1 \frac{t}{1+t^2}\,dt = \frac{1}{2}\log\frac{8}{5}$

(4) $t = \tan x,\quad \displaystyle\int_0^1 \frac{dt}{t^2+3} = \frac{\pi}{6\sqrt{3}}$

(5) $t = \tan\dfrac{x}{2},\quad \displaystyle\int_0^1 \frac{1-t^2}{1+t^2}\,dt = \frac{\pi}{2} - 1$

(6) $t = \tan\dfrac{x}{2},\quad \displaystyle\int_0^1 \frac{dt}{t+1} = \log 2$

問題 2.7 (1) $\displaystyle\int_{3+\varepsilon}^4 \frac{dx}{\sqrt[3]{x-3}} = \frac{3}{2} - \frac{3}{2}\varepsilon^{\frac{2}{3}} \to \frac{3}{2}$

(2) $\displaystyle\int_0^A \frac{dx}{\sqrt[4]{(x+1)^5}} = -4(A+1)^{-\frac{1}{4}} + 4 \to 4$

(3) $\displaystyle\int_{-1}^{2-\varepsilon} \frac{dx}{\sqrt{4-x^2}} = \arcsin\frac{2-\varepsilon}{2} - \arcsin\left(-\frac{1}{2}\right) \to \frac{2}{3}\pi$

(4) $\displaystyle\int_1^A \frac{dx}{x^2-4x+7} = \frac{1}{\sqrt{3}}\arctan\frac{A-2}{\sqrt{3}} - \frac{1}{\sqrt{3}}\arctan\left(-\frac{1}{\sqrt{3}}\right) \to \frac{2}{3\sqrt{3}}\pi$

(5) $\displaystyle\int_0^{2-\varepsilon} \frac{x^2}{\sqrt{8-x^3}}\,dx = -\frac{2}{3}\sqrt{8-(2-\varepsilon)^3} + \frac{4}{3}\sqrt{2} \to \frac{4}{3}\sqrt{2}$

(6) $\displaystyle\int_0^A \frac{3x^2-1}{(x^3-x+2)^2}\,dx = -\frac{1}{A^3-A+2} + \frac{1}{2} \to \frac{1}{2}$

(7) $t = \sqrt{x-1},\quad \displaystyle\int_0^1 \frac{2}{t^2+3}\,dt = \frac{\pi}{3\sqrt{3}}$

(8) $\displaystyle\int_0^A \frac{dx}{x^2+3x+2} = \log\frac{A+1}{A+2} + \log 2 \to \log 2$

(9) $\displaystyle t = \frac{2}{\cos\theta},\ \frac{1}{4}\int_0^{\frac{\pi}{4}} \cos\theta\, d\theta = \frac{1}{4\sqrt{2}}$ (10) $\displaystyle t = \tan\theta,\ \int_0^{\frac{\pi}{2}} \cos\theta\, d\theta = 1$

問題 2.8 (1) $\displaystyle t = \sqrt{x},\ 2\int \cos^2 t\, dt = \sqrt{x} + \frac{1}{2}\sin(2\sqrt{x}\,) + C$

(2) $\displaystyle t = \sqrt{x},\ 2\int t\cos t\, dt = 2\sqrt{x}\sin(\sqrt{x}\,) + 2\cos(\sqrt{x}\,) + C$

(3) $\displaystyle t = \tan x,\ \int 2^t\, dt = \frac{2^{\tan x}}{\log 2} + C$

(4) $\displaystyle t = 3^x,\ \frac{1}{\log 3}\int \frac{dt}{1+t^2} = \frac{\arctan(3^x)}{\log 3} + C$

(5) $\displaystyle t = x\log x,\ \int \frac{dt}{\sqrt{1-t^2}} = \arcsin(x\log x) + C$

(6) $\displaystyle -\int \arcsin x\left(\sqrt{1-x^2}\right)' dx = -(\arcsin x)\sqrt{1-x^2} + \int dx$

$= -(\arcsin x)\sqrt{1-x^2} + x + C$

(7) $\displaystyle \frac{1}{2}\int x(\sin 5x + \sin x)\, dx = -\frac{1}{2}\int x\left(\frac{1}{5}\cos 5x + \cos x\right)' dx$

$\displaystyle = -x\left(\frac{1}{10}\cos 5x + \frac{1}{2}\cos x\right) + \frac{1}{2}\int\left(\frac{1}{5}\cos 5x + \cos x\right) dx$

$\displaystyle = \frac{1}{50}\sin 5x + \frac{1}{2}\sin x - x\left(\frac{1}{10}\cos 5x + \frac{1}{2}\cos x\right) + C$

(8) $t = \log x$, 2 回部分積分を適用すれば

$\displaystyle \int e^t\cos t\, dt = e^t(\sin t + \cos t) - \int e^t\cos t\, dt,\ \frac{x}{2}(\sin(\log x) + \cos(\log x)) + C.$

問題 2.9 (1) $\displaystyle \frac{1}{2}\int_0^{\frac{\pi}{6}}\left(x + \frac{1}{2}x(\sin 2x)'\right) dx$

$\displaystyle = \frac{1}{2}\left[\frac{1}{2}x^2 + \frac{1}{2}x\sin 2x\right]_0^{\frac{\pi}{6}} - \frac{1}{4}\int_0^{\frac{\pi}{6}}\sin 2x\, dx = \frac{\pi^2}{144} + \frac{\sqrt{3}}{48}\pi - \frac{1}{16}$

(2) $\displaystyle t = \arctan x,\ \int_{-\frac{\pi}{4}}^{\frac{\pi}{3}} \sin t\, dt = \frac{\sqrt{2}-1}{2}$

(3) $\displaystyle t = \pi + \arctan x,\ \int_{\pi}^{\frac{5}{4}\pi} \frac{dt}{t} = \log\frac{5}{4}$

(4) $\displaystyle t = xe^x,\ \int_0^e \frac{dt}{e^2+t^2} = \left[\frac{1}{e}\arctan\frac{t}{e}\right]_0^e = \frac{\pi}{4e}$

(5) $\left[\frac{1}{2}x^2(\log x)^2\right]_1^e - \int_1^e \left(\frac{1}{2}x^2\right)' \log x\, dx$

$= \frac{e^2}{2} - \left[\frac{1}{2}x^2 \log x\right]_1^e + \frac{1}{2}\int_1^e x\, dx = \frac{e^2-1}{4}$

(6) $\int_0^1 (x)' (\arcsin x)^2\, dx = \left[x(\arcsin x)^2\right]_0^1 - 2\int_0^1 \frac{x \arcsin x}{\sqrt{1-x^2}}\, dx$

$= \frac{\pi^2}{4} + 2\left[(\arcsin x)\sqrt{1-x^2} - x\right]_0^1 = \frac{\pi^2}{4} - 2$

(7) $\int_0^{\sqrt{3}} \left(\frac{x^2}{2}\right)' \arctan x\, dx$

$= \left[\frac{x^2 \arctan x}{2}\right]_0^{\sqrt{3}} - \frac{1}{2}\int_0^{\sqrt{3}} \left(1 - \frac{1}{1+x^2}\right) dx = \frac{2}{3}\pi - \frac{\sqrt{3}}{2}$

(8) 2 回部分積分を適用すれば $\int_0^\pi e^x \sin x\, dx = e^\pi + 1 - \int_0^\pi e^x \sin x\, dx$ より

$\int_0^\pi e^x \sin 3x\, dx = 3e^\pi + 3 - 9\int_0^\pi e^x \sin 3x\, dx$. よって

$\frac{1}{2}\int_0^\pi e^x (\sin 3x - \sin x)\, dx = -\frac{1}{10}\left(e^\pi + 1\right).$

問題 2.10 (1) $\int \left(\frac{2}{x-1} + \frac{1}{x-2} - \frac{3}{x+1}\right) dx = \log\left|\frac{(x-1)^2(x-2)}{(x+1)^3}\right| + C$

(2) $\frac{5}{4}\int \frac{dx}{x-1} - \frac{5}{8}\int \frac{2x+1}{x^2+x+2}\, dx + \frac{17}{8}\int \frac{dx}{x^2+x+2}$

$= \frac{5}{4}\log|x-1| - \frac{5}{8}\log(x^2+x+2) + \frac{17}{4\sqrt{7}}\arctan\frac{2x+1}{\sqrt{7}} + C$

(3) $\int \left(\frac{1}{x-2} + \frac{6}{(x-2)^2} + \frac{12}{(x-2)^3} + \frac{9}{(x-2)^4}\right) dx$

$= \log|x-2| - \frac{6}{x-2} - \frac{6}{(x-2)^2} - \frac{3}{(x-2)^3} + C$

(4) $\frac{1}{2}\int \frac{2x-4}{x^2-4x+6}\, dx + 4\int \frac{dx}{x^2-4x+6} + \int \frac{2x-4}{(x^2-4x+6)^2}\, dx$

$= \frac{1}{2}\log(x^2+4x+6) + 2\sqrt{2}\arctan\frac{x-2}{\sqrt{2}} - \frac{1}{x^2-4x+6} + C$

(5) $\int (x+2)\, dx + \int \left(-\frac{2}{x-1} - \frac{1}{(x+1)^2} + \frac{2}{x-1}\right) dx$

$= \frac{1}{2}x^2 + 2x - 2\log|x+1| + \frac{1}{x+1} + 2\log|x-2| + C$

(6) $\int \left(\frac{2}{x^2-1} - \frac{1}{x^2+4}\right) dx = \int \left(\frac{1}{x-1} - \frac{1}{x+1} - \frac{1}{x^2+4}\right) dx$

$= \log\left|\dfrac{x-1}{x+1}\right| - \dfrac{1}{2}\arctan\dfrac{x}{2} + C$

問題 2.11 (1) $\displaystyle\int_2^4 \frac{dx}{x-1} + \frac{1}{2}\int_2^4 \frac{2x-2}{x^2-2x+4}\,dx + 2\int_1^4 \frac{dx}{x^2-2x+4}$

$= \dfrac{3}{2}\log 3 + \dfrac{\pi}{3\sqrt{3}}$

(2) $\displaystyle\int_0^1 \left(\frac{2}{x-2} - \frac{1}{x+1} + \frac{3}{(x+1)^2}\right) dx = \frac{3}{2} - 3\log 2$

(3) $\displaystyle\int_{-1}^3 \left(\frac{1}{x+3} - \frac{6}{(x+3)^2} + \frac{9}{(x+3)^3}\right) dx = \log 3 - 1$

(4) $\displaystyle\int_1^3 (x^2+3x+2)\,dx - \int_1^3 \frac{dx}{x+1} - \frac{9}{2}\int_1^3 \frac{2x-4}{x^2-4x+5}\,dx$

$\displaystyle -23\int_1^3 \frac{dx}{x^2-4x+5} = \frac{74}{3} - \log 2 - \frac{23}{2}\pi$

問題 2.12 (1) $t = e^x$, $\displaystyle\int \frac{dt}{t^2(t+1)} = \int \left(-\frac{1}{t} + \frac{1}{t^2} + \frac{1}{t+1}\right) dt$

$= -x - e^{-x} + \log(e^x+1) + C$

(2) $t = \tan x$, $\displaystyle\int \frac{t^2}{(t^2+2)(t^2+1)}\,dt = \int \left(\frac{2}{t^2+2} - \frac{1}{t^2+1}\right) dt$

$= \sqrt{2}\arctan\dfrac{\tan x}{\sqrt{2}} - x + C$

(3) $t = \tan x$, $\displaystyle\int \left(t^2 - 1 + \frac{1}{1+t^2}\right) dt = \frac{1}{3}\tan^3 x - \tan x + x + C$

(4) $t = \tan\dfrac{x}{2}$, $\displaystyle\int \frac{2t}{(t+1)(t^2+1)}\,dt = \int \left(-\frac{1}{t+1} + \frac{t+1}{t^2+1}\right) dt$

$= \dfrac{1}{2}\log\dfrac{1+\tan^2\frac{x}{2}}{\left(1+\tan\frac{x}{2}\right)^2} + \dfrac{x}{2} + C$

問題 2.13 (1) $t = \tan x$, $\displaystyle\int_0^{\sqrt{3}} \frac{t^2+1}{(t^2+3)^2}\,dt = \int_0^{\sqrt{3}} \left(\frac{1}{t^2+3} - \frac{2}{(t^2+3)^2}\right) dt$

$= \dfrac{\pi-1}{6\sqrt{3}}$

(2) $t = \tan\dfrac{x}{2}$, $\displaystyle\int_0^1 \frac{2(t+1)}{(t+3)(t^2+1)}\,dt = \frac{1}{5}\int_0^1 \left(-\frac{2}{t+3} + \frac{2t+4}{t^2+1}\right) dt$

$= \dfrac{1}{5}\log\dfrac{9}{8} + \dfrac{\pi}{5}$

問題 2.14 (1) $t = \sqrt{x-1}$, $\displaystyle\int \frac{-2t^2+2t}{t^2+2}\,dt = \int \left(-2 + \frac{2t+4}{t^2+2}\right) dt$

$= -2\sqrt{x-1} + \log|x+1| + 2\sqrt{2}\arctan\sqrt{\dfrac{x-1}{2}} + C$

(2) $t = \sqrt{x-2},\ \displaystyle\int \frac{2t^3+4t}{t^2+2t+2}\,dt = \int \left(2t - 4 + \frac{8t+8}{t^2+2t+2}\right) dt$

$= x - 4\sqrt{x-2} + 4\log\left|x + 2\sqrt{x-2}\,\right| + C$

(3) $t = \sqrt{\dfrac{x-1}{x+1}},\ -4\displaystyle\int \frac{t(t+1)}{(t-1)(t^2+1)}\,dt = -4\int \left(\frac{1}{t-1} + \frac{1}{t^2+1}\right) dt$

$= -4\log\left|\sqrt{\dfrac{x-1}{x+1}} - 1\right| - 4\arctan\sqrt{\dfrac{x-1}{x+1}} + C$

(4) $t = x + \sqrt{x^2+2x-3},\ \displaystyle\int \frac{2}{(t-1)^2}\,dt = -\frac{2}{x-1+\sqrt{x^2-2x-3}} + C$

(5) $t = \sqrt{\dfrac{2-x}{x+1}},\ \displaystyle\int \frac{-2t}{(t^2+1)(t+1)}\,dt = \int \left(\frac{1}{t+1} - \frac{t+1}{t^2+1}\right) dt$

$= \dfrac{1}{2}\log\left|3 + 2\sqrt{2+x-x^2}\,\right| - \arctan\sqrt{\dfrac{2-x}{x+1}} + C$

(6) $t = x + \sqrt{x^2-2x-2},$

$\displaystyle\int \frac{t^2-2t-2}{(t^2-4)(t-1)}\,dt = \frac{1}{2}\int \left(\frac{1}{t+2} + \frac{2}{t-1} - \frac{1}{t-2}\right) dt$

$= \dfrac{1}{2}\log\left|\dfrac{(x+2+\sqrt{x^2-2x-2})(x-1+\sqrt{x^2-2x-2})^2}{x-2+\sqrt{x^2-2x-2}}\right| + C$

問題 2.15 (1) $t = \sqrt{2x+1},\ \displaystyle\int_3^5 \left(2 + \frac{6}{t^2-1}\right) dt = \left[2t + 3\log\left|\frac{t-1}{t+1}\right|\right]_3^5$

$= 4 + 3\log\dfrac{4}{3}$

(2) $x = \sqrt{2}\sin\theta,\ t = \tan\theta,\ \displaystyle\int_0^{\frac{\pi}{4}} \frac{d\theta}{1+2\sin^2\theta} = \int_0^1 \frac{dt}{3t^2+1} = \frac{\pi}{3\sqrt{3}}$

(3) $x = \dfrac{2}{\cos\theta},\ t = \tan\dfrac{\theta}{2},\ \displaystyle\int_0^{\frac{\pi}{3}} \frac{\sin\theta}{\cos\theta(1+\sin\theta)}\,d\theta = \int_0^{\frac{1}{\sqrt{3}}} \frac{4t}{(1-t^2)(1+t)^2}\,dt$

$= \dfrac{1}{4}\displaystyle\int_0^{\frac{1}{\sqrt{3}}} \left(\frac{1}{t+1} + \frac{2}{(t+1)^2} - \frac{4}{(t+1)^3} - \frac{1}{t-1}\right) dt$

$= \dfrac{1}{2}\log(2+\sqrt{3}) + \dfrac{3-2\sqrt{3}}{2}$

(4) $x = \tan\theta,\ t = \tan\dfrac{\theta}{2},\ \displaystyle\int_0^{\frac{\pi}{3}} \frac{d\theta}{2\sin^2\theta + 3\cos\theta} = -2\int_0^{\frac{1}{\sqrt{3}}} \frac{t^2+1}{3t^4-8t^2-3}\,dt$

$= \dfrac{2}{5}\displaystyle\int_0^{\frac{1}{\sqrt{3}}} \left(\frac{1}{3t^2+1} - \frac{2}{t^2-3}\right) dt = \frac{2}{5\sqrt{3}}\left(\frac{\pi}{4} + \log 2\right)$

問題 2.16 (1) $x = 2\sin\theta,\ t = \tan\dfrac{\theta}{2},\ \dfrac{1}{2}\displaystyle\int_{-1}^{1}\dfrac{dt}{t^2+t+1} = \dfrac{\pi}{2\sqrt{3}}$

(2) $\dfrac{1}{3}\displaystyle\int_1^A\left(-\dfrac{1}{x+1}+\dfrac{x+1}{x^2-x+1}\right)dx$

$$= \frac{1}{6}\left[\log\frac{x^2-x+1}{(x+1)^2} + 2\sqrt{3}\arctan\frac{2x-1}{\sqrt{3}}\right]_1^A \to \frac{\pi}{3\sqrt{3}} + \frac{1}{3}\log 2$$

(3) $x = \tan\theta,\ t = \tan\dfrac{\theta}{2},\ \displaystyle\int_0^{\frac{\pi}{2}}\dfrac{d\theta}{(\sin\theta+\cos\theta)(\sin\theta+1)}$

$$= -\int_0^1 \frac{2t^2+2}{(t-1-\sqrt{2})(t-1+\sqrt{2})(t+1)^2}\,dt$$

$$= \int_0^1\left(-\frac{\sqrt{2}-1}{t-1-\sqrt{2}} + \frac{\sqrt{2}+1}{t-1+\sqrt{2}} - \frac{2}{t+1} - \frac{2}{(t+1)^2}\right)dt$$

$$= 2\sqrt{2}\,\log(\sqrt{2}+1) - \log 2 - 1$$

(4) $x^4+1 = (x^2+1)^2 - 2x^2 = (x^2+\sqrt{2}x+1)(x^2-\sqrt{2}x+1)$,

$$\frac{1}{2\sqrt{2}}\int_0^A \frac{x+\sqrt{2}}{x^2+\sqrt{2}x+1}\,dx - \frac{1}{2\sqrt{2}}\int_0^A \frac{x-\sqrt{2}}{x^2-\sqrt{2}x+1}\,dx$$

$$= \frac{1}{4\sqrt{2}}\log\frac{A^2+\sqrt{2}\,A+1}{A^2-\sqrt{2}\,A+1} + \frac{1}{2\sqrt{2}}\arctan(\sqrt{2}\,A+1)$$

$$+ \frac{1}{2\sqrt{2}}\arctan(\sqrt{2}\,A-1) \to \frac{\pi}{2\sqrt{2}}$$

問題 2.17 (1) $x = \pi - t,\ \displaystyle\int_{\frac{\pi}{2}}^{\pi} xf(\sin x)\,dx = \int_0^{\frac{\pi}{2}}(\pi-t)f(\sin t)\,dt$

(2) $t = \cos x,\ \pi\displaystyle\int_0^{\pi}\dfrac{\sin x}{1+\cos^2 x}\,dx = \pi\int_0^1\dfrac{dt}{1+t^2} = \dfrac{\pi^2}{4}$

(3) $\pi\displaystyle\int_0^{\frac{\pi}{2}}\log(\sin x)\,dx = -\dfrac{\pi^2}{4}$

問題 2.18 (1) $x \to +0$ のとき $x^{1-p}x^{p-1}(1-x)^{q-1} \to 1$, $x \to 1-0$ のとき $(1-x)^{1-q}x^{p-1}(1-x)^{q-1} \to 1$.

(2) 略

(3) 例 2.50 より $B\left(\dfrac{1}{2},\dfrac{1}{2}\right) = 2\displaystyle\int_0^{\infty}\dfrac{dt}{1+t^2} = \pi$,

$$B\left(\frac{1}{3},\frac{2}{3}\right) = 3\int_0^{\infty}\frac{dt}{1+t^3} = \int_0^{\infty}\left(\frac{1}{t+1} - \frac{t-2}{t^2-t+1}\right)dt = \frac{2}{\sqrt{3}}\pi.$$

問題 2.16 (4) より $B\left(\dfrac{1}{4},\dfrac{3}{4}\right) = 4\displaystyle\int_0^{\infty}\dfrac{dt}{1+t^4} = \sqrt{2}\,\pi$.

問題 2.19 (1) $x \to +0$ のとき $x^{1-s}x^{s-1}e^{-x} \to 1$, $x \to \infty$ のとき $x^2 x^{s-1}e^{-x} \to 0$.

(2) $s\Gamma(s) = \displaystyle\int_0^{\infty} (x^s)' e^{-x}\,dx = -\int_0^{\infty} x^s \left(e^{-x}\right)' dx = \Gamma(s+1)$

(3) $\Gamma(n) = (n-1)(n-2)\cdots 2\Gamma(1) = (n-1)!\displaystyle\int_0^{\infty} e^{-x}\,dx = (n-1)!$

(4) $x = t^2$, $\Gamma\left(n+\dfrac{1}{2}\right) = \left(n-\dfrac{1}{2}\right)\left(n-\dfrac{3}{2}\right)\cdots\dfrac{1}{2}\Gamma\left(\dfrac{1}{2}\right)$

$= \dfrac{(2n-1)!}{2^{2n-2}(n-1)!}\displaystyle\int_0^{\infty} e^{-t^2}\,dt = \dfrac{(2n-1)!}{2^{2n-1}(n-1)!}\sqrt{\pi}$

問題 2.20 (1) 例 2.24 の (2.20) の積分変数を $x = \dfrac{\pi}{2} - t$ で置換.

(2) $A_n = \displaystyle\int_0^{\frac{\pi}{2}} (x)' \cos^{2n} x\,dx = n\int_0^{\frac{\pi}{2}} \left(x^2\right)' \cos^{2n-1} x \sin x\,dx$

(3) $\dfrac{B_n}{A_n} = -\dfrac{1}{2n^2} + \dfrac{2n-1}{2n}\,\dfrac{B_{n-1}}{A_{n-1}}\,\dfrac{A_{n-1}}{A_n}$

(4) $x = 0$, $\dfrac{\pi}{2}$ のとき x と $\dfrac{\pi}{2}\sin x$ は等しく, $\dfrac{\pi}{2}\sin x$ のグラフは上に凸.

(5) $B_n \leq \dfrac{\pi^2}{4}\displaystyle\int_0^{\frac{\pi}{2}} \sin^2 x \cos^{2n} x\,dx = \dfrac{\pi^2}{4}\left(A_n - \dfrac{2n+1}{2n+2}A_n\right)$

(6) $\displaystyle\sum_{k=1}^{n} \frac{1}{k^2} = 2\left(\frac{B_0}{A_0} - \frac{B_n}{A_n}\right) \to \frac{\pi^2}{6}$

第 3 章

問 3.1 (1) $f_x(x,y) = 2x\sin(x+2y) + x^2\cos(x+2y)$,
$f_y(x,y) = 2x^2\cos(x+2y)$

(2) $f_x(x,y) = 3e^{3x-y}\cos\left(y^3\right)$, $f_y(x,y) = -e^{3x-y}\left(\cos\left(y^3\right) + 3y^2\sin\left(y^3\right)\right)$

(3) $f_x(x,y) = -\dfrac{2x^3+3x^2y^2+3y}{\left(x^3-3y\right)^2}$, $f_y(x,y) = \dfrac{2x^3y-3y^2+3x}{\left(x^3-3y\right)^2}$

(4) $f_x(x,y) = 2x\log(x^3+x^2y-2y^3) + \dfrac{\left(x^2-y^2\right)\left(3x^2+2x\,y\right)}{x^3+x^2y-2y^3}$,

$f_y(x,y) = -2y\log(x^3+x^2y-2y^3) + \dfrac{\left(x^2-y^2\right)\left(x^2-6y^2\right)}{x^3+x^2y-2y^3}$

問 3.2 (1) $z = 5ex - 3e$ (2) $z = -\dfrac{1}{2}x - \dfrac{7}{4}y + \dfrac{5\pi+3\sqrt{3}}{12}$

問 3.3 (1) $f_{xx}(x,y) = 6x\cos\left(x^3+y^2\right) - 9x^4\sin\left(x^3+y^2\right)$,
$f_{xy}(x,y) = -6x^2y\sin\left(x^3+y^2\right)$, $f_{yy}(x,y) = 2\cos\left(x^3+y^2\right) - 4y^2\sin\left(x^3+y^2\right)$

(2) $f_{xx}(x,y) = \dfrac{12x^4y^2+6x\,y^3}{\left(x^3-y\right)^3}$, $f_{xy}(x,y) = -\dfrac{6x^5y}{\left(x^3-y\right)^3}$,

$f_{yy}(x,y)=\dfrac{2x^6}{(x^3-y)^3}$

問 3.4 (1) $\big(f(\varphi(t),\psi(t))\big)'=\big(6\sin 3t\cos 3t+4t\sin(t^2)\big)\,e^{\sin^2 3t-2\cos(t^2)}$

(2) $\big(f(\varphi(t),\psi(t))\big)'=\left(\dfrac{1+3\log t}{t}+4t^3(\log t)\right)e^{3\log t+t^4}$

問 3.5 $A=0,\ B=1,\ C=2,\ D=1,\ E=1,\ F=-2$

問 3.6 (1) $(x,y)=(2,1)$ のとき極小値 -1. (2) 鞍点 $(-1,2,1)$

問 3.7 (1) $f_x=0$ より $x=1,3$. $f_y=0$ より $y=1,-2$. $(x,y)=(1,-2)$ のとき極大値 29, $(x,y)=(3,1)$ のとき極小値 -2, 鞍点 $(1,1,2)$, $(3,-2,1)$.

(2) $f_x=2x-4y^2=0$ より $x=2y^2$. $f_y=y^3-y=0$. $(x,y)=(0,0)$ のとき極小値 0, 鞍点 $(2,\pm1,4)$.

(3) $f_x=3x(x-2y)=0$ より $x=0$, $x=2y$. $x=0$ のとき $y=-1$, $x=2y$ のとき $y=1,-\dfrac{1}{2}$. $(x,y)=(0,-1)$ のとき極小値 -3, 鞍点 $(2,1,5)$, $\left(-1,-\dfrac{1}{2},-\dfrac{7}{4}\right)$.

(4) $f_x=3(x-y)(x+y)=0$ より $x=\pm y$. $x=y$ のとき $y=\dfrac{2}{3}$, $x=-y$ のとき $y=1,\ 2$. $(x,y)=(-1,1)$ のとき極大値 10, 鞍点 $(-2,2,8)$, $\left(\dfrac{2}{3},\dfrac{2}{3},8\right)$.

(5) $f_x=4x(x^2-y)=0$ より $x=0$, $y=x^2$. $x=0$ のとき $y=0,\ \dfrac{4}{3}$. $y=x^2$ のとき $y=0,\ 2$. $f(x,0)=x^4$, $f(x,x^2)=x^6-3x^4$. $(x,y)=\big(\pm\sqrt{2},2\big)$ のとき極小値 -4, 鞍点 $(0,0,0)$, $\left(0,\dfrac{4}{3},-\dfrac{32}{27}\right)$.

問 3.8 (1) $-\dfrac{1+\cos y}{2y-x\sin y}$ (2) $-\dfrac{2x\,y-e^x\sin y}{x^2-e^x\cos y}$

問 3.9 (1) $f_x=0$ より $x=y^2$. $f=-y^4+y^3+2y^2=0$. $x=4$ のとき極小値 2, $x=1$ のとき極大値 -1.

(2) $f_x=0$ より $y^2=x^2$. $f=-2x^3+2x^6=0$. $x=1$ のとき極大値 1, 極小値 -1.

問 3.10 $y+2\lambda x=0$, $x+8\lambda y=0$ より $x=\pm2y$. $(x,y)=\left(\pm\dfrac{1}{2},\pm1\right)$ のとき最大値 $\dfrac{1}{2}$, $(x,y)=\left(\pm\dfrac{1}{2},\mp1\right)$ のとき最小値 $-\dfrac{1}{2}$ (複号同順).

問 3.11 $1+4\lambda x=0$, $2y+2\lambda y=0$ より $x=\dfrac{1}{4}$ または $y=0$. $(x,y)=\left(-\dfrac{\sqrt{2}}{2},0\right)$ のとき最小値 $-\dfrac{\sqrt{2}}{2}$, $(x,y)=\left(\dfrac{1}{4},\pm\dfrac{\sqrt{14}}{4}\right)$ のとき最大値 $\dfrac{9}{8}$.

問題 3.1 (1) $f_x(x,y)=4x^3+4xy^2-4x$, $f_y(x,y)=4x^2y+4y^3+4y$

(2) $f_x(x,y)=\cos(x-2y)$, $f_y(x,y)=-2\cos(x-2y)$

(3) $f_x(x,y)=-y\sin(xy)$, $f_y(x,y)=-x\sin(xy)$

(4) $f_x(x,y)=2e^{2x}\sin y$, $f_y(x,y)=e^{2x}\cos y$

(5) $f_x(x,y)=\dfrac{x}{\sqrt{x^2+2y^3}}$, $f_y(x,y)=\dfrac{3y^2}{\sqrt{x^2+2y^3}}$

(6) $f_x(x,y)=-\dfrac{y}{x^2}$, $f_y(x,y)=\dfrac{1}{x}$

(7) $f_x(x,y)=(1+y)\cos(x-2y+xy)$, $f_y(x,y)=(-2+x)\cos(x-2y+xy)$

(8) $f_x(x,y)=\dfrac{x^2-4xy-y}{(x-2y)^2}$, $f_y(x,y)=\dfrac{2x^2+x}{(x-2y)^2}$

(9) $f_x(x,y)=\dfrac{3x^2-6xy}{x^3-3x^2y+y^2}$, $f_y(x,y)=\dfrac{-3x^2+2y}{x^3-3x^2y+y^2}$

(10) $f_x(x,y)=2xye^{x^2+y^2}$, $f_y(x,y)=(1+2y^2)e^{x^2+y^2}$

問題 3.2 (1) $z=x+3y-2$ (2) $z=\pi y$ (3) $z=-2x-2y+9$

(4) $z=4x-2y-3$

問題 3.3 (1) $f_{xx}(x,y)=4y^5+36x^2y^3$, $f_{xy}(x,y)=20xy^4+36x^3y^2$,
$f_{yy}(x,y)=40x^2y^3+18x^4y$

(2) $f_{xx}(x,y)=16e^{4x+3y}$, $f_{xy}(x,y)=12e^{4x+3y}$, $f_{yy}(x,y)=9e^{4x+3y}$

(3) $f_{xx}(x,y)=-y^2\sin(xy)$, $f_{xy}(x,y)=\cos(xy)-xy\sin(xy)$,
$f_{yy}(x,y)=-x^2\sin(xy)$

(4) $f_{xx}(x,y)=\dfrac{-2x^2+4y}{(x^2+2y)^2}$, $f_{xy}(x,y)=-\dfrac{4x}{(x^2+2y)^2}$, $f_{yy}(x,y)=-\dfrac{4}{(x^2+2y)^2}$

(5) $f_{xx}(x,y)=(2+4x^2)e^{x^2+2y^2}$, $f_{xy}(x,y)=8xye^{x^2+2y^2}$,
$f_{yy}(x,y)=(4+16y^2)e^{x^2+2y^2}$

(6) $f_{xx}(x,y)=2e^{x-2y}\cos x$, $f_{xy}(x,y)=-2e^{x-2y}(\sin x+\cos x)$,
$f_{yy}(x,y)=4e^{x-2y}\sin x$

問題 3.4 (1) $\big(f(\varphi(t),\psi(t))\big)'=6t^2\cos 2t^3\sin(t^3-e^{6t})$
$+(3t^2-6e^{6t})\sin 2t^3\cos(t^3-e^{6t})$

(2) $\big(f(\varphi(t),\psi(t))\big)'=\dfrac{4t^3-(2t-3t^4+3t^2)e^{t^3}}{t^4-(t^2-1)e^{t^3}}$

(3) $\big(f(\varphi(t),\psi(t))\big)'=$

$$e^{\sin 2t+2\cos 3t}\left((2\cos 2t-6\sin 3t)\log(1+\sin^2 2t)+\frac{4\sin 2t\cos 2t}{1+\sin^2 2t}\right)$$

問題 3.5 (1) $A=2,\ B=1,\ C=3,\ D=0,\ E=5,\ F=\dfrac{5}{2}$

(2) $A=0,\ B=-2,\ C=0,\ D=-8,\ E=4,\ F=-\dfrac{1}{2}$

(3) $A=1,\ B=0,\ C=1,\ D=-\dfrac{1}{2},\ E=0,\ F=-\dfrac{1}{2}$

(4) $A=0,\ B=3,\ C=0,\ D=3,\ E=6,\ F=-1$

問題 3.6 (1) 鞍点 $(2,-1,-14)$ (2) $(x,y)=(-2,-1)$ のとき極小値 -5.

(3) $(x,y)=(2,-1)$ のとき極小値 -14.

(4) $f_x=0$ より $x=2,4$. $f_y=0$ より $y=1,-3$. $(x,y)=(2,1)$ のとき極大値 27, $(x,y)=(4,-3)$ のとき極小値 -9, 鞍点 $(2,-3,-5)$, $(4,1,23)$.

(5) $f_x=2(x-y^2)=0$ より $x=y^2$. $f_y=-4xy+4$. $f_y=0$ に代入すれば $y^3-1=0$ より, $y=1, x=1$. 鞍点 $(1,1,3)$.

(6) $f_x=2x(1-2y)=0$ より $x=0$ または $y=\dfrac{1}{2}$. $x=0$ のとき $f_y=4y(3y-2)=0$ より $y=0,\ \dfrac{2}{3}$. $y=\dfrac{1}{2}$ のとき $f_y\neq 0$. 鞍点 $(0,0,0)$, $\left(0,\dfrac{2}{3},-\dfrac{16}{27}\right)$.

(7) $f_x=3(x-y)(x+y)=0$ より $x=\pm y$. $x=y$ のとき $f_y=3y^2-3=0$ より $x=y=\pm 1$. $x=-y$ のとき $f_y=15y^2-3=0$ より $x=\pm\dfrac{1}{\sqrt{5}}, y=\mp\dfrac{1}{\sqrt{5}}$. $(x,y)=(1,1)$ のとき極小値 -2, $(x,y)=(-1,-1)$ のとき極大値 2, 鞍点 $\left(\pm\dfrac{1}{\sqrt{5}},\mp\dfrac{1}{\sqrt{5}},\pm\dfrac{2}{\sqrt{5}}\right)$ (複号同順).

(8) $f_x=4(x^3-y)=0$ より $y=x^3$. $f_y=0$ に代入すれば $x^3-x=0$, $x=0,\ \pm 1$. $(x,y)=(\pm 1,\pm 1)$ (複号同順) のとき極小値 -1, 鞍点 $(0,0,0)$.

(9) $f_x-f_y=4(x-y)(x^2+xy+y^2+1)=0$ より $y=x$. $f_x=0$ に代入すれば $4(x^3-x)=0$ より $x=0,\ \pm 1$. $(x,y)=(\pm 1,\pm 1)$ (複号同順) のとき極小値 -2, 鞍点 $(0,0,0)$.

(10) $f_x=2(x-y^2)=0$ より $x=y^2$. $f_y=0$ に代入すれば $4y^3-4y=0$ より $y=0,\ \pm 1$. $(x,y)=(1,\pm 1)$ のとき極小値 -1, 鞍点 $(0,0,0)$.

問題 3.7 (1) $f_x=2x(2x^2+y)=0$ より $x=0$ または $y=-2x^2$. $x=0$ のとき $f=-y^3=0$ より $y=0$. $f_y=0$ より不適. $y=-2x^2$ のとき $f=x^4(8x^2-1)=0$ より, $x=\pm\dfrac{1}{2\sqrt{2}}$. $x=\pm\dfrac{1}{2\sqrt{2}}$ のとき極小値 $-\dfrac{1}{2}$.

(2) $f_x=10x(x-y)(x^2+xy+y^2)=0$ より $x=0$ または $y=x$. $x=0$ のとき $f=3y^4=0$. $f_y=0$ より不適. $y=x$ のとき $f=-3x^5+3x^4=0$ より $x=0,\ 1$. $x=0$ のとき不適. $x=1$ のとき極小値 1.

(3) $f_x=4x^3-4y=0$ より $y=x^3$. $f=x^{12}-x^4=0$ より $x=0,\ \pm 1$. $x=0$

のとき $f_y=0$ より不適．$x=1$ のとき極大値 1，$x=-1$ のとき極小値 -1．

(4) $f_x=3x^2y^3-3=0$ より $x^2y^3=1$．$f=x+2y-3x=0$ より $y=x$．よって $f_x=3x^5-3=0$ より，$x=y=1$．$x=1$ のとき極大値 1．

(5) $f_x = 4x(x^2-2y^3)=0$ より $x=0$ または $x^2=2y^3$．$x=0$ のとき $f=y^4=0$．$f_y=0$ より不適．$x^2=2y^3$ のとき $f=y^4(1-4y^2)=0$ より $y=\dfrac{1}{2}$．$x=\pm\dfrac{1}{2}$ のとき極小値 $\dfrac{1}{2}$．

問題 3.8 $1+4\lambda x=0, -1+6\lambda y=0$ より $y=-\dfrac{2}{3}x$．$(x,y)=(3,-2)$ のとき最大値 5，$(x,y)=(-3,2)$ のとき最小値 -5．

問題 3.9 $2x+6y+2\lambda x=0$，$6x+10y+4\lambda y=0$，$x(2\lambda^2+7\lambda-4)=0$ より $x=0$ または $\lambda=\dfrac{1}{2}, -4$．$x=0$ のとき $y=0$，$x^2+2y^2\neq 1$ より不適．$\lambda=-4$ のとき $x=y=\pm\dfrac{1}{\sqrt{3}}$．$\lambda=\dfrac{1}{2}$ のとき $x=\pm\dfrac{2}{\sqrt{6}}$, $y=\mp\dfrac{1}{\sqrt{6}}$．$(x,y)=\left(\pm\dfrac{1}{\sqrt{3}},\pm\dfrac{1}{\sqrt{3}}\right)$ のとき最大値 4，$(x,y)=\left(\pm\dfrac{2}{\sqrt{6}},\mp\dfrac{1}{\sqrt{6}}\right)$ のとき最小値 $-\dfrac{1}{2}$ (複号同順).

問題 3.10 (1) $f_x(x,y)=2x\sin(x^3+y^2)+3x^4\cos(x^3+y^2)$,
$f_y(x,y)=2x^2y\cos(x^3+y^2)$

(2) $f_x(x,y)=-3\cos^2(x+y^2)\sin(x+y^2)$,
$f_y(x,y)=-6y\cos^2(x+y^2)\sin(x+y^2)$

(3) $f_x(x,y)=e^{xy-x^2\log y}(y-2x\log y)$，$f_y(x,y)=e^{xy-x^2\log y}\left(x-\dfrac{x^2}{y}\right)$

(4) $f_x(x,y)=\dfrac{3^x(\log 3)(x-2^y)-3^x}{(x-2^y)^2}$，$f_y(x,y)=\dfrac{3^x2^y(\log 2)}{(x-2^y)^2}$

(5) $f_x(x,y)=\dfrac{\frac{3x^2}{x^3-y^2}\log(x+y)-\frac{\log(x^3-y^2)}{x+y}}{(\log(x+y))^2}$,

$$f_y(x,y)=\frac{\frac{-2y}{x^3-y^2}\log(x+y)-\frac{\log(x^3-y^2)}{x+y}}{(\log(x+y))^2}$$

(6) $f_x(x,y)=\arctan(x^2-xy)+\dfrac{2x^2-xy}{1+(x^2-xy)^2}$，$f_y(x,y)=\dfrac{-x^2}{1+(x^2-xy)^2}$

(7) $f_x(x,y)=y\arcsin(x+2y)+\dfrac{xy}{\sqrt{1-(x+2y)^2}}$,

$$f_y(x,y)=x\arcsin(x+2y)+\frac{2xy}{\sqrt{1-(x+2y)^2}}$$

(8) $f_x(x,y)=y\cos(xy)\arccos(x^2+y)-\dfrac{2x\sin(xy)}{\sqrt{1-(x^2+y)^2}}$,

$f_y(x,y)=x\cos(xy)\arccos(x^2+y)-\dfrac{\sin(xy)}{\sqrt{1-(x^2+y)^2}}$

問題 3.11 (1) $z=\sqrt{2}x-2\sqrt{2}y-\sqrt{2}$ (2) $z=13x-11y-12$

(3) $z=\left(-\sqrt{3}+\dfrac{4}{3}\pi\right)x+\left(\sqrt{3}+\dfrac{4}{3}\pi\right)y-\sqrt{3}-\dfrac{16}{3}\pi$

問題 3.12 (1) $f_{xx}(x,y)=\dfrac{2y^2+16y}{(2x-y)^3}$, $f_{xy}(x,y)=-\dfrac{2xy+8x+4y}{(2x-y)^3}$, $f_{yy}(x,y)=\dfrac{2x^2+8x}{(2x-y)^3}$

(2) $f_{xx}(x,y)=e^{x-y}(2+x+y^2)$, $f_{xy}(x,y)=e^{x-y}(-1-x+2y-y^2)$, $f_{yy}(x,y)=e^{x-y}(2+x-4y+y^2)$

(3) $f_{xx}(x,y)=2y^4\cos^2(xy^2)-2y^4\sin^2(xy^2)$, $f_{xy}(x,y)=4y\sin(xy^2)\cos(xy^2)+4xy^3\cos^2(xy^2)-4xy^3\sin^2(xy^2)$, $f_{yy}(x,y)=4x\sin(xy^2)\cos(xy^2)+8x^2y^2\cos^2(xy^2)-8x^2y^2\sin^2(xy^2)$

(4) $f_{xx}(x,y)=\dfrac{2x^2y^3-2y^4+6x^3+18xy}{(x^2+y)^2}$, $f_{xy}(x,y)=\dfrac{-6x^3y^2-4xy^3-3x^2+3y}{(x^2+y)^2}$, $f_{yy}(x,y)=-6y\log(x^2+y)-\dfrac{6x^2y^2+5y^3+3x}{(x^2+y)^2}$

問題 3.13 (1) $f_y=-24y(x-y)=0$ より $y=x$ または $y=0$. $y=x$ のとき $f_x=12x^3-12x^2=0$ より $x=0,\ 1$. $(x,y)=(1,1)$ のとき極小値 -1. $y=0$ のとき $f_x=12x^3=0$ より $x=0$. $x=0,\ y>(<)0$ のとき $f>(<)0$ より鞍点 $(0,0,0)$.

(2) $f_x=3(x-y)(x+y)=0$ より $x=\pm y$. $x=y$ のとき $f_y=y^2(y-3)(y+3)=0$, $y=0,\ \pm3$. $x=-y$ のとき $f_y=y^2(y^2+3)=0$, $y=0$. $(x,y)=(3,3)$ のとき極小値 $-\dfrac{162}{5}$, $(x,y)=(-3,-3)$ のとき極大値 $\dfrac{162}{5}$. $y=0,\ x>(<)0$ のとき $f>(<)0$ より鞍点 $(0,0,0)$.

(3) $f_x=2(x-y^2)=0$ より $x=y^2$, $f_y=-5y^4=0$ より $x=y=0$. $y=0,\ x\neq0$ のとき $f=x^2>0$, $x=y^2,\ y>0$ のとき $f=-y^5<0$ より鞍点 $(0,0,0)$.

(4) $f_x-f_y=3(x-y)(x+y-1)=0$ より $y=x$ または $y=1-x$. $y=x$ のとき $f_y=3x^2-x=0$ より $x=0,\ \dfrac{1}{3}$. $y=1-x$ のとき $f_y=3x^2-3x+1\neq0$. $(x,y)=(0,0)$ のとき極大値 0, 鞍点 $\left(\dfrac{1}{3},\dfrac{1}{3},-\dfrac{1}{27}\right)$.

(5) $f_x = 4x(x^2+y^2-1) = 0$ より $x=0$ または $x^2+y^2=1$. $x=0$ のとき $f_y = 4y^3+4y = 0$ より, $y=0$. $x^2+y^2=1$ のとき $f_y = 8y = 0$ より $y=0$, $x=\pm 1$. $x=(\pm 1, 0)$ のとき極小値 -1, 鞍点 $(0,0,0)$.

(6) $f_x + f_y = 4(x+y)(x^2+xy+y^2) = 0$ より $y=-x$ または $x=y=0$. $y=-x$ のとき $f_y = 4x^3-8x = 0$ より $x=0, \pm\sqrt{2}$. $x=(\pm\sqrt{2}, \mp\sqrt{2})$ (複号同順) のとき極小値 -8, 鞍点 $(0,0,0)$.

(7) $f_x = y - \dfrac{1}{x^2} = 0$, $f_y = x - x^4 = 0$ より $x = 0, 1$. $x=0$ は分母 $=0$ になるので不適. $(x,y)=(1,1)$ のとき極小値 3.

(8) $f_x - f_y = (x-y)\left(1+\dfrac{3(x+y)}{x^2y^2}\right) = 0$ より $y=x$ または $x^2y^2 = -3(x+y)$. $y=x$ のとき $f_x = 3x - \dfrac{3}{x^2} = 0$ より $x=y=1$. $x^2y^2=-3(x+y)$ のとき $f_x + f_y = \dfrac{-3\left(3(x+y)^2+x^2+y^2\right)}{x^2y^2} \neq 0$. $(x,y)=(1,1)$ のとき極小値 9.

(9) $f_x + f_y = \left(2-2(x+y)^2\right)e^{-(x^2+y^2)} = 0$ より $x+y=\pm 1$, $f_x = (1\mp 2x)e^{-(x^2+y^2)} = 0$ より $x = \pm\dfrac{1}{2}$ (複号同順). $(x,y) = \left(\dfrac{1}{2}, \dfrac{1}{2}\right)$ のとき極大値 $e^{\frac{1}{2}}$, $(x,y)=\left(-\dfrac{1}{2}, -\dfrac{1}{2}\right)$ のとき極小値 $-e^{\frac{1}{2}}$.

(10) $f_x - f_y = \cos x - \cos y = 0$ より $y=x$. $f_x = -2\cos^2 x + \cos x + 1 = 0$ より, $x = \dfrac{2}{3}\pi$. $(x,y)=\left(\dfrac{2}{3}\pi, \dfrac{2}{3}\pi\right)$ のとき極大値 $\dfrac{3}{2}\sqrt{3}$.

問題 3.14 $y+2\lambda x = 0$, $x+\lambda\left(4y^3-2y\right) = 0$. $\lambda=0$ のとき $x=y=0$, $\lambda\neq 0$ のとき $x=y=0$ または $1-2\lambda^2(4y^2-2)=0$ より, $x^2 = \dfrac{4\lambda^2+1}{32\lambda^4}$, $y^2 = \dfrac{4\lambda^2+1}{8\lambda^2}$. $x=y=0$ のとき $xy=0$, $x^2 = \dfrac{4\lambda^2+1}{32\lambda^4}$, $y^2=\dfrac{4\lambda^2+1}{8\lambda^2}$ のとき $(4\lambda^2+1)(3-4\lambda^2) = 0$, $\lambda^2 = \dfrac{3}{4}$. $(x,y) = \left(\pm\dfrac{\sqrt{2}}{3}, \pm\dfrac{\sqrt{6}}{3}\right)$ のとき最大値 $\dfrac{2}{9}\sqrt{3}$, $(x,y)=\left(\pm\dfrac{\sqrt{2}}{3}, \mp\dfrac{\sqrt{6}}{3}\right)$ のとき最小値 $-\dfrac{2}{9}\sqrt{3}$ (複号同順).

第 4 章

問 4.1 (1) $\displaystyle\int_0^1 \left[\frac{1}{3}x^2y^3 - x^4y\right]_{y=1}^{y=4} dx = \int_0^1 (21x^2-3x^4)\,dx = \frac{32}{5}$

(2) $\displaystyle\int_0^{\frac{\pi}{2}} \left[\frac{1}{2}\sin(x+2y)\right]_{y=0}^{y=\frac{\pi}{3}} dx = \frac{1}{2}\int_0^{\frac{\pi}{2}} \left(\sin\left(x+\frac{2}{3}\pi\right) - \sin x\right) dx$

$$= \frac{\sqrt{3}-3}{4}$$

(3) $\displaystyle \int_0^2 \Big[ye^{xy}\Big]_{x=0}^{x=1} dy = \int_0^2 (ye^y - y)\,dy = e^2 - 1$

問 4.2 (1) $\displaystyle \int_0^1 \int_0^{3x} (x-y)^2\,dydx = \int_0^1 \left[-\frac{1}{3}(x-y)^3\right]_{y=0}^{y=3x} dx = 3\int_0^1 x^3\,dx = \frac{3}{4}$

(2) $\displaystyle \int_0^1 \int_0^{\sqrt{1-x^2}} xy\,dydx = \int_0^1 \left[\frac{1}{2}xy^2\right]_{y=0}^{y=\sqrt{1-x^2}} dx = \frac{1}{2}\int_0^1 (x-x^3)\,dx = \frac{1}{8}$

(3) $\displaystyle \int_1^e \int_1^{e^x} \frac{\log x}{y}\,dydx = \int_1^e \Big[(\log x)(\log y)\Big]_{y=1}^{y=e^x} dx = \int_1^e x\log x\,dx$

$$= \left[\frac{1}{2}x^2\log x - \frac{1}{4}x^2\right]_1^e = \frac{e^2+1}{4}$$

問 4.3 (1) $\displaystyle \int_0^{\frac{\pi}{2}} \int_0^{\frac{x}{2}} \cos\frac{x^2}{\pi}\,dydx = \frac{1}{2}\int_0^{\frac{\pi}{2}} x\cos\frac{x^2}{\pi}\,dx = \frac{1}{2}\left[\frac{\pi}{2}\sin\frac{x^2}{\pi}\right]_0^{\frac{\pi}{2}} = \frac{\pi}{4\sqrt{2}}$

(2) $\displaystyle \int_0^1 \int_{x^2}^1 e^x\,dydx = \int_0^1 (1-x^2)e^x\,dx = \Big[(-x^2+2x-1)e^x\Big]_0^1 = 1$

問 4.4 $3v - 3u$

問 4.5 (1) $\displaystyle \frac{1}{3}\int_{-3}^1 \int_1^2 s^3t^2\,dsdt = \frac{5}{4}\int_{-3}^1 t^2\,dt = \frac{35}{3}$

(2) $\displaystyle \frac{1}{7}\int_{\frac{\pi}{3}}^{\frac{\pi}{2}} \int_{-\frac{\pi}{6}}^{\pi} \cos(s-2t)\,dsdt = \frac{1}{7}\int_{\frac{\pi}{3}}^{\frac{\pi}{2}} \left(\sin 2t + \sin\left(\frac{\pi}{6}+2t\right)\right) dt = \frac{1}{28}$

(3) $\displaystyle \frac{1}{3}\int_{-1}^1 \int_1^2 \frac{ds}{(5s+3t)^2}\,dt = -\frac{1}{15}\int_{-1}^1 \left(\frac{1}{10+3t} - \frac{1}{5+3t}\right) dt = \frac{1}{45}\log\frac{28}{13}$

問 4.6 (1) $\displaystyle \int_0^{\frac{\pi}{2}} \int_0^2 r^6 \sin^4\theta\cos\theta\,drd\theta = \frac{128}{7}\int_0^{\frac{\pi}{2}} \sin^4\theta\cos\theta\,d\theta$

$$= \frac{128}{7}\left[\frac{1}{5}\sin^5\theta\right]_0^{\frac{\pi}{2}} = \frac{128}{35}$$

(2) $\displaystyle \int_0^{\pi} \int_1^2 r^2\cos^2\theta\sin\theta\,drd\theta = \frac{7}{3}\int_0^{\pi} \cos^2\theta\sin\theta\,d\theta = \frac{7}{3}\left[-\frac{1}{3}\cos^3\theta\right]_0^{\pi} = \frac{14}{9}$

(3) $\displaystyle \int_{\frac{\pi}{3}}^{\frac{\pi}{2}} \int_{\sqrt{3}}^2 r\sin\theta\,drd\theta = \frac{1}{2}\int_{\frac{\pi}{3}}^{\frac{\pi}{2}} \sin\theta\,d\theta = \frac{1}{4}$

問 4.7 (1) $\displaystyle \int_0^{\frac{\pi}{3}} d\theta \int_1^{\frac{1}{\cos\theta}} r^2\cos^2\theta\sin\theta\,dr + \int_{\frac{\pi}{3}}^{\frac{\pi}{2}} d\theta \int_1^2 r^2\cos^2\theta\sin\theta\,dr$

$$= \frac{1}{3}\int_0^{\frac{\pi}{3}} \left(\frac{\sin\theta}{\cos\theta} - \cos^2\theta\sin\theta\right) d\theta + \frac{7}{3}\int_{\frac{\pi}{3}}^{\frac{\pi}{2}} \cos^2\theta\sin\theta\,d\theta$$

$$= \frac{1}{3}\left[-\log\cos\theta + \frac{1}{3}\cos^3\theta\right]_0^{\frac{\pi}{3}} + \frac{7}{3}\left[-\frac{1}{3}\cos^3\theta\right]_{\frac{\pi}{3}}^{\frac{\pi}{2}} = \frac{1}{3}\log 2$$

(2) $\displaystyle\int_0^{\frac{\pi}{2}}\int_{\cos\theta}^{2\cos\theta} r^2\cos\theta\sin\theta\,drd\theta = \frac{7}{3}\int_0^{\frac{\pi}{2}}\cos^4\theta\sin\theta\,d\theta$

$$= \frac{7}{3}\left[-\frac{1}{5}\cos^5\theta\right]_0^{\frac{\pi}{2}} = \frac{7}{15}$$

問 4.8 $\displaystyle\int_0^{\frac{\pi}{4}} d\theta\int_0^{\sqrt{\cos 2\theta}} r^3\cos\theta\sin\theta\,dr = \int_0^{\frac{\pi}{4}} d\theta\left[\frac{1}{8}r^4\sin 2\theta\right]_{r=0}^{r=\sqrt{\cos 2\theta}}$

$$= \frac{1}{8}\int_0^{\frac{\pi}{4}}\cos^2 2\theta\sin 2\theta\,d\theta = \frac{1}{8}\left[-\frac{1}{6}\cos^3 2\theta\right]_0^{\frac{\pi}{4}} = \frac{1}{48}$$

問 4.9 (1) $\displaystyle\int_\varepsilon^1\int_0^{2\pi} r\log(r^2)\,d\theta dr = 4\pi\int_\varepsilon^1 r\log r\,dr$

$$= 4\pi\left[\frac{1}{2}r^2\log r - \frac{1}{4}r^2\right]_\varepsilon^1 \to -\pi$$

(2) $\displaystyle\int_0^R dx\int_0^R \frac{xy}{(1+x^2+y^2)^3}\,dy = \int_0^R dx\left[-\frac{x}{4(1+x^2+y^2)^2}\right]_{y=0}^{y=R}$

$$= -\frac{1}{4}\int_0^R\left(\frac{x}{(1+R^2+x^2)^2} - \frac{x}{(1+x^2)^2}\right)dx$$

$$= -\frac{1}{4}\left[-\frac{1}{2(1+R^2+x^2)} + \frac{1}{2(1+x^2)}\right]_0^R \to \frac{1}{8}$$

問 4.10 (1) $\displaystyle\int_0^1 dx\int_1^4 dy\int_{-1}^2 (xy - x^2z)\,dz = \int_0^1 dx\int_1^4\left(3xy - \frac{3}{2}x^2\right)dy$

$$= \int_0^1\left(\frac{45}{2}x - \frac{9}{2}x^2\right)dx = \frac{39}{4}$$

(2) $\displaystyle\int_0^{\frac{\pi}{2}} dx\int_{\frac{\pi}{6}}^{\pi} dy\int_{\frac{\pi}{4}}^{\frac{\pi}{2}}\sin(x+y-2z)\,dz$

$$= -\frac{1}{2}\int_0^{\frac{\pi}{2}} dx\int_{\frac{\pi}{6}}^{\pi}(\cos(x+y)+\sin(x+y))\,dy$$

$$= -\frac{1}{2}\int_0^{\frac{\pi}{2}}\left(\cos x - \sin x - \sin\left(x+\frac{\pi}{6}\right) + \cos\left(x+\frac{\pi}{6}\right)\right)dx = \frac{1}{2}$$

(3) $\displaystyle\int_0^3 y\,dy\int_1^2\int_0^1\frac{dxdz}{(x+z)^2} = \left[\frac{1}{2}y^2\right]_0^3\int_1^2 dx\left[-\frac{1}{x+z}\right]_{z=0}^{z=1}$

$$= \frac{9}{2}\int_1^2\left(\frac{1}{x} - \frac{1}{x+1}\right)dx = \frac{9}{2}\log\frac{4}{3}$$

問 4.11 (1) $\displaystyle\int_0^1 r^4\,dr\int_0^{2\pi}d\theta\int_0^{\pi}\sin\varphi\,d\varphi = 2\pi\left[\frac{1}{5}r^5\right]_0^1\left[-\cos\varphi\right]_0^{\pi} = \frac{4}{5}\pi$

(2) $\displaystyle\int_0^2 r^3\,dr\int_0^{\frac{\pi}{2}}\cos\theta\,d\theta\int_0^{\pi}\sin^2\varphi\,d\varphi = 2\int_0^{\pi}(1-\cos 2\varphi)\,d\varphi = 2\pi$

(3) $\displaystyle\int_1^3 r^3\,dr\int_0^{\pi}d\theta\int_0^{\pi}\cos^2\varphi\sin\varphi\,d\varphi = 20\pi\left[-\frac{1}{3}\cos^3\varphi\right]_0^{\pi} = \frac{40}{3}$

問 4.12 (1) $\displaystyle\int_0^1 dx\int_0^{1-x}dy\int_0^{1-x-y}y\,dz = \int_0^1 dx\int_0^{1-x}y(1-x-y)\,dy$

$\displaystyle = \frac{1}{6}\int_0^1(1-x)^3\,dx = \frac{1}{24}$

(2) $\displaystyle\int_0^1 dz\int_0^{\sqrt{1-z}}\int_0^{\frac{\pi}{2}}r^3\sin\theta\cos\theta\,d\theta dr$

$\displaystyle = \int_0^1 dz\left[\frac{1}{4}r^4\right]_0^{\sqrt{1-z}}\left[-\frac{1}{4}\cos 2\theta\right]_0^{\frac{\pi}{2}} = \frac{1}{8}\int_0^1(1-z)^2\,dx = \frac{1}{24}$

(3) $\displaystyle\int_0^{\sqrt{2}}dr\int_0^{2\pi}d\theta\int_0^{2-r(\cos\theta+\sin\theta)}z\,dz$

$\displaystyle = \frac{1}{2}\int_0^{\sqrt{2}}dr\int_0^{2\pi}(2-r(\cos\theta+\sin\theta))^2\,d\theta = \frac{\pi}{2}\int_0^{\sqrt{2}}(4+r^2)\,dr = \frac{7}{3}\sqrt{2}\pi$

問題 4.1 (1) $\displaystyle\int_1^3\left[\frac{1}{2}x^2y^2\right]_{y=0}^{y=3}dx = \frac{9}{2}\int_1^3 x^2\,dx = 39$

(2) $\displaystyle\int_0^1\int_0^{1-x}xy\,dydx = \frac{1}{2}\int_0^1\left(x-2x^2+x^3\right)dx = \frac{1}{24}$

(3) $\displaystyle\int_0^1\int_{x^2}^{x}x^2\,dydx = \int_0^1\left(x^3-x^4\right)dx = \frac{1}{20}$

(4) $\displaystyle\int_1^2\int_1^{x^2}\frac{x}{y^2}\,dydx = \int_1^2\left(x-\frac{1}{x}\right)dx = \frac{3}{2}-\log 2$

(5) $\displaystyle\int_0^1\int_{x^2}^{\sqrt{x}}y\,dydx = \frac{1}{2}\int_0^1\left(x-x^4\right)dx = \frac{3}{20}$

(6) $\displaystyle\int_0^{\frac{\pi}{2}}\int_0^{\frac{\pi}{2}-x}\cos(x+y)\,dydx = \int_0^{\frac{\pi}{2}}(1-\sin x)\,dx = \frac{\pi}{2}-1$

(7) $\displaystyle\int_0^1\int_0^{x}e^{x+2y}\,dydx = \frac{1}{2}\int_0^1\left(e^{3x}-e^x\right)dx = \frac{e^3}{6}-\frac{e}{2}+\frac{1}{3}$

(8) $\displaystyle\int_0^{\frac{\pi}{2}}\int_0^{\sin x}\sin x\,dydx = \frac{1}{2}\int_0^{\frac{\pi}{2}}(1-\cos 2x)\,dx = \frac{\pi}{4}$

(9) $\displaystyle\int_0^1\int_{x^2}^{x} x^2y\,dydx = \frac{1}{2}\int_0^1 \left(x^4 - x^6\right)dx = \frac{1}{35}$

(10) $\displaystyle\int_{-1}^2\int_{x^2}^{x+2} e^x\,dydx = \int_{-1}^2 \left(x+2-x^2\right)(e^x)'\,dx$

$\displaystyle = -\int_{-1}^2 (1-2x)(e^x)'\,dx = e^2 + \frac{5}{e}$

(11) $\displaystyle\int_0^{\frac{\pi}{2}}\int_0^{\cos x} \sin 2x\,dydx = 2\int_0^{\frac{\pi}{2}} \sin x\cos^2 x\,dx = 2\left[-\frac{1}{3}\cos^3 x\right]_0^{\frac{\pi}{2}} = \frac{2}{3}$

(12) $\displaystyle\int_1^2\int_{x^2}^{3x-2} \frac{y}{x}\,dydx = \frac{1}{2}\int_1^2 \left(9x - 12 + \frac{4}{x} - x^3\right)dx = 2\log 2 - \frac{9}{8}$

(13) $\displaystyle\int_0^1\int_{e^x}^{e} xy\,dydx = \frac{1}{2}\int_0^1 \left(e^2x - xe^{2x}\right)dx$

$\displaystyle = \frac{e^2}{4} - \frac{1}{2}\left[\frac{x}{2}e^{2x}\right]_0^1 + \frac{1}{4}\int_0^1 e^{2x}\,dx = \frac{e^2-1}{8}$

(14) $\displaystyle\int_0^{\frac{\pi}{2}}\int_0^{x} \sin x\cos y\,dydx = \frac{1}{2}\int_0^{\frac{\pi}{2}} (1-\cos 2x)\,dx = \frac{\pi}{4}$

(15) $\displaystyle\int_0^1\int_{x^2}^{x} xe^y\,dydx = \int_0^1 \left(xe^x - xe^{x^2}\right)dx$

$\displaystyle = \left[xe^x - \frac{1}{2}e^{x^2}\right]_0^1 - \int_0^1 e^x\,dx = \frac{3-e}{2}$

問題 4.2 (1) $\displaystyle\int_0^2\int_0^x \frac{y}{\sqrt{1+x^3}}\,dydx = \int_0^2 \frac{x^2}{2\sqrt{1+x^3}}\,dx = \left[\frac{1}{3}\sqrt{1+x^3}\right]_0^2 = \frac{2}{3}$

(2) $\displaystyle\int_0^1\int_0^{\sqrt{y}} xe^{y^2}\,dxdy = \frac{1}{2}\int_0^1 ye^{y^2}\,dy = \frac{e-1}{4}$

(3) $\displaystyle\int_0^2\int_0^{x^3} \frac{1}{x^2}\sin\frac{\pi y}{2x^2}\,dydx = -\frac{2}{\pi}\int_0^2 \left(\cos\frac{\pi}{2}x - 1\right)dx = \frac{4}{\pi}$

(4) $\displaystyle\int_0^1\int_0^{y^2} \frac{1}{y}\arctan\frac{x}{y}\,dxdy = \int_0^1 \left(y\arctan y - \frac{1}{2}\log(y^2+1)\right)dy$

$\displaystyle = \left[\frac{y^2}{2}\arctan y - \frac{y}{2}\log(1+y^2)\right]_0^1 + \frac{1}{2}\int_0^1 \frac{y^2}{1+y^2}\,dy = \frac{1}{2} - \frac{1}{2}\log 2$

問題 4.3 (1) $\displaystyle\int_0^{2\pi}\int_1^2 \frac{dr}{r}d\theta = 2\pi\log 2$ (2) $\displaystyle\int_{-\frac{\pi}{2}}^{\frac{\pi}{2}}\int_0^3 r^2\cos\theta\,drd\theta = 18$

(3) $\displaystyle\int_0^1\int_0^{\pi} r^4\cos^2\theta\sin\theta\,d\theta dr = -\int_0^1 r^4\,dr\left[\frac{1}{3}\cos^3\theta\right]_0^{\pi} = \frac{2}{15}$

(4) $\displaystyle\int_0^{\frac{\pi}{2}}\int_0^2 r^3\,drd\theta = 2\pi$ (5) $\displaystyle\frac{1}{2}\int_1^3\int_0^{\frac{\pi}{4}} r^3\sin 2\theta\,d\theta dr = 5$

(6) $\displaystyle\int_0^1\int_{\frac{\pi}{4}}^{\frac{\pi}{2}} r^3\cos 2\theta\, d\theta dr = -\frac{1}{8}$　　(7) $\displaystyle\frac{1}{2}\int_{\sqrt{3}}^{2}\int_0^{2\pi} r(1-\cos 2\theta)\, d\theta dr = \frac{\pi}{2}$

(8) $\displaystyle\int_0^{\sqrt{3}}\int_0^{\frac{\pi}{2}} \frac{r^2\cos\theta}{1+r^2}\, d\theta dr = \int_0^{\sqrt{3}}\left(1-\frac{1}{1+r^2}\right)dr = \sqrt{3}-\frac{\pi}{3}$

(9) $\displaystyle\int_0^2\int_{\frac{\pi}{3}}^{\frac{\pi}{2}} \frac{r^2\sin\theta}{1+r}\, d\theta dr = \frac{1}{2}\int_0^2\left(r-1+\frac{1}{1+r}\right)dr = \frac{1}{2}\log 3$

(10) $\displaystyle t = 1+r^2,\ \frac{1}{2}\int_0^1\int_0^{\frac{\pi}{2}} \frac{r^3\sin 2\theta}{\sqrt{1+r^2}}\, d\theta dr = \frac{1}{4}\int_1^2 \frac{t-1}{\sqrt{t}}\, dt = \frac{1}{3}-\frac{\sqrt{2}}{6}$

問題 4.4 (1) $\displaystyle\int_0^1 dx\int_1^3 dy\int_{-1}^3 (xy-2z)\, dz = \int_0^1 dx\int_1^3 (4xy-8)\, dy$

$\displaystyle= \int_0^1 (16x-16)\, dx = -8$

(2) $\displaystyle\int_0^1 r^4\, dr\int_0^{2\pi} d\theta\int_0^{\pi}\sin^3\varphi\, d\varphi = -2\pi\left[\frac{1}{5}r^5\right]_0^1\int_0^{\pi}(1-\cos^2\varphi)(\cos\varphi)'\, d\varphi$

$\displaystyle= -\frac{2}{5}\pi\left[\cos\varphi-\frac{1}{3}\cos^3\varphi\right]_0^{\pi} = \frac{8}{15}\pi$

(3) $\displaystyle\int_1^2 r^4\, dr\int_0^{\pi}\sin\theta\, d\theta\int_0^{\pi}\sin^2\varphi\cos^2\varphi\, d\varphi$

$\displaystyle= \frac{1}{8}\left[\frac{1}{5}r^5\right]_1^2\ \big[-\cos\theta\big]_0^{\pi}\ \int_0^{\pi}(1-\cos 4\varphi)\, d\varphi = \frac{31}{20}\left[\varphi-\frac{1}{4}\sin 4\varphi\right]_0^{\pi} = \frac{31}{20}\pi$

(4) $\displaystyle\int_{-1}^1 dx\int_0^{1-x^2} dy\int_0^{1-x^2-y} y\, dz = \int_{-1}^1 dx\int_0^{1-x^2}\left(y-x^2y-y^2\right) dy$

$\displaystyle= \int_{-1}^1\left(\frac{1}{6}-\frac{1}{2}x^2+\frac{1}{2}x^4-\frac{1}{6}x^6\right) dx = \frac{16}{105}$

(5) $\displaystyle\int_0^1 dz\int_0^{\sqrt{2-2z^2}}\int_0^{\frac{\pi}{2}} zr^3\sin\theta\cos\theta\, d\theta dr$

$\displaystyle= \int_0^1 z\, dz\left[\frac{1}{4}r^4\right]_0^{\sqrt{2-2z^2}}\left[\frac{1}{2}\sin^2\theta\right]_0^{\frac{\pi}{2}} = \frac{1}{8}\int_0^1\left(4z-8z^3+4z^5\right) dz = \frac{1}{12}$

問題 4.5 (1) $\displaystyle\int_0^1\int_z^1\int_0^{1-y} dxdydz = \int_0^1\int_z^1 (1-y)\, dydz$

$\displaystyle= \frac{1}{2}\int_0^1 (1-z)^2\, dz = \frac{1}{6}$

(2) $\displaystyle\int_0^1 dz\int_z^1 dx\int_{x^2}^{\sqrt{x}} dy = \int_0^1 dz\int_z^1\left(\sqrt{x}-x^2\right) dx$

$$= \int_0^1 \left(\frac{1}{3} - \frac{2}{3} z^{\frac{3}{2}} + \frac{1}{3} z^3 \right) dz = \frac{3}{20}$$

(3) $\displaystyle\int_0^1 \int_0^{1-x^3} \int_0^{1-x^3-y} dz dy dx = \int_0^1 \int_0^{1-x^3} \left(1 - x^3 - y\right) dy dx$

$$= \frac{1}{2} \int_0^1 \left(1 - x^3\right)^2 dx = \frac{9}{28}$$

(4) $\displaystyle\int_1^3 dr \int_0^{\frac{\pi}{4}} d\theta \int_0^{r^3 \cos\theta \sin^2\theta} r\, dz = \int_1^3 r^4\, dr \int_0^{\frac{\pi}{4}} \cos\theta \sin^2\theta\, d\theta$

$$= \frac{242}{5} \left[\frac{1}{3} \sin^3\theta \right]_0^{\frac{\pi}{4}} = \frac{121}{30}\sqrt{2}$$

(5) $\displaystyle\int_0^1 dz \int_0^{\sqrt{1-z^4}} \int_0^{2\pi} r\, d\theta dr = 2\pi \int_0^1 dz \int_0^{\sqrt{1-z^4}} r\, dr$

$$= \pi \int_0^1 \left(1 - z^4\right) dz = \frac{4}{5}\pi$$

問題 4.6 (1) $\displaystyle\int_0^1 \int_0^{(1-\sqrt{x})^2} x\, dy dx = \int_0^1 \left(x - 2x^{\frac{3}{2}} + x^2 \right) dx = \frac{1}{30}$

(2) $\displaystyle\int_{-2}^1 dx \int_{4x+4}^{-x^2+3x+6} \sqrt{y + x^2}\, dy = \frac{2}{3} \int_{-2}^1 \left((3x+6)^{\frac{3}{2}} - (x+2)^3 \right) dx = \frac{81}{10}$

(3) $\displaystyle\int_0^1 \int_{1-x}^{\sqrt{1-x^2}} \frac{xy}{(1+y^2)^2}\, dy dx = \frac{1}{2} \int_0^1 \left[-\frac{x}{1+y^2} \right]_{y=1-x}^{y=\sqrt{1-x^2}} dx$

$$= \frac{1}{2} \int_0^1 \left(-\frac{x}{2-x^2} + \frac{x}{x^2-2x+2} \right) dx$$

$$= \frac{1}{4} \Big[\log(2-x^2) + \log(x^2-2x+2) + 2\arctan(x-1) \Big]_0^1 = \frac{\pi}{8} - \frac{1}{2}\log 2$$

(4) $\displaystyle\int_0^1 dx \int_{x^2}^{x} \frac{x^2}{x^2+y^2}\, dy = \int_0^1 dx \left[x \arctan \frac{y}{x} \right]_{y=x^2}^{y=x}$

$$= \int_0^1 x\left(\frac{\pi}{4} - \arctan x \right) dx = \frac{\pi}{8} - \left[\frac{1}{2} x^2 \arctan x \right]_0^1 + \frac{1}{2} \int_0^1 \left(1 - \frac{1}{1+x^2} \right) dx$$

$$= \frac{1}{2} - \frac{\pi}{8}$$

(5) $\displaystyle\int_0^1 \int_{1-x}^{\sqrt{1-x^2}} y \log(x+1)\, dy dx = \int_0^1 \left(\frac{1}{2}x^2 - \frac{1}{3}x^3 \right)' \log(x+1)\, dx$

$$= \left[\left(\frac{1}{2}x^2 - \frac{1}{3}x^3 \right) \log(x+1) \right]_0^1 + \frac{1}{6} \int_0^1 \frac{2x^3 - 3x^2}{x+1}\, dx = \frac{19}{36} - \frac{2}{3}\log 2$$

(6) $\displaystyle\int_0^1 dx \int_{x^3}^{x^2} \frac{x+1}{(y+1)^2}\, dy = \int_0^1 \left(\frac{1}{x^2-x+1} - \frac{x+1}{x^2+1} \right) dx$

$$= \left(\frac{2}{3\sqrt{3}} - \frac{1}{4}\right)\pi - \frac{1}{2}\log 2$$

(7) $\displaystyle\int_0^1 \int_{1-x}^{\sqrt{1-x^2}} \frac{y}{x^3+1}\, dydx = \int_0^1 \frac{x-x^2}{x^3+1}\, dx$

$$= -\frac{1}{3}\int_0^1 \left(\frac{2}{x+1} + \frac{x-2}{x^2-x+1}\right) dx = \frac{\pi}{3\sqrt{3}} - \frac{2}{3}\log 2$$

(8) $\displaystyle\int_{\frac{1}{\sqrt{3}}}^R dx \int_{\frac{1}{3x}}^x \frac{dy}{x(1+xy)^2} = \int_{\frac{1}{\sqrt{3}}}^R dx \left[-\frac{1}{x^2(1+xy)}\right]_{y=\frac{1}{3x}}^{y=x}$

$$= \int_{\frac{1}{\sqrt{3}}}^R \left(-\frac{1}{4x^2} + \frac{1}{1+x^2}\right) dx = \frac{1}{4R} + \arctan R - \frac{\sqrt{3}}{4} - \frac{\pi}{6} \to \frac{\pi}{3} - \frac{\sqrt{3}}{4}$$

(9) $t = 1 + \sqrt{1-x}$, $\displaystyle\int_0^1 \int_x^{\sqrt{x}} \frac{dydx}{\sqrt{y^2-x^2}}$

$$= \int_0^1 \left[\log\left(y + \sqrt{y^2-x^2}\right)\right]_{y=x}^{y=\sqrt{x}} dx = \int_0^1 \left(\log\left(1+\sqrt{1-x}\right) - \frac{1}{2}\log x\right) dx$$

$$= 2\int_1^2 (t-1)\log t\, dt + \frac{1}{2} = 1$$

(10) $t = \arcsin\sqrt{x}$, $\displaystyle\int_0^1 dx \int_x^{\sqrt{x}} \frac{dy}{\sqrt{x-y^2}} = \int_0^1 dx \left[\arcsin\frac{y}{\sqrt{x}}\right]_{y=x}^{y=\sqrt{x}}$

$$= \int_0^1 \left(\frac{\pi}{2} - \arcsin\sqrt{x}\right) dx = \frac{\pi}{2} - \int_0^{\frac{\pi}{2}} t\sin 2t\, dt = \frac{\pi}{4}$$

問題 4.7 (1) $\displaystyle\int_1^2 r\, dr \int_0^{\frac{\pi}{6}} \frac{\cos\theta - \sin\theta}{\cos\theta + \sin\theta}\, d\theta = \frac{3}{2}\Big[\log(\cos\theta + \sin\theta)\Big]_0^{\frac{\pi}{6}}$

$$= -\frac{3}{2}\log(\sqrt{3}-1)$$

(2) $t = \cos\theta$, $\displaystyle\int_1^4 r^2\, dr \int_0^{\frac{\pi}{2}} \frac{\cos\theta\sin\theta}{\cos\theta + 1}\, d\theta = 21\int_0^1 \left(1 - \frac{1}{t+1}\right) dt$

$$= 21(1 - \log 2)$$

(3) $t = r\sin\theta + 1$, $\displaystyle\int_0^3 dr \int_0^{\frac{\pi}{2}} \frac{r^2\cos\theta}{r\sin\theta + 1}\, d\theta = \int_0^3 dr \int_1^{r+1} \frac{r}{t}\, dt$

$$= \int_0^3 r\log(r+1)\, dr = \left[\frac{r^2}{2}\log(r+1)\right]_0^3 - \frac{1}{2}\int_0^3 \left(r - 1 + \frac{1}{r+1}\right) dr$$

$$= 8\log 2 - \frac{3}{4}$$

(4) $\displaystyle\int_0^{\frac{\pi}{4}} \int_0^1 \frac{r}{(1+r^2\cos 2\theta)^2}\, drd\theta = \int_0^{\frac{\pi}{4}} \frac{1}{2\cos 2\theta}\left[-\frac{1}{1+r^2\cos 2\theta}\right]_{r=0}^{r=1} d\theta$

$$= \frac{1}{4}\int_0^{\frac{\pi}{4}} \frac{d\theta}{\cos^2\theta} = \frac{1}{4}$$

(5) $\displaystyle\int_0^{\frac{\pi}{2}} d\theta \int_{\cos\theta}^{1} \cos\theta\, dr = \int_0^{\frac{\pi}{2}} \left(\cos\theta - \cos^2\theta\right) d\theta$

$$= \left[\sin\theta - \frac{\theta}{2} - \frac{1}{4}\sin 2\theta\right]_0^{\frac{\pi}{2}} = 1 - \frac{\pi}{4}$$

(6) $\displaystyle\int_{-\frac{\pi}{4}}^{\frac{\pi}{4}} \int_{\frac{1}{\cos\theta}}^{2\cos\theta} \frac{drd\theta}{\cos\theta} = \int_{-\frac{\pi}{4}}^{\frac{\pi}{4}} \left(2 - \frac{1}{\cos^2\theta}\right) d\theta = \Big[2\theta - \tan\theta\Big]_{-\frac{\pi}{4}}^{\frac{\pi}{4}} = \pi - 2$

(7) $\displaystyle t = \tan\frac{\theta}{2},\ \int_0^{\frac{\pi}{2}} d\theta \int_{\cos\theta}^{2\cos\theta} \frac{dr}{\cos\theta + 1} = \int_0^{\frac{\pi}{2}} \frac{\cos\theta}{\cos\theta + 1}\, d\theta$

$$= \int_0^1 \frac{1 - t^2}{1 + t^2}\, dt = \Big[2\arctan t - t\Big]_0^1 = \frac{\pi}{2} - 1$$

(8) $\displaystyle 2\int_{-\frac{\pi}{4}}^{\frac{\pi}{4}} \int_0^{\sqrt{\cos 2\theta}} r^3\, drd\theta = \frac{1}{2}\int_{-\frac{\pi}{4}}^{\frac{\pi}{4}} \cos^2 2\theta\, d\theta = \frac{1}{4}\int_{-\frac{\pi}{4}}^{\frac{\pi}{4}} (1 + \cos 4\theta)\, d\theta = \frac{\pi}{8}$

(9) $\displaystyle\int_{-\frac{\pi}{4}}^{\frac{\pi}{4}} d\theta \int_0^{\sqrt{\cos 2\theta}} \frac{r}{(1 + r^2)^2}\, dr = \int_{-\frac{\pi}{4}}^{\frac{\pi}{4}} d\theta \left[-\frac{1}{2(1 + r^2)}\right]_0^{\sqrt{\cos 2\theta}}$

$$= \frac{1}{2}\int_{-\frac{\pi}{4}}^{\frac{\pi}{4}} \left(1 - \frac{1}{2\cos^2\theta}\right) d\theta = \frac{\pi}{4} - \frac{1}{2}$$

(10) $\displaystyle t = \sqrt{\tan\theta},\ 2\int_0^{\frac{\pi}{4}} \int_0^{\frac{3\sin\theta\cos\theta}{\cos^3\theta + \sin^3\theta}} \frac{drd\theta}{\sqrt{\sin\theta\cos\theta}}$

$$= 2\int_0^{\frac{\pi}{4}} \frac{3\sin\theta\cos\theta}{\left(\cos^3\theta + \sin^3\theta\right)\sqrt{\sin\theta\cos\theta}}\, d\theta = 2\int_0^{\frac{\pi}{4}} \frac{3\sqrt{\tan\theta}}{(1 + \tan^3\theta)\cos^2\theta}\, d\theta$$

$$= 4\int_0^1 \frac{(t^3)'}{1 + t^6}\, dt = 4\Big[\arctan\left(t^3\right)\Big]_0^1 = \pi$$

問題 4.8 (1) $\displaystyle 4\int_0^{\frac{\pi}{4}} \int_0^{\sqrt{\cos 2\theta}} drd\theta \int_0^{r^2} r\, dz = 4\int_0^{\frac{\pi}{4}} \int_0^{\sqrt{\cos 2\theta}} r^3\, drd\theta$

$$= \frac{1}{2}\int_0^{\frac{\pi}{4}} (1 + \cos 4\theta)\, d\theta = \frac{\pi}{8}$$

(2) $\displaystyle 8\int_0^{\frac{\pi}{4}} \int_0^{\sqrt{\cos 2\theta}} drd\theta \int_0^{\sqrt{1 - r^2}} r\, dz = 8\int_0^{\frac{\pi}{4}} \int_0^{\sqrt{\cos 2\theta}} r\sqrt{1 - r^2}\, drd\theta$

$$= \frac{8}{3}\int_0^{\frac{\pi}{4}} \left(1 - 2\sqrt{2}\sin^3\theta\right) d\theta = \frac{2}{3}\pi + \frac{40 - 32\sqrt{2}}{9}$$

(3) $\displaystyle 2\int_0^{2\pi} d\theta \int_0^{\frac{\pi}{2}} d\varphi \int_0^{\sin\varphi} r^2 \sin\varphi\, dr = \frac{4}{3}\pi \int_0^{\frac{\pi}{2}} \sin^4\varphi\, d\varphi$

$$= \frac{\pi}{6}\int_0^{\frac{\pi}{2}}(3 - 4\cos 2\varphi + \cos 4\varphi)\,d\varphi = \frac{\pi^2}{4}$$

問題 4.9 (1) $4\int_0^{\frac{\pi}{4}}\int_0^{\pi}\int_0^{\sin\varphi\sqrt{\cos 2\theta}} r\sin\varphi\,drd\varphi d\theta$

$$= 2\int_0^{\frac{\pi}{4}}\cos 2\theta\,d\theta\int_0^{\pi}\sin^3\varphi\,d\varphi = \frac{4}{3}$$

(2) $\displaystyle\int_0^{2\pi}d\theta\int_0^{\frac{\pi}{2}}d\varphi\int_0^{\sqrt{\cos 2\varphi}} r^3\sin\varphi\cos\varphi\,dr = \frac{\pi}{4}\int_0^{\frac{\pi}{2}}\cos^2 2\varphi\sin 2\varphi\,d\varphi = \frac{\pi}{12}$

問題 4.10 (1) $-u$

(2) $\displaystyle\Gamma(p)\Gamma(q) = \int_0^{\infty}\int_0^{\infty} e^{-x-y}x^{p-1}y^{q-1}\,dxdy$

$$= \int_0^{\infty} e^{-u}u^{p+q-1}\,du\int_0^1 v^{p-1}(1-v)^{q-1}\,dv = \Gamma(p+q)B(p,q)$$

索　引

た　行

な　行

は　行

ま　行

や　行

ら　行

著者略歴

長谷川《はせがわ》　研二《けんじ》

1990年　東京大学大学院理学系研究科
　　　　数学専攻博士課程修了
現　在　工学院大学准教授
　　　　理学博士（東京大学）

主要著書

理工基礎 微分積分学［増補版］
（理学書院，2002，共著）
例からはじめる微分方程式
（牧野書店，2012，共著）

熊ノ郷《くまのごう》　直人《なおと》

1997年　東京大学大学院数理科学研究科
　　　　数理科学専攻博士課程修了
現　在　工学院大学教授
　　　　博士（数理科学）（東京大学）

高木《たかぎ》　悟《さとる》

2003年　早稲田大学大学院理工学研究科
　　　　数理科学専攻博士後期課程研究
　　　　指導終了による退学
2012年　工学院大学准教授
現　在　早稲田大学教授
　　　　博士（学術）（早稲田大学）

主要著書

数学基礎プラス α（金利編）
（早稲田大学出版部，2013）
数学基礎プラス α（最適化編）
（早稲田大学出版部，2013）
数学基礎プラス β（金利編）
（早稲田大学出版部，2013）
数学基礎プラス β（最適化編）
（早稲田大学出版部，2013）

2016年4月1日　初 版 発 行
2023年9月1日　改訂版発行

理工系のための
微分積分

著　者　長谷川　研二
　　　　熊ノ郷　直人
　　　　高　木　　悟
発行者　山　本　　格

発行所　株式会社　培　風　館
東京都千代田区九段南 4-3-12・郵便番号 102-8260
電 話 (03) 3262-5256（代表）・振 替 00140-7-44725

三美印刷・牧 製本

PRINTED IN JAPAN

ISBN 978-4-563-01253-3　C3041